アプリ付き

JN017160

特殊無線技士

問題・解答集 2024年版

QCQ企画・編

対面方式試験にもCBT方式試験にも対応！

業務用ドローン
三陸特試験対応

コミュニティ放送局
二陸特試験対応

VSAT地球局
二陸特試験対応

第二級陸上／第三級陸上／第一級海上／
第二級海上／航空の特殊無線技士5資格に対応

誠文堂新光社

は じ め に

令和4年度における総務省の統計では、特殊無線技士の免許の累計取得者数は次のようになっています。

- ・第一級陸上特殊無線技士　　　：　243,809 名
- ・第二級陸上特殊無線技士　　　：1,313,246 名
- ・第三級陸上特殊無線技士　　　：　649,765 名
- ・国内電信級陸上特殊無線技士：　11,968 名
- ・第一級海上特殊無線技士　　　：　66,946 名
- ・第二級海上特殊無線技士　　　：　373,433 名
- ・第三級海上特殊無線技士　　　：　140,094 名
- ・レーダー級海上特殊無線技士：　254,204 名
- ・航空特殊無線技士　　　　　　：　94,527 名

とくに第二級陸上特殊無線技士の資格の免許所持者がずば抜けて多く、これは陸上に開設される無線局が多いことを物語っています。

特殊無線技士の資格には上記のように、陸上特殊無線技士が4資格、海上特殊無線技士が4資格、そして航空特殊無線技士の合計9資格があります。このうち、本書では国家試験の受験者数が多い、

- ・第二級陸上特殊無線技士　　　　・第三級陸上特殊無線技士
- ・第一級海上特殊無線技士　　　　・第二級海上特殊無線技士
- ・航空特殊無線技士

の5資格について、これまで出題されている国家試験問題を吟味して資格別、項目別にまとめて整理し、これらの問題さえ解ければ合格できるように編集しました。

令和4年2月から第二級陸上特殊無線技士と第三級陸上特殊無線技士の資格が、令和5年6月から第二級海上特殊無線技士の資格がそれぞれ従来の対面方式からCBT方式と呼ばれるコンピュータを使った国家試験へ移行しました（第一級海上特殊無線技士と航空特殊無線技士は対面方式試験）が、本書は対面方式試験とCBT方式試験どちらにも対応しています。

本書を活用していただき、皆さんが合格されることを祈念しています。

2023 年 12 月

編者しるす

特殊無線技士
問題・解答集【2024年版】

第二級陸上／第三級陸上／第一級海上／第二級海上／航空の特殊無線技士5資格に対応

CONTENTS

●無線従事者の資格

無線従事者には、電波法第40条によって、**表1**のように14の資格が定められています。また、特殊無線技士には、電波法施行令第2条によって、**表2**のように9の資格が定められています。

●特殊無線技士とは

無線従事者の資格は全部で23ありますが、この中で「特殊無線技士」の資格は比較的簡単な知識で取得できるようになっています。

最近ではエレクトロニクスや電子、電波技術の発達により無線通信に使用する無線機器が高性能になったにもかかわらず、その操作はたいへん簡易化されました。つまり、第一級総合無線通信士や第一級陸上無線技術士のような取得のむずかしい上級資格を持たなくても操作することのできる無線機器が存在することから、特殊無線技士の免許で対応できるようになりました。

上級資格と特殊無線技士の操作範囲の大きな違いは、

・上級資格：発射する電波の質に関する機器の内部の技術操作ができる。

・特殊無線技士：第一級陸上特殊無線技士を除いて、原則的に「外部の転換装置で電波の質に影響を及ぼさないものの技術操作」と限定されている。

といえます。

■表1　電波法第40条で規定されている無線従事者の資格

一　無線従事者（総合）
　イ　第一級総合無線通信士
　ロ　第二級総合無線通信士
　ハ　第三級総合無線通信士
二　無線従事者（海上）
　イ　第一級海上無線通信士
　ロ　第二級海上無線通信士
　ハ　第三級海上無線通信士
　ニ　第四級海上無線通信士
　ホ　政令で定める海上特殊無線技士
三　無線従事者（航空）
　イ　航空無線通信士
　ロ　政令で定める航空特殊無線技士
四　無線従事者（陸上）
　イ　第一級陸上無線技術士
　ロ　第二級陸上無線技術士
　ハ　政令で定める陸上特殊無線技士
五　無線従事者（アマチュア）
　イ　第一級アマチュア無線技士
　ロ　第二級アマチュア無線技士
　ハ　第三級アマチュア無線技士
　ニ　第四級アマチュア無線技士

■表2　電波法施行令第2条で規定されている特殊無線技士の資格

海上特殊無線技士
　一　第一級海上特殊無線技士
　二　第二級海上特殊無線技士
　三　第三級海上特殊無線技士
　四　レーダー級海上特殊無線技士
航空特殊無線技士
　航空特殊無線技士
陸上特殊無線技士
　一　第一級陸上特殊無線技士
　二　第二級陸上特殊無線技士
　三　第三級陸上特殊無線技士
　四　国内電信級陸上特殊無線技士

外部の転換装置とは、無線機器のパネル面などに付いている送信と受信の切換スイッチや周波数の切換スイッチ、そしてスケルチつまみや音量調整用のボリュームなどをいいます。また、「電波の質に影響を及ぼさない」とは、無線機器の内部の技術的な操作が行えないということです。

しかし、操作の簡易化された無線機器を使用するのに高度な知識やテクニックは必要がないので、この「特殊無線技士」の資格がたいへん重宝されているのです。

●特殊無線技士の資格

前述のように特殊無線技士の資格には、陸上に設置されている無線局の無線設備の操作ができるものが4資格、海上の船舶に設置されている無線局の無線設備の操作ができるものが4資格、そして航空機に設置されている無線局の無線設備の操作ができるものが1資格の、合計9資格があります。

本書では、特殊無線技士の中でも取得のむずかしい第一級陸上特殊無線技士の資格と、受験者の少ない第三級及びレーダー級海上特殊無線技士、そして国内電信級陸上特殊無線技士を除く各資格について、誰でも合格して免許が取得できるように、項目別に令和5年10月までに出題された問題と正答、そして解説をワンポイント・アドバイスとしてまとめました（CBT方式試験を除く）。

各資格とも試験科目は法規と無線工学とがあり、第一級海上特殊無線技士にはこれらの他に電気通信術と英会話、航空特殊無線技士では電気通信術の試験科目があります。

●特殊無線技士の試験科目

本書で扱う各級特殊無線技士の試験は、無線従事者規則で次のように科目が定められています。

・無線工学
　無線設備の取扱方法（空中線系及び無線機器の機能の概念を含む）

・法規
　電波法及びこれに基づく命令の簡略な概要（注1）

・電気通信術
　1分間50字の速度の欧文（運用規則別表第5号の欧文通話表によるものをいう）による約2分間の送話及び受話（注2）

・英語
　口頭により適当に意思を表明するに足りる英会話（注3）

　注1：第一級及び第二級海上特殊無線技士では船舶安全法及び電気通信事業法並びにこれに基づく命令の関係規定を含む。また第一級海上特殊無線技士では通信憲章、通信条約、無線通信規則並びに船員の訓練及び資格証明並びに当直の基準に関する国際条約（電波に関する規定に限る。）の簡略な概要が含まれる。

　注2：第一級海上特殊無線技士及び航空特殊無線技士に限る。

　注3：第一級海上特殊無線技士に限る。

● 特殊無線技士の試験内容

1 法規

　法規の試験では、電波法の目的／定義／無線局の免許／無線設備／無線従事者／運用／業務書類／監督／国際法規（第一級海上特殊無線技士に限る。）から、合計12問出題されます。

2 無線工学

　無線工学の試験では、電気回路／電子回路／無線通信装置／トランスポンダ（航空特殊無線技士に限る。）／レーダー（第三級陸上特殊無線技士を除く。）／衛星通信（第三級陸上特殊無線技士を除く。）／電源／空中線（アンテナ）／電波伝搬／測定から、合計12問出題されます。

3 英会話の試験

　第一級海上特殊無線技士には、英会話の試験があります。試験は録音された音声がスピーカーから流れて行われます。

　合計5問の質問があり、それぞれゆっくりとした英文を2回聞いたあと、ごく普通のスピードで問題が読み上げられますから、それを聞いて正答を試験問題から選び、答案用紙に記入します。質問が3回繰り返されて解答までの時間は2分間です。

4 電気通信術の試験

　第一級海上特殊無線技士・航空特殊無線技士には、電気通信術の試験があります（396ページ参照）。受話は受験者全員が一緒になって行われますが、送話は受験者と試験官の1対1で行われます（電気通信術の試験は、アルファベットA〜Zだけです）。

● 特殊無線技士試験の合格基準

　法規、無線工学とも12問中、8問以上の正答で合格です。第一級海上特殊無線技士の英会話の試験は、5問中、3問以上の正答で合格、第一級海上特殊無線技士・航空特殊無線技士の電気通信術の試験は、受話・送話とも80点以上で合格です。ただし、すべての科目が合格点に達していないと「不合格」となってしまいます。つまり、1科目でも合格点がとれていないと「不合格」ということです。合格基準は**表3**をご覧ください。

● 対面方式による特殊無線技士の受験

　対面方式による特殊無線技士（第一級海上特殊無線技士・航空特殊無線技士）の国家試験は、公益財団法人日本無線協会（以下、協会という。）が毎年6月、10月、そして2月の3回実施しています。試験申請は、各試験期の2箇月前の1日から20日までに行います。

1 申請方法

　申請は、協会のホームページ（https://www.nichimu.or.jp/）から「無線従事者国家試

験等申請・受付システム」にアクセスし、インターネットを利用してパソコンやスマートフォンから行います。試験申請に際して、デジタルカメラ等で撮影した顔写真をアップロード（登録）しますので、試験当日は、顔写真の持参は不要です。

2　試験手数料の支払方法

試験手数料は、クレジットカード決済、コンビニエンスストア決済又はペイジー決済で支払います。

3　受験票の送付・試験当日

試験の行われる月の前月の下旬に、「受験票」が電子メールにより送付されますので、自身で印刷（A4サイズ）して試験当日、試験会場へ持参します。受験票の注意をよく読んで受験してください。

398〜399ページに第一級海上特殊無線技士の法規、無線工学問題用紙例の一部を示します。問題用紙は、A4サイズの大きさで2枚配布されます。397ページに示す答案用紙もA4サイズの大きさで問題用紙と同時に配布されます。

4　試験結果通知書の送付

受験後、試験結果の発表日以降になると、協会のホームページ（結果発表専用のページ）から試験結果通知書をダウンロードすることができます。また、受験した国家試験の問題用紙は持ち帰れますので、試験終了後に協会のホームページで発表される解答によって自己採点して、あらかじめ合否を確認することもできます。

● CBT方式による特殊無線技士の受験

CBT方式による特殊無線技士（第二級陸上特殊無線技士・第三級陸上特殊無線技士・第二級海上特殊無線技士）の国家試験は、協会が株式会社CBTソリューションズ（以下、CBTSという。）に委託し実施されています。

CBT方式とは、コンピュータを使った試験方式のことで、1年間を通じて好きな日時で受験でき、試験会場となるテストセンターは日本全国に300ヶ所以上あります。

1　申請方法

申請は、CBTSのホームページ（https://cbt-s.com/examinee/examination/nichimu）から「無線従事者国家試験」のページにアクセスし、インターネットを利用してパソコンやスマートフォンから行います。なお、申請前にCBTSのアカウントIDの作成が必要です。試験申請に際して、デジタルカメラ等で撮影した顔写真をアップロード（登録）しますので、試験当日は、顔写真の持参は不要です。

2　試験手数料の支払方法

試験手数料は、クレジットカード決済、コンビニエンスストア決済又はペイジー決済で支払います。

3 試験日程の変更等

　CBT方式の試験では、試験日の3日前までの手続きにより試験日程・試験会場を変更することが可能です。

4 試験当日

　試験申請完了時に届く確認メールにて試験日程・試験会場・注意事項をよく確認して受験時刻の30分〜5分前に試験会場へ入場します。受験にあたって「受験票」は発行されませんが、本人確認証（運転免許証、パスポート、マイナンバーカード等。いずれも顔写真付き）が必要ですので、忘れずに持参してください。試験会場に入場したのち、受付で本人確認証との照合及び申請時に登録した顔写真との照合が行われ、その後係員の指示に従って試験で使用するコンピュータの前に移動します。

■ 表3　試験の合格基準

資　　格	試験科目	問題数	1問の配点	問題形式	満点	合格点	試験時間
第一級陸上特殊無線技士	無線工学	24	5	択一式	120	75	3時間
	法規	12	5	択一式	60	40	（注1）
第二級陸上特殊無線技士	無線工学	12	5	択一式	60	40	1時間
	法規	12	5	択一式	60	40	
第三級陸上特殊無線技士	無線工学	12	5	択一式	60	40	1時間
	法規	12	5	択一式	60	40	
国内電信級陸上特殊無線技士	法規	12	5	択一式	60	40	30分
第一級海上特殊無線技士	無線工学	12	5	択一式	60	40	1時間
	法規	12	5	択一式	60	40	（注1）
	英会話	5	20	択一式	100	60	（注2）
第二級海上特殊無線技士	無線工学	12	5	択一式	60	40	1時間
	法規	12	5	択一式	60	40	（注1）
第三級海上特殊無線技士	無線工学	10	5	正誤式	50	30	1時間
	法規	20	5	正誤式	100	60	（注1）
レーダー級海上特殊無線技士	無線工学	12	5	択一式	60	40	1時間
	法規	12	5	択一式	60	40	
航空特殊無線技士	無線工学	12	5	択一式	60	40	1時間
	法規	12	5	択一式	60	40	（注1）

電気通信術

資　　格	試験科目	問題形式	問題の字数	満点	合格点	試験時間
国内電信級陸上特殊無線技士	モールス電信	送信 和文（注3）	225	100	70	3分
	モールス電信	受信 和文（注3）	225	100	70	3分
第一級海上特殊無線技士	電話	送話 欧文暗語	100	100	80	2分
	電話	受話 欧文暗語	100	100	80	2分
航空特殊無線技士	電話	送話 欧文暗語	100	100	80	2分
	電話	受話 欧文暗語	100	100	80	2分

注　1：無線従事者規則第8条の規定により、無線工学の試験を免除される場合における法規の試験時間は、第一級海上特殊無線技士、第二級海上特殊無線技士および航空特殊無線技士については30分、第三級海上特殊無線技士については40分、第一級陸上特殊無線技士については2時間30分とする。
注　2：試験時間は出題内容により30分以内とする。
注　3：和文電報形式による。

◆ 特殊無線技士の受験案内

　コンピュータ上の試験問題は、下記の写真に示すような形式になります。試験を始める前にチュートリアルで手順が確認できますので、解答方法をよく確認してから試験を開始してください。

5　試験結果通知書の送付

　試験を終了したら、ご自身で試験終了レポートを印刷操作して受付に戻るとそのレポートを渡してくれます。レポートには総合スコア（速報値の点数）が記載されていますが、合否に関する内容の記載はありません。合否結果の確定後、協会から電子メールが送付されますので、メールの指示に従って試験結果通知書をダウンロードします。

● 特殊無線技士の試験手数料

　特殊無線技士の試験手数料は資格により異なり、次のように定められています。なお対面方式試験でもCBT方式試験でも試験手数料は変わりませんが、別途振込手数料等がかかりますので注意が必要です。

第一級海上特殊無線技士：7,500円	第二級海上特殊無線技士　　：5,600円
第三級海上特殊無線技士：5,600円	レーダー級海上特殊無線技士：5,600円
第一級陸上特殊無線技士：6,300円	第二級陸上特殊無線技士　　：5,600円
第三級陸上特殊無線技士：5,600円	国内電信級陸上特殊無線技士：5,500円
航空特殊無線技士　　　：6,400円	（令和5年11月現在）

■ 日本無線協会のホームページ
https://www.nichimu.or.jp/

■ CBTソリューションズの
　ホームページ
https://cbt-s.com/examinee/
examination/nichimu

■ CBT方式試験のチュートリアル画面
　（画像提供：CBTソリューションズ）

■ オームの法則

図に示す回路の抵抗に流れる電流 I〔A〕は、抵抗を R〔Ω〕、加える電圧を E〔V〕とすると、これらの関係は次式で表される。

$$I = \frac{E}{R}$$

上式を変形すると、

$$E = IR$$

また、

$$R = \frac{E}{I}$$

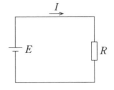

となる。したがって、「電流 I は電圧 E に比例し、抵抗 R に反比例」する。変形した式も覚えておこう。

■ 抵抗の直列接続

図に示す直列に接続された抵抗の ab 間の合成抵抗 R〔Ω〕の値は、次式で求めることができる。

$$R = R_1 + R_2 \quad 〔Ω〕$$

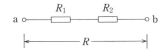

■ 抵抗の並列接続

図に示す並列に接続された抵抗の ab 間の合成抵抗 R〔Ω〕の値は、次式で求めることができる。

$$R = \frac{1}{\dfrac{1}{R_1} + \dfrac{1}{R_2}} \quad 〔Ω〕$$

この式を変形した次式のほうが便利。

$$R = \frac{R_1 \times R_2}{R_1 + R_2} \quad 〔Ω〕$$

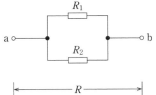

なお、R_1 と R_2 の値が同じときは、単純にその値の 1/2 となる。覚えておこう。

■ コンデンサの直列接続

図に示す直列に接続されたコンデンサの ab 間の合成静電容量 C〔F〕の値は、次式で求めることができる。

$$C = \frac{1}{\dfrac{1}{C_1} + \dfrac{1}{C_2}} \quad 〔F〕$$

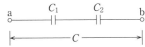

この式を変形した次式のほうが便利。

$$C = \frac{C_1 \times C_2}{C_1 + C_2} \quad 〔F〕$$

なお、C_1 と C_2 の値が同じときは、単純にその値の 1/2 となる。覚えておこう。

■ コンデンサの並列接続

図に示す並列に接続されたコンデンサのab間
の合成静電容量 C 〔F〕の値は、次式で求めること
ができる。

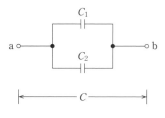

$$C = C_1 + C_2 \quad 〔F〕$$

■ 消費電力

回路の電圧を E 〔V〕、流れる電流を I 〔A〕とすると、この回路の負荷 R 〔Ω〕に消費される電力 P 〔W〕は次式で表される。

$$P = E \times I \quad 〔W〕$$

また、この式を変形するとオームの法則 $E = IR$ から、E の代わりに代入すれば、

$$P = E \times I = IR \times I = I^2 R \quad 〔W〕$$

また、$I = E/R$ であるから、I の代わりに代入すれば、

$$P = E \times I = E \times \frac{E}{R} = \frac{E^2}{R} \quad 〔W〕$$

となる。

■ 電池の容量と電圧、電流の関係

電圧が E 〔V〕、電流が I 〔A〕の電池を n 個直列に接続すると、

　合成電圧 $= n \times E$ 〔V〕
　合成電流容量 $= I$ 〔A〕

となる。また、これらの電池を n 個並列に接続すると、

　合成電圧 $= E$ 〔V〕
　合成電流容量 $= n \times I$ 〔A〕

となる。

電池がどれだけの時間使用できるかを表すことを電池の容量といい、これは1時間当たり流すことのできる電流の値である。この値の単位はアンペア・アワー〔Ah〕である。

電圧が E 〔V〕、容量が I 〔Ah〕の1個の電池を n 個直列に接続すると、

　合成電圧 $= n \times E$ 〔V〕
　合成容量 $= I$ 〔Ah〕

となる。また、これらの電池を n 個並列に接続すると、

　合成電圧 $= E$ 〔V〕
　合成容量 $= n \times I$ 〔Ah〕

となる。

■ 電波の周波数と波長などの関係

電波の速度 c 〔m/s〕と周波数 f 〔Hz〕、波長 λ 〔m〕は次の関係がある。

$$\lambda = \frac{c}{f} \quad 〔m〕$$

ただし、c は 3×10^8 〔m/s〕である。ここで周波数の単位を MHz とすれば上式は、

$$\lambda = \frac{300}{f〔\mathrm{MHz}〕} \quad 〔\mathrm{m}〕$$

となる。

また、電波の進む距離 v〔m〕は、時間を t〔s〕とすれば、次式で求めることができる。

$$v = c \times t \quad 〔\mathrm{m}〕$$

■ 振幅変調の変調度の計算式（1）

図に示す振幅波形の A は、変調されていないときの搬送波のレベルである。信号波レベルは B なので、変調度（率）M は、次式で求めることができる。

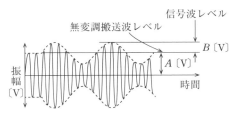

$$M = \frac{B}{A} \times 100 \quad 〔\%〕$$

ただし、A＝搬送波の最大値、B＝信号波の最大値

■ 振幅変調の変調度の計算式（2）

図に示す振幅波形の山と山の大きさ A〔V〕と谷と谷の大きさ B〔V〕を測れば、変調度（率）M は、次式で求めることができる。

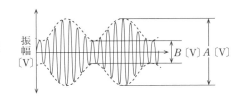

$$M = \frac{A - B}{A + B} \times 100 \quad 〔\%〕$$

● 送受信機の概要

■ 送信機

試験に出題される無線機器の構成では、DSB（A3E）、SSB（J3E）、そして FM（F3E）の電波型式の受信機と送信機がある。

次ページの図1に DSB 送信機、図2に SSB 送信機、図3に FM 送信機の基本構成を示す。

・DSB（A3E）

DSB というのは Double Sideband の略で、振幅変調による搬送波のある両側波帯の電話の電波型式である。

A3E は、電波法施行規則に規定されている電波の型式を表している。

・SSB（J3E）

SSB というのは、Single Sideband の略で、振幅変調による搬送波が抑圧された単側波帯の電話の電波型式である。

J3E は、電波法施行規則に規定されているこの電波の型式を表している。なお、同じ SSB でも搬送波が低減して存在する R3E や搬送波と上側波帯あるいは下側波帯のどちらか一方が存在する H3E という電波型式もある。

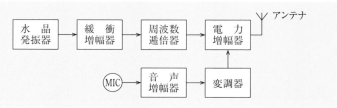

■ 図1　DSB 送信機の基本構成

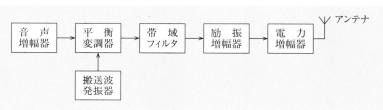

■ 図2　SSB 送信機の基本構成

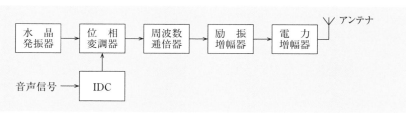

■ 図3　FM 送信機の基本構成

・FM (F3E)

FM とは Frequency Modulation の略で、周波数変調による電話の電波型式で、DSB や SSB とは変調の方式が異なる。送信機の関係で覚えておかなければならない用語には、次のものがある。

・IDC：Instantaneous Deviation Control の略で瞬時周波数偏移制御と呼ばれ、大きな音声が入力されたとき、周波数が大きく偏移しないよう占有周波数帯幅が規定値内になるように動作する。

・位相変調器：音声信号によって搬送波の位相を変化させて、FM電波を発生する。周波数変調器と考えてもよい。

・周波数逓倍器：水晶発振器で発生した周波数を目的とする周波数に整数倍することと、規定の周波数偏移を得られるように動作する。

・励振増幅器：電力増幅器が規定の出力電力を得られるように増幅し、終段となる電力増幅器に供給する。

・電力増幅器：規定の出力電力まで増幅し、アンテナに電力を送り込む。

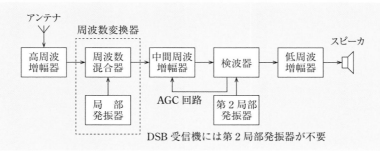

■図4　スーパヘテロダイン式SSB受信機の基本構成

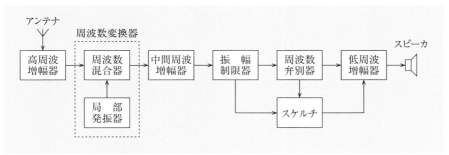

■図5　スーパヘテロダイン式FM受信機の基本構成

■ 受信機

　送信機は変調の方式によって構成が大きく異なるが、受信機は検波器などが異なるだけで、どの電波型式の電波でも受信することができる。一般的に使用されているスーパヘテロダイン式受信機の基本的な構成例を図4、図5に示す。

　これでわかるように、

・DSBとSSBでは検波器（「復調器」ともいう）が異なるだけで、その他の回路は共通している。DSBには、音声信号として復調するための（第2）局部発振器がなく、SSBでは必要となる。

・FMでは、この検波器のことを「周波数弁別器」と呼ぶ。そしてDSBやSSB受信機にはない「振幅制限器」と「スケルチ」が設けられている。受信機の関係で覚えておかなければならない用語には、次のものがある。

・高周波増幅器：アンテナで受信した信号を増幅する。

・周波数変換器：高周波増幅器の信号と局部発振器の信号を周波数混合器で混ぜ合わせて、中間周波数を作る。

・中間周波増幅器：中間周波数の信号を安定に増幅する。

・検波器（復調器）：中間周波数から低周波信号を取り出すDSBとSSB受信機特有の回路で、SSBでは（第2）局部発振器から搬送波（送信機で抑圧された信号）に相当する

信号が加えられる。
・振幅制限器：中間周波数の信号を大きく増幅して振幅を揃え、雑音成分を取り除く。
　FM受信機特有の回路。
・周波数弁別器：中間周波数の信号から低周波信号を取り出す。FM受信機特有の回路。
・第2局部発振器：搬送波に相当する信号を発振して検波器に加える。SSB特有の回路。
・AGC回路：検波信号を整流した電圧を中間周波増幅回路に加え、受信信号の大きさ
　が変動しても低周波出力をほぼ一定にする。
・低周波増幅器：低周波信号を増幅する。
・低周波電力増幅器：低周波信号をスピーカで鳴らせるレベルまで増幅する。

● レーダーと通信衛星の概要

　レーダーには陸上で使用するもの、海上（船舶）で使用するもの、そして航空機に搭
載して使用するものがあり、それぞれの用途が異なるが、基本的なことは同じである。
また、通信衛星は主に静止衛星が利用されている。
・レーダーには「マイクロ波帯」の電波が使用される。
・レーダーには「方位分解能」、「距離分解能」、「最小探知距離」、そして「最大探知距離」
　などの機能がある。
・船舶用レーダーでは海面や波浪の反射による障害を軽減するための「STC」、霧や雨に
　よる反射障害を軽減するための「FTC」回路が搭載されている。また、表示方式には
　水平距離を表面表示する「PPI」や、高度を垂直面表示する「RHI」方式などがある。
・航空機に搭載されるものには、図6に示す航空交通管制用（ATC）トランスポンダ（A
　モード、Cモードと呼ばれる方式がある）や気象レーダーがある。
・陸上で使用されるレーダーの主なものは「ドプラレーダー」と呼ばれるもので、移動
　体の速度測定に使用される。
・地球から通信衛星に向けた回線を「アップリンク」、衛星から地球に向けた回線を「ダ
　ウンリンク」といい、それぞれ別の周波数の電波が使用されている。
・陸上で使用される通信衛星の一つに「VSAT」、船舶で使用されるものに「インマル
　サット」と呼ばれるものがある。
・これらの静止衛星には「食」と呼ばれる現象があり、この食の期間は太陽光が衛星に
　当たらないので、バッテリーの充電が行われない。

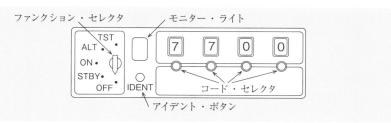

ファンクション・セレクタ　　　モニター・ライト
コード・セレクタ
アイデント・ボタン

■ 図6　小型航空機に搭載の ATC トランスポンダ

● アンテナと電波伝搬の概要

アンテナの概要については、次のことを覚えておくとよい。
- アンテナには「指向性」と「無指向性」がある。
- 地表に水平に建てたアンテナは「水平偏波」で、垂直に建てたものは「垂直偏波」である。
- 波長 λ〔m〕は、周波数を f〔Hz〕、電波の速度を c〔m/s〕とすれば、

$$\lambda = \frac{c}{f} \quad \text{〔m〕}$$

で求めることができる。ただし、c は 3×10^8〔m/s〕である。
- VHF帯やUHF帯では、「スリーブアンテナ」や「ブラウンアンテナ」が、HF帯では「水平半波長ダイポールアンテナ」が使われる。
- 電波の周波数が高くなるほど「直進性が強く」なる。
- 電離層は地表から見て**図7**のように「D層」、「E層」、「F層」の順に存在し、夏季の昼間には突発的な「スポラジックE層」という異常な電離層が出現し、VHF帯の電波を反射する。
- HF帯の電波は電離層で反射されるが、VHF帯以上の周波数の電波は電離層を突き抜ける。

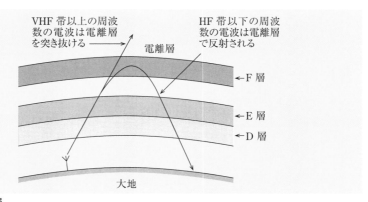

■ 図7　電離層

● 電源の概要

無線機器に使用する電源の概要は、次のとおりである。
- 電圧には「交流」と「直流」があり、交流を直流に変換して使用する。
- 交流を直流に変換することを「整流」といい、整流したあとに「平滑回路」を通してきれいな直流にする（**図8**）。
- 電池には放電しかできない「一次電池」と放電と充電の繰り返しができる「二次電池」がある。

・同じ容量と電圧の電池 n 個を直列に接続すると、合成電圧は n 倍になるが、容量は1個と同じである。
・同じ容量と電圧の電池 n 個を並列に接続すると、合成電圧は1個と同じであるが、容量は n 倍になる。

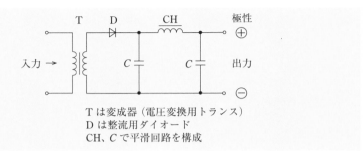

Tは変成器（電圧変換用トランス）
Dは整流用ダイオード
CH、Cで平滑回路を構成

■ 図8　電源整流回路

● 測定および測定器の概要

　電圧や電流を測定するための指示計器やテスタと呼ばれる回路試験器が簡単な測定用の機器として使用される。
・指示計器として直流電圧計／電流計、交流電圧計／電流計、高周波電流計がある。直流電圧や電流を測定するときには極性に注意する。
・一般的なアナログ式テスタで測定できるものは直流電圧／電流、交流電圧、そして抵抗値である。交流電流は測定することができない。

◆ ア プ リ の ご 案 内 ◆

　『特殊無線技士問題・解答集2024年版』のアプリはiOS版とAndroid版を用意し、誠文堂新光社のホームページからリンクする「App Store および Google Play」において、1資格単位からご購入できます。

アプリ画面　　　2023年のiOS版　　　2023年のAndroid版

コミュニティ放送局・警察・消防・防災行政無線に必要

二陸特・問題 （第二級陸上特殊無線技士）

法規と無線工学

操作範囲：

一　次に掲げる無線設備の外部の転換装置で電波の質に影響を及ぼさないものの技術操作

　イ　受信障害対策中継放送局及びコミュニティ放送局の無線設備

　ロ　陸上の無線局の空中線電力10ワット以下の無線設備（多重無線設備を除く。）で1,606.5 kHzから4,000 kHzまでの周波数の電波を使用するもの

　ハ　陸上の無線局のレーダーでロに掲げるもの以外のもの

　ニ　陸上の無線局で人工衛星局の中継により無線通信を行うものの空中線電力50ワット以下の多重無線設備

二　第三級陸上特殊無線技士の操作の範囲に属する操作

試験科目：

　イ　無線工学
　　無線設備の取扱方法（空中線系及び無線機器の機能の概念を含む。）

　ロ　法規
　　電波法及びこれに基づく命令の簡略な概要

法規の試験問題は、

電波法の目的／定義／無線局の免許／無線設備／無線従事者／運用／業務書類／監督から、合計「12問」出題されます。

無線工学の問題は、

電気回路／電子回路／無線通信装置／レーダー／衛星通信／電源／空中線（アンテナ）／電波伝搬／測定から、合計「12問」出題されます。

法規および無線工学ともに出題の程度は「簡略な概要」であり、ごく簡単な問題となっています。

なお、出題される問題では一部の字句の変更があったり、計算問題では数値の変更があったり、問題は同じでも選択肢の順番の入れ替えがあったり、また問題そのものが変更になったりすることもありますので注意してください。

■ 法規のポイント

☆問題には**「誤っているものはどれか」**という問いがありますので、正しいものと勘違いしないようにしてください。

☆**「申請」**とは、事前に総務大臣に申請して許可を得なければならない手続のことです。無線局の開設のために申請しなければならない「無線局の目的、通信の相手方及び通信事項」、「無線設備の設置場所」、「電波の型式並びに希望する周波数の範囲及び空中線電力」、「希望する運用許容時間」、そして「無線設備」などに変更をきたす場合が該当します。

☆**「届出」**とは、総務大臣が定めた軽微な事項についての変更など、その変更の内容を事後に届けるだけですむ手続のことです。

☆よく混同するものに「無線局の免許」と「無線従事者の免許」、そして「無線局免許状」と「無線従事者免許証」とがあります。これらは性質が異なりますから、この違いについてよく理解しておいてください。

■ 無線工学のポイント

無線工学での計算問題は、

☆オームの法則に関するもの、抵抗やコンデンサの直列および並列接続したときの合成抵抗、合成静電容量を求めるもの

☆振幅変調波の変調度および電圧の大きさを求めるもの

☆蓄電池を直列接続したときと並列接続したときの電圧、容量、そして使用可能時間を求めるもの

コレクタ	コレクタ	ドレイン	ドレイン
ベース	ベース	ゲート	ゲート
エミッタ	エミッタ	ソース	ソース
PNP形	NPN形	Pチャネル形	Nチャネル形

トランジスタ（左）と電界効果トランジスタ（右）の図記号

など、ごく初歩的なものが多く出題されます。計算問題は四則演算だけで解くことができますので、少し計算問題を勉強すれば正答を得ることができます。

☆トランジスタと電界効果トランジスタの電極の対応は、次のように覚えておくと簡単です。上図の下から右回りへ、

　トランジスタは　　　　　　　エ　ベ　コ
　電界効果トランジスタは　ソ　ゲ　ド

となります。エは「エミッタ」、べは「ベース」、コは「コレクタ」、そしてソは「ソース」、ゲは「ゲート」、ドは「ドレイン」です。

　なお、第二級陸上特殊無線技士の資格では送信機や受信機、アンテナや測定などの問題の他、「衛星通信」や「レーダー」装置の取り扱いが出題されます。とくに衛星通信では、「VSAT」と呼ばれる通信システムの概略についてはよく勉強しておきましょう。

　レーダーの問題では主に陸上で使用される、たとえば移動物体の速度測定用レーダーで、海上（船舶用）や上空（航空機用）で使用されるものは対象となっていません。

　問題文ではアルファベットによる略語が使われていますので、これらの英語を覚えておくと意味がわかるものがあります。

　AGC：Automatic Gain Control の略で、自動利得調整

　AM：Amplitude Modulation の略で、振幅変調

　DSB：Double Sideband の略で、振幅変調の両側波帯

　SSB：Single Sideband の略で、振幅変調の単側波帯

　FM：Frequency Modulation の略で、周波数変調

　VSAT：Very Small Aperture Terminal の略で、超小型開口アンテナ地球局

などは、ぜひ覚えておいてください。

▶ 電波法の目的

問題 1　次の記述は、電波法の目的を述べたものである。□□内に入れるべき字句を下の番号から選べ。

この法律は、電波の公平かつ□□な利用を確保することによって、公共の福祉を増進することを目的とする。

1　能動的
2　能率的
3　積極的
4　経済的

解説　公平かつ「能率的」な利用を確保…と覚えよう。　　　　正答：**2**

▶ 定　義

問題 2　電波法に規定する「電波」の定義として正しいものはどれか。次のうちから選べ。

1　30 万メガヘルツ以下の周波数の電磁波をいう。
2　100 万メガヘルツ以下の周波数の電磁波をいう。
3　300 万メガヘルツ以下の周波数の電磁波をいう。
4　500 万メガヘルツ以下の周波数の電磁波をいう。

解説　電波とは、「300 万メガヘルツ」以下の周波数の電磁波をいう。　　正答：**3**

問題 3 次の記述は、電波法に規定する「無線局」の定義である。□□□内に入れるべき字句を下の番号から選べ。

無線局とは、無線設備及び□□□の総体をいう。ただし、受信のみを目的とするものを含まない。

1 無線設備の操作を行う者
2 無線設備を管理する者
3 無線通信を行う者
4 無線設備の所有者

解説 無線局は「無線設備」及び「無線設備の操作を行う者」の総体をいう。

正答：**1**

問題 4 電波法に規定する「無線従事者」の定義は、次のどれか。

1 無線設備の操作又はその監督を行う者であって、総務大臣の免許を受けたものをいう。
2 無線設備の操作を行う者であって、無線局に配置されたものをいう。
3 無線従事者国家試験に合格した者をいう。
4 無線設備の操作を行う者をいう。

解説 無線従事者は「無線設備の操作又はその監督を行う者」をいう。 正答：**1**

問題 5 第二級陸上特殊無線技士の資格を有する者の無線設備の操作の対象となる「陸上の無線局」に該当するものはどれか。次のうちから選べ。

1 固定局
2 海岸局
3 航空局
4 基幹放送局

解説 選択肢のうち「固定局」以外は、陸上の無線局ではない。 正答：**1**

問題6 第二級陸上特殊無線技士の資格を有する者の無線設備の操作の対象となる「陸上の無線局」に該当するものはどれか。次のうちから選べ。

1　基地局　　2　海岸局　　3　航空局　　4　基幹放送局

解説 選択肢のうち「基地局」以外は、陸上の無線局ではない。　　正答：**1**

▶無線局の免許

問題7 基地局を開設しようとする者は、どうしなければならないか。次のうちから選べ。

1　無線局の運用開始予定期日を届け出る。
2　主任無線従事者を選任する。
3　無線設備を設置し、その旨を総務大臣に届け出る。
4　総務大臣の免許を受ける。

解説 無線局（基地局も含む）を開設するには、「総務大臣」の免許を受ける。

正答：**4**

問題8 次に掲げる事項のうち、総務大臣が陸上移動業務の無線局の免許申請書を受理し、その申請の審査をする際に審査する事項に該当しないものは、次のどれか。

1　その無線局の業務を遂行するに足りる財政的基礎があること。
2　工事設計書が電波法第3章（無線設備）に定める技術基準に適合すること。
3　周波数の割当てが可能なこと。
4　総務省令で定める無線局（放送をする無線局（電気通信業務を行うことを目的とするものを除く。）を除く。）の開設の根本的基準に合致すること。

解説 「財政的基礎」は審査対象外の項目。　　正答：**1**

問題 9 無線局の予備免許が与えられるときに指定される事項は、次のどれか。

1 空中線電力
2 無線局の種別
3 無線設備の設置場所
4 免許の有効期間

解説 予備免許の指定事項は「工事落成の期限」、「電波の型式及び周波数」、「呼出符号」、「空中線電力」、「運用許容時間」。空中線とはアンテナのこと。　　正答：**1**

問題 10 無線局の予備免許が与えられるときに総務大臣から指定される事項に該当しないものはどれか。次のうちから選べ。

1 呼出符号（標識符号を含む。）、呼出名称その他の総務省令で定める標識信号
2 運用許容時間
3 空中線電力
4 通信の相手方及び通信事項

解説 「通信の相手方及び通信事項」は、予備免許の指定事項に該当しない。予備免許の指定事項は「工事落成の期限」、「電波の型式及び周波数」、「呼出符号」、「空中線電力」、「運用許容時間」。　　正答：**4**

問題 11 無線局の免許人は、無線設備の変更の工事をしようとするときは、総務省令で定める場合を除き、どうしなければならないか。次のうちから選べ。

1 あらかじめ総務大臣に届け出る。
2 あらかじめ総務大臣の許可を受ける。
3 適宜工事を行い、工事完了後総務大臣に届け出る。
4 あらかじめ総務大臣に届け出て、その指示を受ける。

解説 無線設備の変更の工事は、あらかじめ「総務大臣の許可」を受ける。
正答：**2**

問題 12 無線局の免許人は、電波の型式及び周波数の指定の変更を受けようとするときは、どうしなければならないか。次のうちから選べ。

1 総務大臣に電波の型式及び周波数の指定の変更を届け出る。
2 総務大臣に電波の型式及び周波数の指定の変更を申請する。
3 あらかじめ総務大臣の指示を受ける。
4 免許状を総務大臣に提出し、訂正を受ける。

解説 電波の型式及び周波数の指定の変更は「申請事項」である。 　正答：**2**

問題 13 無線局の免許人は、識別信号（呼出符号、呼出名称等をいう。）の指定の変更を受けようとするときは、どうしなければならないか。次のうちから選べ。

1 総務大臣に識別信号の指定の変更を申請する。
2 総務大臣に識別信号の指定の変更を届け出る。
3 あらかじめ総務大臣の指示を受ける。
4 総務大臣に免許状を提出し、訂正を受ける。

解説 識別信号は指定事項なので、変更するときは「総務大臣に申請」する。
　正答：**1**

問題 14 基地局の免許人は、無線設備の設置場所を変更しようとするときは、どの手続をとらなければならないか、正しいものを次のうちから選べ。

1 あらかじめ総務大臣に申請し、許可を受けなければならない。
2 あらかじめその旨を届け出ておかなければならない。
3 あらかじめ変更の予定期日を総務大臣に届け出ておかなければならない。
4 変更したとき、総務省令で定めるところにより届け出なければならない。

解説 無線設備の設置場所の変更は「申請事項」で、あらかじめ「申請して許可」を受けなければならない。 　正答：**1**

問題 15 免許人が無線設備の設置場所を変更しようとするときは、どうしなければならないか、次のうちから選べ。

1 あらかじめ総務大臣の許可を受ける。
2 あらかじめ総務大臣の指示を受ける。
3 直ちにその旨を総務大臣に報告する。
4 直ちにその旨を総務大臣に届け出る。

解説 無線設備の設置場所の変更は「申請事項」で、あらかじめ「許可」を受ける。
正答：**1**

問題 16 電波法の規定により、免許人があらかじめ総合通信局長（沖縄総合通信事務所長を含む。）の許可を受けなければならないのは、次のどの場合か。

1 無線局を廃止しようとするとき。
2 無線従事者を選任しようとするとき。
3 無線局の運用を休止しようとするとき。
4 無線設備の設置場所の変更をしようとするとき。

解説 「無線設備の設置場所の変更」をしようとするときは、あらかじめ「許可」を受けなければならない。
正答：**4**

問題 17 免許人が無線設備の変更の工事の許可を受けた後、許可に係る無線設備を運用するためにはどうしなければならないか、正しいものを次のうちから選べ。

1 当該工事の結果が許可の内容に適合している旨を届け出なければならない。
2 総務省令で定める場合を除き、総務大臣の検査を受け、当該工事の結果が許可の内容に適合していると認められなければならない。
3 あらかじめ運用開始の予定期日を届け出なければならない。
4 工事が完了した後、運用したい旨連絡しなければならない。

解説 総務大臣の検査を受け、許可の内容が「適合」と認められた後。
正答：**2**

問題 18 無線局の免許状に記載される事項はどれか。次のうちから選べ。

1 無線設備の設置場所
2 無線従事者の氏名
3 免許人の国籍
4 工事落成の期限

解説 免許状に記載される事項に選択肢 2、3、4 の規定はない。 正答：**1**

問題 19 無線局の免許人は、免許状に記載された住所を変更したときは、どうしなければならないか。次のうちから選べ。

1 総務大臣に無線設備の設置場所の変更申請をしなければならない。
2 遅滞なくその旨を総務大臣に届け出なければならない。
3 総務大臣に免許状を提出し、訂正を受けなければならない。
4 免許状を訂正し、その旨を総務大臣に報告しなければならない。

解説 住所に変更が生じたときは総務大臣に免許状を提出し、「訂正」を受ける。
正答：**3**

問題 20 無線局の免許人は、免許状に記載した住所に変更を生じたときは、どうしなければならないか。次のうちから選べ。

1 総務大臣に無線設備の設置場所の変更を申請する。
2 遅滞なく、その旨を総務大臣に届け出る。
3 免許状を総務大臣に提出し、訂正を受ける。
4 免許状を訂正し、その旨を総務大臣に報告する。

解説 住所に変更が生じたときは免許状を総務大臣に提出し、「訂正」を受ける。
正答：**3**

二陸特

問題 21 無線局の免許がその効力を失ったときは、免許人であった者は、その免許状をどうしなければならないか。次のうちから選べ。

1　1箇月以内に総務大臣に返納する。
2　直ちに廃棄する。
3　3箇月以内に総務大臣に返納する。
4　2年間保管する。

解説　失効した免許状は「1箇月以内」に総務大臣に「返納」する。

正答：**1**

問題 22 再免許を受けた固定局の免許の有効期間は、次のどれか。

1　3年　　2　5年　　3　10年　　4　無期限

解説　一部を除き、免許の有効期間は「5年」である。

正答：**2**

問題 23 再免許を受けた陸上移動局の免許の有効期間は何年か。次のうちから選べ。

1　3年　　2　5年　　3　10年　　4　2年

解説　免許の有効期間は「5年」と覚えておく。

正答：**2**

問題 24 陸上移動業務の無線局（免許の有効期間が1年以内であるものを除く。）の再免許の申請は、次のどの期間内に行わなければならないか。

1　免許の有効期間満了前1箇月まで
2　免許の有効期間満了前2箇月まで
3　免許の有効期間満了前2箇月以上3箇月を超えない期間
4　免許の有効期間満了前3箇月以上6箇月を超えない期間

解説　陸上移動業務の無線局の再免許の申請は有効期間満了前「3箇月以上6箇月以内」である。

正答：**4**

問題 25 固定局（免許の有効期間が1年以内であるものを除く。）の再免許の申請は、どの期間内に行わなければならないか。次のうちから選べ。

1　免許の有効期間満了前3箇月以上6箇月を超えない期間
2　免許の有効期間満了前2箇月以上3箇月を超えない期間
3　免許の有効期間満了前2箇月まで
4　免許の有効期間満了前1箇月まで

解説　固定局の再免許の申請は有効期間満了前「3箇月以上6箇月以内」である。

正答：**1**

問題 26 無線局の免許人（包括免許人を除く。）は、除外規定がある場合を除き、無線局の免許又は登録（以下「免許等」という。）を受けた日から起算してどれほどの期間内に、また、その後毎年その免許等の日に応当する日（応当する日がない場合は、その翌日）から起算してどれほどの期間内に電波法に定める電波使用料を国に納めなければならないか、正しいものを次のうちから選べ。

1　10日　　2　30日　　3　1箇月　　4　3箇月

解説　電波利用料は「30日」以内に納める。1箇月ではないので注意しよう。

正答：**2**

問題 27 無線局の免許を与えられないことがある者はどれか。次のうちから選べ。

1　刑法に規定する罪を犯し懲役に処せられ、その執行を終わった日から2年を経過しない者
2　無線局を廃止し、その廃止の日から2年を経過しない者
3　無線局の免許の取消しを受け、その取消しの日から5年を経過しない者
4　電波法に規定する罪を犯し罰金以上の刑に処せられ、その執行を終わった日から2年を経過しない者

解説　電波法に規定する罪の刑の執行終了から「2年」を経過しない者。　正答：**4**

▶無線設備

問題 28 次の記述は、電波の質に関する電波法の規定である。□□内に入れるべき字句を下の番号から選べ。

送信設備に使用する電波の□□電波の質は、総務省令で定めるところに適合するものでなければならない。

1 周波数の偏差及び安定度等
2 周波数の偏差、空中線電力の偏差等
3 周波数の偏差及び幅、空中線電力の偏差等
4 周波数の偏差及び幅、高調波の強度等

解説 電波の質は「周波数の偏差」及び「幅」、「高調波の強度等」をいう。 正答：**4**

問題 29 次の記述は、電波の質について述べたものである。電波法の規定に照らし、□□内に入れるべき字句を下の番号から選べ。

送信設備に使用する電波の□□、高調波の強度等電波の質は、総務省令で定めるところに適合するものでなければならない。

1 周波数の安定度
2 周波数の偏差及び幅
3 変調度
4 空中線電力の偏差

解説 電波の質は「周波数の偏差」及び「幅」、「高調波の強度等」をいう。 正答：**2**

問題 30　次の記述は、電波の質に関する電波法の規定であるが、□□内に入れるべき字句を下の番号から選べ。

送信設備に使用する電波の□□及び幅、高調波の強度等電波の質は、総務省令で定めるところに適合するものでなければならない。

1　総合周波数特性　　2　周波数の偏差
3　変調度　　　　　　4　型式

解説　電波の質は「周波数の偏差」及び「幅」、「高調波の強度等」をいう。　正答：**2**

問題 31　「F3E」の記号をもって表示される電波の型式はどれか。次のうちから選べ。

1　無変調パルス列・デジタル信号である2以上のチャネルのもの・データ伝送
2　周波数変調・デジタル信号である単一チャネルのもの・ファクシミリ
3　周波数変調・アナログ信号である単一チャネルのもの・電話（音響の放送を含む。）
4　振幅変調の両側波帯・アナログ信号である単一チャネルのもの・電話（音響の放送を含む。）

解説　「F3E」のFは「周波数変調」、3は「アナログ信号の単一チャネル」、Eは「電話」を表す。　正答：**3**

問題 32　「F3E」の記号をもって表示する電波の型式はどれか。次のうちから選べ。

1　角度変調で周波数変調・アナログ信号である単一チャネルのもの・電話（音響の放送を含む。）
2　パルス変調で無変調パルス列・変調信号のないもの・無情報
3　角度変調で周波数変調・デジタル信号である単一チャネルのもの・ファクシミリ
4　振幅変調の両側波帯・アナログ信号である単一チャネルのもの・電話（音響の放送を含む。）

解説　「F3E」のFは「周波数変調」、3は「アナログ信号の単一チャネル」、Eは「電話」を表す。　正答：**1**

問題33 電波の主搬送波の変調の型式が角度変調で周波数変調のもの、主搬送波を変調する信号の性質がアナログ信号である単一チャネルのものであって、伝送情報の型式が電話（音響の放送を含む。）の電波の型式を表示する記号はどれか。次のうちから選べ。

1 J3E 　 2 A3E 　 3 F1B 　 4 F3E

解説 F（Frequency）は「周波数変調」、3は「アナログ信号の単一チャネル」、Eは「電話」を表すので、「F3E」である。 　　　　　　　　　　　正答：**4**

問題34 電波の型式を表示する記号で、電波の主搬送波の変調の型式が周波数変調のもの、主搬送波を変調する信号の性質がデジタル信号である2以上のチャネルのもの及び伝送情報の型式が電話（音響の放送を含む。）のものは、次のどれか。

1 A3E 　 2 F3F 　 3 F7E 　 4 F8E

解説 F（Frequency）は「周波数変調」、7は「デジタル信号で2以上のチャネル」、Eは「電話」を表すので、「F7E」である。 　　　　　　　　　　　正答：**3**

問題35 電波の主搬送波の変調の型式が角度変調で周波数変調のもの、主搬送波を変調する信号の性質がデジタル信号である2以上のチャネルのものであって、伝送情報の型式がデータ伝送、遠隔測定又は遠隔指令の電波の型式を表示する記号はどれか。次のうちから選べ。

1 A3E 　 2 F3E 　 3 F8E 　 4 F7D

解説 F（Frequency）は「周波数変調」、7は「デジタル信号で2以上のチャネル」、Dは「データ伝送、遠隔測定又は遠隔指令」を表すので、「F7D」である。 　　　　　　　　　　　正答：**4**

問題 36 「パルス変調で変調信号がなく無情報のもの」の電波の型式は、どの記号で表示されるか、正しいものを次のうちから選べ。

1 P0N　　2 P0F　　3 F0B　　4 A0A

🔖解説 Pは「Pulse（パルス）」、0は「変調信号がなし」、Nは「無情報」を表すので、「P0N」である。　　　　　　　　　　　　　　　　　　正答：**1**

▶ 無線従事者

問題 37 第二級陸上特殊無線技士の資格を有する者が、陸上の無線局のレーダーの技術操作を行うことができるのは、次のどの部分か。

1 レーダーのすべての部分
2 レーダーの空中線電力に影響を及ぼさない部分
3 レーダーの外部の転換装置で電波の質に影響を及ぼさない部分
4 レーダーの外部の調整部分

🔖解説 「外部の転換装置」＋「電波の質に影響を及ぼさない部分」の操作をできる。　　　　　　　　　　　　　　　　　　　　　　　　　正答：**3**

問題 38 第二級陸上特殊無線技士の資格を有する者が、陸上の無線局の1,606.5 kHz から 4,000 kHz までの周波数の電波を使用する無線設備（多重無線設備を除く。）の外部の転換装置で電波の質に影響を及ぼさないものの技術操作を行うことができるのは、空中線電力何ワットまでか、正しいものを次のうちから選べ。

1 5ワット　　2 10ワット　　3 50ワット　　4 100ワット

🔖解説 中短波帯（1,606.5 ～ 4,000 kHz まで）で操作できる出力は「10ワット」以下である。　　　　　　　　　　　　　　　　　　正答：**2**

問題 39 第二級陸上特殊無線技士の資格を有する者が、陸上の無線局の 25,010 kHz から 960 MHz までの周波数の電波を使用する無線設備（レーダーを除く。）の外部の転換装置で電波の質に影響を及ぼさないものの技術操作を行うことができるのは、空中線電力何ワット以下のものか。次のうちから選べ。

1　20 ワット　　2　10 ワット　　3　50 ワット　　4　30 ワット

解説　25,010 kHz～ 960 MHz までで操作できる出力は「50 ワット」以下である。

正答：**3**

問題 40 第二級陸上特殊無線技士の資格を有する者が、陸上の無線局で人工衛星局の中継により無線通信を行うものの多重無線設備の外部の転換装置で電波の質に影響を及ぼさないものの技術操作を行うことができるのは、空中線電力何ワット以下のものか。次のうちから選べ。

1　30 ワット　　2　50 ワット　　3　10 ワット　　4　125 ワット

解説　人工衛星局の操作は「50 ワット」以下である。

正答：**2**

問題 41 第二級陸上特殊無線技士の資格を有する者が、陸上の無線局の空中線電力 10 ワット以下の無線設備（多重無線設備を除く。）の外部の転換装置で電波の質に影響を及ぼさないものの技術操作を行うことができるのは、電波の周波数がどの範囲のものか、正しいものを次のうちから選べ。

1　1,606.5 kHz 以下
2　1,606.5 kHz から 4,000 kHz まで
3　4,000 kHz から 21,000 kHz まで
4　21,000 kHz から 25,010 kHz まで

解説　10 ワット以下は「1,606.5 kHz～ 4,000 kHz まで」である。

正答：**2**

問題42 第二級陸上特殊無線技士の資格を有する者が、陸上の無線局の空中線電力50ワット以下の無線局の無線設備（レーダー及び人工衛星局の中継により無線通信を行う無線局の多重無線設備を除く。）の外部の転換装置で電波の質に影響を及ぼさないものの技術操作を行うことができる周波数はどれか。次のうちから選べ。

1 25,010 kHz から 960 MHz まで　　2 960 MHz 以上

3 4,000 kHz から 25,010 kHz まで　　4 1,606.5 kHz から 4,000 kHz まで

解説 50ワット以下は「25メガから960メガまで」と覚える。
1,000kHz＝1MHzなので、25,010kHz＝25メガ。　　正答：**1**

問題43 無線従事者がその免許証の訂正を受けなければならないのはどのような場合か、正しいものを次のうちから選べ。

1 上級の資格の免許を受けるとき。

2 本籍の都道府県を変更したとき。

3 氏名に変更を生じたとき。

4 住所を変更したとき。

解説 無線従事者免許証に記載される「氏名」が変わったら訂正を受ける。
正答：**3**

問題44 無線従事者が免許証を失って再交付を受けた後、失った免許証を発見したときはどうしなければならないか。次のうちから選べ。

1 発見した免許証を速やかに廃棄する。

2 発見した日から10日以内にその旨を届け出る。

3 発見した日から10日以内に再交付を受けた免許証を返納する。

4 発見した日から10日以内に発見した免許証を返納する。

解説 「10日」以内に「発見した免許証」を返納する。　　正答：**4**

二陸特

問題 45 無線従事者がその免許証の再交付を受けることができる場合に該当しないものはどれか。次のうちから選べ。

1 無線従事者免許証を失ったとき。
2 無線従事者免許証を汚したとき。
3 氏名に変更を生じたとき。
4 住所に変更を生じたとき。

解説 無線従事者免許証に「住所の記載はない」。 正答：**4**

問題 46 無線従事者がその免許証を返納しなければならないのはどの場合か。次のうちから選べ。

1 5年以上無線設備の操作を行わなかったとき。
2 無線通信の業務に従事することを停止されたとき。
3 無線従事者の免許の取消しを受けたとき。
4 無線従事者の免許を受けてから5年を経過したとき。

解説 「免許の取消し」を受けたら、無線従事者免許証を返納する。 正答：**3**

問題 47 無線局の免許人は、無線従事者を選任し、又は解任したときは、どうしなければならないか。次のうちから選べ。

1 遅滞なく、その旨を総務大臣に届け出る。
2 10日以内にその旨を総務大臣に報告する。
3 速やかに総務大臣の承認を受ける。
4 1箇月以内にその旨を総務大臣に届け出る

解説 選任・解任は「遅滞なく」その旨を総務大臣に届け出る。 正答：**1**

問題 48 無線局の免許人は、主任無線従事者を選任し、又は解任したときは、どうしなければならないか。次のうちから選べ。

1 遅滞なく、その旨を総務大臣に届け出る。
2 1箇月以内にその旨を総務大臣に届け出る。
3 2週間以内にその旨を総務大臣に報告する。
4 速やかに、総務大臣の承認を受ける。

🔖解説 選任・解任は「遅滞なく」その旨を総務大臣に届け出る。　　　正答：**1**

問題 49 無線局（総務省令で定めるものを除く。）の免許人は、主任無線従事者を選任したときは、当該主任無線従事者に選任の日からどれほどの期間内に無線設備の操作の監督に関し総務大臣の行う講習を受けさせなければならないか。次のうちから選べ。

1 5年　　2 1年　　3 6箇月　　4 3箇月

🔖解説 「6箇月」以内に講習を受けさせなければならない。　　　正答：**3**

問題 50 次に掲げる者のうち、無線従事者の免許が与えられないことがある者はどれか、正しいものを次のうちから選べ。

1 電波法の規定に違反し、3箇月以内の期間を定めて無線通信の業務に従事することを停止され、その停止の期間の満了の日から2年を経過しない者
2 刑法に規定する罪を犯し罰金以上の刑に処せられその執行を終わり、又はその執行を受けることがなくなった日から2年を経過しない者
3 日本の国籍を有しない者
4 無線従事者の免許を取り消され、取消しの日から2年を経過しない者

🔖解説 選択肢1は「業務の従事停止」の記述で、正答は選択肢4の「免許の取消しの日」から「2年」を経過しない者。　　　正答：**4**

問題 51　総務大臣が無線従事者の免許を与えないことができる者はどれか。次のうちから選べ。

1　刑法に規定する罪を犯し罰金以上の刑に処せられ、その執行を終わり、又はその執行を受けることがなくなった日から2年を経過しない者
2　無線従事者の免許を取り消され、取消しの日から5年を経過しない者
3　無線従事者の免許を取り消され、取消しの日から2年を経過しない者
4　日本の国籍を有しない者

解説　無線従事者の免許の取消しを受けたときは、「取消しの日」から「2年」を経過しない者は免許を与えられない。　　　　　正答：**3**

問題 52　無線従事者は、免許の取消しの処分を受けたときは、その処分を受けた日から何日以内にその免許証を返納しなければならないか、正しいものを次のうちから選べ。

1　7日　　2　10日　　3　14日　　4　30日

解説　免許の取消しの処分を受けたら「10日」以内に返納する。　　　　　正答：**2**

▶運　用

問題 53　無線局を運用する場合において、無線設備の設置場所は、遭難通信を行う場合を除き、どの書類に記載されたものでなければならないか。次のうちから選べ。

1　無線局免許申請書　　2　無線局事項書
3　免許状又は登録状　　4　免許証

解説　無線局の運用は「免許状又は登録状」に記載されている事項によらなければならない。　　　　　正答：**3**

問題 54

無線局を運用する場合においては、遭難通信を行う場合を除き、電波の型式及び周波数は、どの書類に記載されたところによらなければならないか。次のうちから選べ。

1　免許状
2　無線局事項書の写し
3　無線局免許証票
4　無線局の免許の申請書の写し

解説　無線局の運用は「免許状」に記載されている事項によらなければならない。

正答：1

問題 55

一般通信方法における無線通信の原則として無線局運用規則に規定されているものは、次のどれか。

1　無線通信は、迅速に行うものとし、できる限り速い通信速度で行わなければならない。
2　必要のない無線通信は、これを行ってはならない。
3　無線通信に使用する用語は、できる限り通常使用するものでなければならない。
4　無線通信には、略語以外の用語を使用してはならない。

解説　「必要のない無線通信は、これを行ってはならない」と規定されている。

正答：2

問題 56

一般通信方法における無線通信の原則として無線局運用規則に規定されているものは、次のどれか。

1　無線通信は、迅速に行うものとし、できる限り速い通信速度で行わなければならない。
2　無線通信は、長時間継続して行ってはならない。
3　無線通信に使用する用語は、できる限り簡潔でなければならない。
4　無線通信は、試験電波を発射した後でなければ行ってはならない。

解説　用語は「簡潔」でなければならない、と規定されている。

正答：3

二陸特

問題57 次の記述は、陸上移動業務の無線局が無線電話により相手局を呼び出す場合に順次送信すべき事項及び送信回数を掲げたものである。 ☐ 内に入れるべき字句を下の番号から選べ。

① 相手局の呼出名称　　3回以下
② こちらは　　　　　　1回
③ 自局の呼出名称　　　☐

1　1回　　2　2回以下　　3　3回　　4　3回以下

解説 呼び出す場合の回数は「3以下-1-3以下」と覚えよう。　　正答：**4**

問題58 無線局は、自局の呼出しが他の既に行われている通信に混信を与えている旨の通知を受けたときは、どうしなければならないか、正しいものを次のうちから選べ。

1　直ちにその呼出しを中止する。
2　空中線電力を低下してその呼出しを続ける。
3　できる限り短い時間にその呼出しを終える。
4　10秒間その呼出しを中止してから再開する。

解説 混信の通知を受けたら「直ちにその呼出しを中止」する。　　正答：**1**

問題59 非常の場合の無線通信において、無線電話により連絡を設定するための呼出し又は応答は、次のどれによって行うことになっているか。

1　呼出事項又は応答事項に「非常」3回を前置する。
2　呼出事項又は応答事項に「非常」1回を前置する。
3　呼出事項又は応答事項の次に「非常」2回を送信する。
4　呼出事項又は応答事項の次に「非常」3回を送信する。

解説 非常の場合の無線通信は「非常3回を前置」する。　　正答：**1**

問題60 無線局において、「非常」を前置した呼出しを受信した場合は、応答する場合を除き、どうしなければならないか。次のうちから選べ。

1 直ちに付近の無線局に通報する。

2 すべての電波の発射を停止する。

3 直ちに非常災害対策本部に通知する。

4 混信を与えるおそれのある電波の発射を停止して傍受する。

解説 「混信を与える」おそれのある「電波の発射を停止」する。 正答：**4**

問題61 空中線電力50ワット以下の固定局の無線電話を使用して応答を行う場合において、確実に連絡の設定ができると認められるときに応答事項のうち送信を省略することができる事項はどれか。次のうちから選べ。

1 どうぞ

2 （1）こちらは　　　　　1回
　 （2）自局の呼出名称　　1回

3 相手局の呼出名称　　　3回以下

4 （1）相手局の呼出名称　3回以下
　 （2）こちらは　　　　　1回

解説 「相手局の呼出名称」は「確実にわかっている」ので、省略できる。 正答：**3**

二陸特

問題 62 次の記述は、陸上移動業務の無線電話における応答事項について無線局運用規則の規定に沿って掲げたものである。☐内に入れるべき字句を下の番号から選べ。

① 相手局の呼出名称　　3回以下
② こちらは　　　　　　1回
③ 自局の呼出名称　　　☐

1　3回　　2　3回以下　　3　2回以下　　4　1回

🔖解説 応答する場合の回数は「3以下-1-1」と覚えよう。　　　正答：**4**

問題 63 無線電話通信において、応答に際して直ちに通報を受信しようとするときに応答事項の次に送信する略語はどれか。次のうちから選べ。

1　了解
2　送信してください
3　どうぞ
4　OK

🔖解説 応答事項に続いて「どうぞ」を送信する。　　　正答：**3**

問題 64 無線局がなるべく擬似空中線回路を使用しなければならないのはどの場合か。次のうちから選べ。

1　他の無線局の通信に混信を与えるおそれがあるとき。
2　工事設計書に記載された空中線を使用できないとき。
3　無線設備の機器の取替え又は増設の際に運用するとき。
4　無線設備の機器の試験又は調整を行うために運用するとき。

🔖解説 擬似空中線はダミーのアンテナのことで、擬似空中線回路は機器の「試験又は調整」を行うときに使用する。　　　正答：**4**

問題 65　次の記述は、擬似空中線回路の使用について述べたものである。電波法の規定に照らし、□□□内に入れるべき字句を下の番号から選べ。

　　無線局は、無線設備の機器の□□□又は調整を行うために運用するときには、なるべく擬似空中線回路を使用しなければならない。

1　研究　　2　開発　　3　試験　　4　調査

解説　擬似空中線はダミーのアンテナのことで、擬似空中線回路は機器の「試験」又は「調整」を行うときに使用する。　　　　　　　　　　　　正答：**3**

▶業務書類

問題 66　次の記述の□□□内に入れるべき字句を下の番号から選べ。

　　無線局には、□□□及び無線業務日誌その他総務省令で定める書類を備え付けておかなければならない。

1　正確な時計
2　明解な無線機器仕様書
3　見やすい監視装置
4　免許人の氏名又は名称を証する書類

解説　「正確な時計」及び「無線業務日誌」は備付け書類である。　　　正答：**1**

問題 67　基地局に備え付けておかなければならない書類はどれか。次のうちから選べ。

1　無線従事者免許証　　　　2　免許状
3　無線局免許申請書の写し　　4　無線設備等の点検実施報告書の写し

解説　「免許状」は、基地局に備え付けておく。　　　　　　　　　正答：**2**

問題 68 携帯局の常置場所に備え付けておかなければならない書類はどれか。次のうちから選べ。

1　免許証
2　免許状
3　無線従事者選解任届の写し
4　無線設備等の点検実施報告書の写し

解説　携帯局の常置場所には「免許状」を備え付けておかなければならない。

正答：**2**

問題 69 陸上移動局の免許状は、どこに備え付けておかなければならないか、正しいものを次のうちから選べ。

1　無線設備の常置場所
2　基地局の無線設備の設置場所
3　基地局の通信室
4　その送信装置のある場所

解説　陸上移動局の免許状は「常置場所」に備え付ける。「設置場所」ではない。

正答：**1**

問題 70 免許状を遅滞なく返納しなければならない場合は、次のどれか。

1　無線局の運用の停止を命じられたとき。
2　電波の発射の停止を命じられたとき。
3　免許状の訂正又は再交付の申請を行い、新たな免許状の交付を受けたとき。
4　免許人が電波法に違反したとき。

解説　「新たな免許状の交付」を受けたとき、旧免許状を遅滞なく「返納」する。

正答：**3**

問題 71 無線局の免許人が総務大臣に遅滞なく免許状を返さなければならないのはどの場合か。次のうちから選べ。

1　無線局の運用の停止を命じられたとき。
2　電波の発射の停止を命じられたとき。
3　免許状を汚したために再交付の申請を行い、新たな免許状の交付を受けたとき。
4　免許人が電波法に違反したとき。

解説　「新たな免許状の交付」を受けたとき、旧免許状を遅滞なく「返納」する。

正答：**3**

問題 72 無線局の免許状を 1 箇月以内に返納しなければならない場合は、次のうちのどれか。

1　無線局の運用を休止したとき。
2　無線局の免許がその効力を失ったとき。
3　免許状を破損し又は汚したとき。
4　無線局の運用の停止を命じられたとき。

解説　「免許が効力を失ったとき」は、免許状を 1 箇月以内に返納する。　正答：**2**

問題 73 無線局の免許状を 1 箇月以内に総務大臣に返納しなければならないのはどの場合か。次のうちから選べ。

1　無線局を廃止したとき。
2　6 箇月以上無線局の運用を休止するとき。
3　免許状を破損し又は汚したとき。
4　電波の発射の停止を命じられたとき。

解説　「無線局を廃止したとき」は、免許状を 1 箇月以内に返納する。　正答：**1**

問題 74 免許人又は登録人は、無線局の検査の結果について総合通信局長（沖縄総合通信事務所長を含む。）から指示を受け相当な措置をしたときは、どうしなければならないか、正しいものを次のうちから選べ。

1　措置の内容を無線業務日誌に記載するとともに総合通信局長（沖縄総合通信事務所長を含む。）に報告する。
2　措置の内容を総合通信局長（沖縄総合通信事務所長を含む。）に報告する。
3　その旨を検査職員に連絡し、再度検査を受ける。
4　直ちにその旨を届け出る。

解説　その措置の内容を「総合通信局長に報告する」。　　　正答：**2**

問題 75 免許人は、無線局の検査の結果について総務大臣から指示を受け相当な措置をしたときは、どうしなければならないか。次のうちから選べ。

1　その措置の内容を免許状の余白に記載する。
2　その措置の内容を無線局事項書の写しの余白に記載する。
3　その措置の内容を検査職員に連絡し、再度検査を受ける。
4　速やかにその措置の内容を総務大臣に報告する。

解説　その措置の内容を「総務大臣に報告する」。　　　正答：**4**

問題 76 基地局の無線業務日誌に記載する時刻は、次のどれによらなければならないか。

1　協定世界時。ただし、これによることが不便である場合は、中央標準時
2　協定世界時
3　中央標準時又は協定世界時
4　中央標準時

解説　「中央標準時」＝JCST（Japan Central Standard Time）を使用する。
正答：**4**

二 陸 特

問題77 無線従事者は、その業務に従事しているときは、免許証をどのように していなければならないか、正しいものを次のうちから選べ。

1 通信室内の見やすい箇所に掲げる。 2 携帯する。

3 無線局に備え付ける。 4 通信室内に保管する。

 解説 業務に従事中は無線従事者免許証を「携帯」する。 正答：**2**

▶監 督

問題78 総務大臣は、無線局の発射する電波の質が総務省令で定めるものに適合 していないと認めるとき、その無線局についてとることがある措置は、次のどれか。

1 周波数又は空中線電力の指定を変更する。

2 臨時に電波の発射の停止を命ずる。

3 空中線の撤去を命ずる。

4 免許を取り消す。

解説 電波の質が適合していないと「臨時に電波の発射の停止」。 正答：**2**

問題79 総務大臣が無線局に対して臨時に電波の発射の停止を命じることがで きる場合は、次のどれか。

1 無線局の発射する電波の質が総務省令で定めるものに適合していないと認 めるとき。

2 免許状又は登録状に記載された空中線電力の範囲を超えて運用していると 認めるとき。

3 発射する電波が他の無線局の通信に混信を与えていると認めるとき。

4 運用の停止の命令を受けている無線局を運用していると認めるとき。

解説 「臨時に電波の発射の停止」は、「電波の質が適合していない」場合。

正答：**1**

問題 80 無線局が総務大臣から臨時に電波の発射の停止を命じられることがある場合は、次のうちのどれか。

1 暗語を使用して通信を行ったとき。
2 発射する電波が他の無線局に妨害を与えたとき。
3 免許状又は登録状に記載された空中線電力の範囲を超えて運用したとき。
4 総務大臣が当該無線局の発射する電波の質が総務省令で定めるものに適合していないと認めるとき。

解説 「電波の質が適合していない」と「臨時に電波の発射の停止」を命じられる。

正答：**4**

問題 81 無線局が臨時に電波の発射の停止を命じられることがある場合は、次のどれか。

1 免許状又は登録状に記載された空中線電力の範囲を超えて運用しているとき。
2 総務大臣が当該無線局の発射する電波の質が総務省令で定めるものに適合していないと認めるとき。
3 発射する電波が他の無線局の通信に混信を与えているとき。
4 必要のない無線通信を行っているとき。

解説 「臨時に電波の発射の停止」は、「電波の質が適合していない」場合。

正答：**2**

問題82 総務大臣は、無線局の発射する電波の質が総務省令で定めるものに適合しないと認めて臨時に電波の発射の停止を命じた当該無線局から発射する電波の質が総務省令の定めるものに適合するに至った旨の申出を受けたときはどうしなければならないか。次のうちから選べ。

1 その無線局に電波を試験的に発射させる。

2 その無線局の電波の発射の停止を解除する。

3 その無線局の無線設備を総務大臣の登録を受けた登録点検事業者に点検させる。

4 その無線局の発射する電波の質が総務省令に適合するように措置した内容を報告させる。

解説 電波の質が総務省令で定めるものに適合するかどうか「電波を試験的に発射」させる。 　　　　　　　　　　　　　　　　　　　　　　　正答：**1**

問題83 臨時検査（電波法第73条第5項の検査）が行われる場合は、次のどれか。

1 無線局の再免許が与えられたとき。

2 無線従事者選解任届を提出したとき。

3 無線設備の変更の工事を行ったとき。

4 臨時に電波の発射の停止を命じられたとき。

解説 臨時検査は「臨時に電波の発射の停止」を命じられたときに行われる。 　　　　　　　　　　　　　　　　　　　　　　　正答：**4**

問題84 無線局の臨時検査（電波法第73条第5項の検査）において検査されることがあるものはどれか。次のうちから選べ。

1 無線従事者の知識及び技能　　　2 無線従事者の勤務状況

3 無線従事者の業務経歴　　　　　4 無線従事者の資格及び員数

解説 臨時検査では無線従事者の「資格及び員数」が検査の対象となる。 　正答：**4**

問題 85 総務大臣が無線局に電波の発射を命じて行う定期検査（電波法第73条第1項ただし書の検査）において、検査する事項は、次のどれか。

1　無線局の電波の質又は空中線電力
2　無線局の運用状況
3　無線従事者の技能
4　電波の変調度

 解説　定期検査では「電波の質」又は「空中線電力」が検査の対象となる。

正答：**1**

問題 86 無線局の定期検査（電波法第73条第1項の検査）において検査される事項に該当しないものはどれか。次のうちから選べ。

1　無線従事者の知識及び技能
2　無線従事者の資格及び員数
3　無線設備
4　時計及び書類

 解説　知識及び技能は「国家試験等」で試されているので、該当しない。　正答：**1**

問題 87 無線局の免許人は、電波法又は電波法に基づく命令の規定に違反して運用した無線局を認めたときは、どうしなければならないか。次のうちから選べ。

1　その無線局の免許人を告発する。
2　その無線局の免許人にその旨を通知する。
3　総務省令で定める手続により、総務大臣に報告する。
4　その無線局の電波の発射の停止を求める。

 解説　違反して運用した無線局を認めた（見つけた）ら「総務大臣に報告」する。

正答：**3**

問題88 無線局の免許人は、非常通信を行ったときは、どうしなければならないか。次のうちから選べ。

1 その通信の記録を作成し、1年間これを保存する。
2 非常災害対策本部長に届け出る。
3 地方防災会議会長にその旨を通知する。
4 総務省令で定める手続により、総務大臣に報告する。

解説 非常通信を行ったら「総務大臣に報告」する。 正答：**4**

問題89 免許人は、無線局の検査の結果について総務大臣から指示を受け相当な措置をしたときは、どうしなければならないか。次のうちから選べ。

1 その措置の内容を免許状の余白に記載する。
2 その措置の内容を無線局事項書の余白に記載する。
3 その措置の内容を検査職員に連絡し、再度検査を受ける。
4 速やかに、その措置の内容を総務大臣に報告する。

解説 その措置の内容を「総務大臣に報告」する。 正答：**4**

問題90 無線局の免許人が電波法若しくは電波法に基づく命令又はこれらに基づく処分に違反したときに総務大臣が行うことがある処分はどれか。次のうちから選べ。

1 再免許を拒否する。
2 3月以内の期間を定めて無線局の運用の停止を命じる。
3 6月以内の期間を定めて使用する電波の型式を制限する。
4 3月以内の期間を定めて通信の相手方又は通信事項を制限する。

解説 「電波法令に違反」したら「3月以内の期間の無線局の運用の停止」を命じられる。問題文の「3月」とは3箇月のこと。 正答：**2**

問題 91 無線局の免許人が電波法又は電波法に基づく命令に違反したときに総務大臣が行うことができる処分はどれか。次のうちから選べ。

1 無線局の運用の停止
2 電波の発射の停止
3 違反した無線従事者の解任
4 再免許の拒否

解説 「電波法令」に違反したら「無線局の運用の停止」を命じられる。　正答：**1**

問題 92 無線局の免許人が電波法、放送法若しくはこれらの法律に基づく命令又はこれらに基づく処分に違反したときに総務大臣が当該無線局に対して行う処分は、次のうちのどれか。

1 期間を定めた電波の型式の制限
2 再免許の拒否
3 期間を定めた通信の相手方又は通信事項の制限
4 期間を定めた周波数の制限

解説 「電波法令に違反」したら「運用許容時間、周波数若しくは空中線電力」を制限される。　正答：**4**

問題 93 無線局の免許人が電波法又は電波法に基づく命令に違反したときに総務大臣が行うことができる処分はどれか。次のうちから選べ。

1 再免許の拒否
2 3月以内の期間を定めて行う無線局の運用の停止
3 期間を定めて行う電波の型式の制限
4 期間を定めて行う通信の相手方又は通信事項の制限

解説 「電波法令に違反」したら「3月以内の期間の無線局の運用の停止」を命じられる。問題文の「3月」とは3箇月のこと。　正答：**2**

問題 94 総務大臣が無線局の免許を取り消すことができるのは、免許人が正当な理由がないのに無線局の運用を引き続き何月以上休止したときか。次のうちから選べ。

1 1月　　2 6月　　3 2月　　4 3月

解説 正当な理由なく運用を「6月」以上休止すると、免許が取り消されることがある。問題文の「6月」とは6箇月のこと。　　　　　正答：**2**

問題 95 無線従事者の免許が与えられないことがある者は、無線従事者の免許を取り消され、取消しの日からどれほどの期間を経過しないものか。次のうちから選べ。

1 3年　　2 1年　　3 5年　　4 2年

解説 取り消された日から「2年」を経過しない者は、免許が与えられないことがある。　　　　　正答：**4**

問題 96 無線従事者がその免許証を取り消されることがあるのはどういう場合か。次のうちから選べ。

1 免許証を失ったとき。
2 電波法に基づく処分に違反したとき。
3 日本の国籍を有しない者となったとき。
4 引き続き6箇月以上無線設備の操作を行わなかったとき。

解説 無線従事者が「電波法令に違反」したら、無線従事者の「免許の取消し」。　　　　　正答：**2**

問題 97 無線従事者が電波法に基づく命令又はこれに基づく処分に違反したとき、総務大臣から受けることがある処分は、次のどれか。

1　1年間の無線局の運用停止
2　6箇月間の業務の従事停止
3　3箇月間の無線設備の操作範囲の制限
4　無線従事者の免許の取消し

解説　無線従事者が「電波法令に違反」したら、無線従事者の「免許の取消し」。

正答：**4**

問題 98 総務大臣から無線従事者がその免許を取り消されることがあるのはどの場合か。次のうちから選べ。

1　日本の国籍を有しない者となったとき。
2　不正な手段により無線従事者の免許を受けたとき。
3　刑法に規定する罪を犯し、罰金以上の刑に処せられたとき。
4　引き続き5年以上無線設備の操作を行わなかったとき。

解説　「不正な手段」により免許を受けたとき。

正答：**2**

問題 99 総務大臣から無線従事者がその免許を取り消されることがある場合に該当しないものはどれか。次のうちから選べ。

1　不正な手段により無線従事者の免許を受けたとき。
2　著しく心身に欠陥があって無線従事者たるに適しない者に該当するに至ったとき。
3　正当な理由がなく引き続き5年間その業務に従事しなかったとき。
4　電波法又は電波法に基づく命令に違反したとき。

解説　選択肢3の規定はない。

正答：**3**

問題 100 無線従事者が総務大臣から3箇月以内の期間を定めてその業務に従事することを停止されることがある場合は、次のどれか。

1 免許証を失ったとき。
2 電波法に違反したとき。
3 無線局の運用を休止したとき。
4 無線従事者としてその業務に従事することがなくなったとき。

解説 「電波法に違反」したときは、3箇月以内の業務従事の停止。 　　正答：**2**

問題 101 無線従事者が総務大臣から3箇月以内の期間を定めてその業務に従事することを停止されることがあるのはどの場合か。次のうちから選べ。

1 電波法又は電波法に基づく命令に違反したとき。
2 免許証を失ったとき。
3 その業務に従事する無線局の運用を1年間休止したとき。
4 無線通信の業務に従事することがなくなったとき。

解説 「電波法令に違反」したときは、3箇月以内の業務従事の停止。 　　正答：**1**

直前仕上げ・合格キーワード ～二陸特 法規～

二陸特

- ・電波法の目的：電波の公平かつ能率的な利用を確保する
- ・電波：300万メガヘルツ以下の周波数の電磁波
- ・無線局：無線設備及び無線設備の操作を行う者の総体
- ・無線従事者：無線設備の操作又は監督を行う者
- ・無線局の開設：総務大臣の免許を受ける
- ・予備免許の指定事項：工事落成の期限、電波の型式及び周波数、呼出符号、空中線電力、運用許容時間
- ・免許の有効期間：5年
- ・再免許の申請期間：3箇月以上6箇月を超えない期間
- ・免許人が住所を変更：免許状の訂正を受ける
- ・電波利用料：30日以内に納める
- ・電波の質：周波数の偏差及び幅、高調波の強度等
- ・F3E：Fは周波数変調、3はアナログ信号の単一チャネル、Eは電話
- ・F7E：Fは周波数変調、7はデジタル信号で2以上のチャネル、Eは電話
- ・P0N：Pはパルス変調、0は変調信号なし、Nは無情報
- ・1,606.5 kHzから4,000 kHzまでの空中線電力：10ワット以下
- ・25,010 kHzから960 MHzまでの空中線電力：50ワット以下
- ・人工衛星局の操作の空中線電力：50ワット以下
- ・無線従事者、主任無線従事者を選任・解任したとき：遅滞なく届ける
- ・他の無線局に混信を与えたとき：直ちに電波の発射を中止
- ・疑似空中線回路を使用する場合：試験又は調整を行うとき
- ・無線局に備え付ける書類：正確な時計、無線業務日誌
- ・陸上移動局、携帯局の免許状：無線設備の常置場所に備え付ける
- ・無線従事者免許証：業務に従事中は携帯する
- ・臨時に電波の発射の停止：電波の質が総務省令に適合していないと認めるとき
- ・電波法に違反した無線局を認めたとき、非常通信を行ったとき：総務大臣に報告

▶電気回路

問題 1 電気回路に利用される部品で、次の図記号と名称との組合せのうち誤っているのはどれか。

	図記号	名 称		図記号	名 称
1	—┤├—	電 池	2	—┤├—	コンデンサ
3	—〰〰—	トランス	4	—▷⊢—	ダイオード

解説 選択肢3の図記号は「コイル」である。 正答：**3**

問題 2 次に挙げた消費電力 P を表す式において、誤っているのはどれか。ただし、E は電圧、I は電流、R は抵抗とする。

1 $P = EI$
2 $P = IR$
3 $P = I^2 R$
4 $P = E^2 / R$

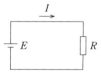

—┤├— ：直流電源
—▭— ：抵抗

解説 「電力P＝電圧E×電流I」が基本。選択肢1、3、4は正しく、2の$P=IR$は間違い。誤っている選択肢が $P=E/R$、$P=E^2/I$、$P=EI^2/R$ の問いもある。 正答：**2**

問題 3 図に示す回路の端子ab間の合成抵抗は、幾らになるか。

1 3〔kΩ〕
2 6〔kΩ〕
3 14〔kΩ〕
4 20〔kΩ〕

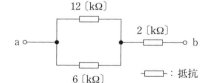

—▭— ：抵抗

解説 12〔kΩ〕と6〔kΩ〕の並列接続の合成抵抗は、

$$\frac{12 \times 6}{12+6} = \frac{72}{18} = 4 \text{〔kΩ〕}$$

4〔kΩ〕と2〔kΩ〕の直列接続の合成抵抗は、

4＋2＝6〔kΩ〕 となる。 正答：**2**

二陸特

問題 4 図に示す電気回路において、抵抗 R の値の大きさを 2 倍にすると、この抵抗で消費される電力は、何倍になるか。

1　1/2 倍
2　1/4 倍
3　2 倍
4　4 倍

⊣⊢ ：直流電源
⊣▭⊢ ：抵抗

🔖解説　流れる電流を I〔A〕、電圧を E〔V〕、抵抗を R〔Ω〕とすると、電力 P〔W〕は、次式で表される。

$$P=E \times I=E \times \frac{E}{R}=\frac{E^2}{R}$$

R の値を 2 倍にすると、

$$P=\frac{E^2}{R \times 2}=\frac{1}{2} \times \frac{E^2}{R}$$

となるので、「1/2 倍」となる。 正答：**1**

問題 5 図に示す回路において、抵抗 R の値の大きさを 2 分の 1 倍（1/2 倍）にすると、R で消費する電力は、何倍になるか。

1　1/4 倍
2　1/2 倍
3　2 倍
4　4 倍

⊣⊢ ：直流電源
⊣▭⊢ ：抵抗

🔖解説　流れる電流を I〔A〕、電圧を E〔V〕、抵抗を R〔Ω〕とすると、電力 P〔W〕は、次式で表される。

$$P=E \times I=E \times \frac{E}{R}=\frac{E^2}{R}$$

R の値を 1/2 倍にすると、

$$P=\frac{E^2}{\frac{R}{2}}=E^2 \times \frac{2}{R}=2 \times \frac{E^2}{R}$$

となるので、「2 倍」となる。 正答：**3**

問題6 図に示す回路において、抵抗Rの値を3倍にすると、回路に流れる電流Iは、元の値の何倍になるか。

1　1/9倍
2　1/3倍
3　3倍
4　9倍

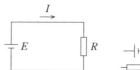

―┤├― ：直流電源
―◻― ：抵抗

🔖解説 電圧を E 〔V〕、抵抗を R 〔Ω〕とすると、電流 I 〔A〕は、オームの法則より次式で表される。

$$I = \frac{E}{R}$$

R の値を3倍にすると、

$$I = \frac{E}{R \times 3} = \frac{1}{3} \times \frac{E}{R}$$

となるので、I の値は「1/3倍」となる。　　　　　　　　　　　正答：**2**

問題7 図に示す回路において、抵抗Rの値を2分の1倍（1/2倍）にすると、回路に流れる電流 I は、元の値の何倍になるか。

1　1/4倍
2　1/2倍
3　2倍
4　4倍

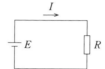

―┤├― ：直流電源
―◻― ：抵抗

🔖解説 電圧を E 〔V〕、抵抗を R 〔Ω〕とすると、電流 I 〔A〕は、オームの法則より次式で表される。

$$I = \frac{E}{R}$$

R の値を1/2倍にすると、

$$I = \frac{E}{\dfrac{R}{2}} = E \times \frac{2}{R} = 2 \times \frac{E}{R}$$

となるので、I の値は「2倍」となる。　　　　　　　　　　　正答：**3**

二陸特

問題 8　図に示す回路の端子ab間の合成静電容量は、幾らになるか。

1　10〔μF〕

2　12〔μF〕

3　25〔μF〕

4　50〔μF〕

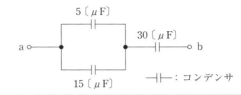

5〔μF〕

30〔μF〕

a ○

○ b

15〔μF〕

─┤├─：コンデンサ

解説　5〔μF〕と15〔μF〕の並列接続の合成静電容量は、

　　5＋15＝20〔μF〕

　20〔μF〕と30〔μF〕の直列接続の合成静電容量は、

$$\frac{20 \times 30}{20 + 30} = \frac{600}{50} = 12 \text{〔μF〕}$$　となる。

正答：**2**

▶電子回路

問題 9　半導体を用いた電子部品の温度が上昇すると、一般にその部品に起こる変化として、正しいのはどれか。次のうちから選べ。

1　半導体の抵抗が増加し、電流が減少する。

2　半導体の抵抗が増加し、電流が増加する。

3　半導体の抵抗が減少し、電流が増加する。

4　半導体の抵抗が減少し、電流が減少する。

解説　半導体は温度が上がると抵抗値が「減少」するので、電流が「増加」する。

正答：**3**

問題 10　次のダイオードのうち、マイクロ波の発振が可能なものはどれか。

1　ホトダイオード

2　ガンダイオード

3　ツェナーダイオード

4　発光ダイオード

解説　「ガンダイオード」は負性抵抗特性を用いた素子で、マイクロ波の発振や増幅回路に使用される。

正答：**2**

問題 11　次のダイオードのうち、光を感知して動作するのはどれか。

1　ホトダイオード　　　　2　発光ダイオード
3　ツェナーダイオード　　4　バラクタダイオード

解説　「光＝photo＝ホト」で、光を受けると動作するダイオードである。

正答：**1**

問題 12　次のダイオードのうち、一般に定電圧回路に用いられるのはどれか。

1　ホトダイオード　　　　2　発光ダイオード
3　ツェナーダイオード　　4　バラクタダイオード

解説　「ツェナー」は発明者の名前であり、別名「定電圧ダイオード」と呼ばれる。

正答：**3**

問題 13　図のようなトランジスタに流れる電流の性質で、誤っているのはどれか。

1　I_C は I_B によって大きく変化する。
2　I_B は V_{BE} によって大きく変化する。
3　エミッタ電流 I_E は I_C と I_B の和である。
4　I_C は V_{CE} によって大きく変化する。

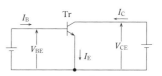

Tr：トランジスタ　―|―：直流電源

解説　コレクタ電流 I_C は、「V_{CE}」に左右されない。　　正答：**4**

問題 14　図のようなトランジスタに流れる電流の性質で、誤っているのはどれか。

1　I_C は I_B によって大きく変化する。
2　I_B は V_{BE} によって大きく変化する。
3　I_E は I_C と I_B の和である。
4　I_C は I_B よりも小さい。

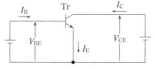

Tr：トランジスタ　―|―：直流電源

解説　コレクタ電流 I_C は、ベース電流 I_B よりも「大きい」。　　正答：**4**

問題 15 図のようなトランジスタに流れる電流の性質で、誤っているのはどれか。

1　I_C は I_B によって大きく変化する。
2　I_B は V_{BE} によって大きく変化する。
3　I_C は I_E よりもわずかに大きい。
4　I_E は I_C と I_B の和である。

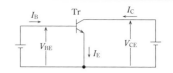

Tr：トランジスタ　—|├—：直流電源

🔖解説 コレクタ電流 I_C はエミッタ電流 I_E よりもわずかに「小さい」。　　正答：**3**

問題 16 次の記述の ◯◯◯ 内に入れるべき字句の組合せで、正しいのはどれか。

　ベース接地で NPN 形トランジスタを増幅に使う場合、ベース・エミッタ間の PN 接合面には A 方向電圧を、コレクタ・ベース間の PN 接合面には B 方向電圧を加えるのが標準である。

	A	B		A	B
1	順	順	2	逆	逆
3	順	逆	4	逆	順

🔖解説 ベース・エミッタ間には「順方向」の電圧、コレクタ・ベース間には「逆方向」の電圧を加える。　　正答：**3**

問題 17 次の記述の ◯◯◯ 内に入れるべき字句の組合せで、正しいのはどれか。

　接合形トランジスタは、三つの層から出来ている。中間の層は A く作られた構造を持ち、その層を B といい、その両側の層を C という。

	A	B	C
1	厚	エミッタ	コレクタ及びベース
2	薄	エミッタ	コレクタ及びベース
3	厚	ベース	コレクタ及びエミッタ
4	薄	ベース	コレクタ及びエミッタ

🔖解説 「薄い」電極の「ベース」を中心にしてその両側に「コレクタ」、「エミッタ」がある。　　正答：**4**

問題 18 電界効果トランジスタ（FET）の電極と一般の接合形トランジスタの電極との組合せで、その働きが対応しているのは、次のうちどれか。

1　ソース　　　コレクタ
2　ゲート　　　ベース
3　ドレイン　　エミッタ
4　ドレイン　　ベース

解説　電界効果トランジスタの電極は「ソゲド」。ソは「ソース」、ゲは「ゲート」、ドは「ドレイン」。トランジスタの電極は「エベコ」。エは「エミッタ」、ベは「ベース」、コは「コレクタ」。「ゲとベ」の選択肢2が正答。　　　　　　　正答：**2**

問題 19 図に示すPNP形トランジスタの図記号において、次に挙げた電極名の組合せのうち、正しいのは次のうちどれか。

	①	②	③
1	ベース	エミッタ	コレクタ
2	エミッタ	コレクタ	ベース
3	ベース	コレクタ	エミッタ
4	コレクタ	ベース	エミッタ

解説　電極名は、③から時計回りに「エベコ」。エは「エミッタ」、ベは「ベース」、コは「コレクタ」。①からなので、「ベコエ」となる。　　　　　　正答：**3**

問題 20 図に示すNPN形トランジスタの図記号において、次に挙げた電極名の組合せのうち、正しいのはどれか。

	①	②	③
1	ベース	エミッタ	コレクタ
2	エミッタ	コレクタ	ベース
3	ベース	コレクタ	エミッタ
4	コレクタ	ベース	エミッタ

解説　電極名は、③から時計回りに「エベコ」。エは「エミッタ」、ベは「ベース」、コは「コレクタ」。①②③の順にすると、「コベエ」となる。　　　　正答：**4**

二陸特

問題 21 図に示す電界効果トランジスタ (FET) の図記号において、次のうち電極名の組合せとして、正しいのはどれか。

	①	②	③
1	ゲート	ソース	ドレイン
2	ソース	ドレイン	ゲート
3	ドレイン	ゲート	ソース
4	ゲート	ドレイン	ソース

🔖解説 電極名は、③から時計回りに「ソゲド」。ソは「ソース」、ゲは「ゲート」、ドは「ドレイン」。①からなので、「ゲドソ」となる。　　　　正答：**4**

問題 22 PCM方式の送信装置に用いられない回路は、次のうちどれか。

1 符号器（符号化回路）　　2 量子化回路

3 標本化回路　　　　　　4 復号器

🔖解説 「復号器」は送信装置でなく、受信装置に使用される。　　　　正答：**4**

問題 23 図は、振幅が一定の搬送波を単一正弦波で振幅変調したときの変調波の波形である。変調度は幾らか。

1　20.0〔%〕

2　33.3〔%〕

3　50.0〔%〕

4　66.7〔%〕

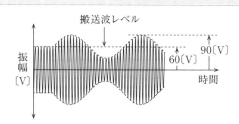

🔖解説 信号波の最大値は、90〔V〕－ 60〔V〕＝30〔V〕となる。

搬送波の最大値を 60〔V〕とすると、変調度Mは、

$$M = \frac{30}{60} \times 100 = 50 〔\%〕$$

となる。　　　　正答：**3**

問題 24 図は、振幅が 100〔V〕の搬送波を単一正弦波で振幅変調したときの変調波の波形である。変調度が 50〔%〕のとき、振幅の最大値 A の値は幾らか。

1　100〔V〕
2　120〔V〕
3　150〔V〕
4　200〔V〕

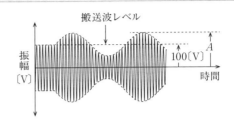

搬送波レベル

振幅〔V〕

100〔V〕

A

時間

🔍解説 信号波の最大値は $A-100$〔V〕となり、搬送波の最大値を 100〔V〕、変調度 M を 50〔%〕とすると、振幅の最大値 A〔V〕は、

$$変調度 M=\frac{信号波}{搬送波}\times100　より、50=\frac{A-100}{100}\times100$$

$$0.5=\frac{A-100}{100}$$

$$0.5\times100=A-100　　50=A-100$$

$$A=150〔V〕$$

となる。

正答：**3**

問題 25 次の記述は、集積回路（IC）について述べたものである。誤っているのはどれか。

1　複雑な電子回路が超小型化できる。
2　IC 内部の配線が短く、高周波特性の良い回路が得られる。
3　個別の部品を組み合わせた回路に比べて信頼性が高い。
4　大容量、かつ高速な信号処理回路が作れない。

🔍解説 IC は大容量で高速な信号処理を得意とする。

正答：**4**

▶無線通信装置

二陸特

問題 26 AM（A3E）通信方式と比べたときの FM（F3E）通信方式の一般的な特徴で、誤っているものはどれか。

1 受信機の忠実度が良い。
2 占有周波数帯幅が狭い。
3 装置の回路構成が多少複雑である。
4 受信機出力の信号対雑音比が良い。

解説 FM では音声信号の大きさによって周波数の幅を変化させるので、占有周波数帯幅が「広く」なる。 正答：**2**

問題 27 次の記述は、アナログ通信方式と比べたときのデジタル通信方式の一般的な特徴について述べたものである。誤っているものを下の番号から選べ。

1 雑音の影響を受けにくい。
2 ネットワークやコンピュータとの親和性がよい。
3 受信側で誤り訂正を行うことができる。
4 信号処理による遅延がない。

解説 デジタル通信方式は信号処理による遅延が「生じる」。 正答：**4**

問題 28 次の記述は、FM（F3E）受信機を構成しているある回路について述べたものである。正しいのはどれか。

FM波は、伝搬途中で雑音、フェージング、妨害波などの影響を受け振幅が変動するため、この回路で振幅成分を除去し、復調時の信号対雑音比を改善する。

1 帯域フィルタ（BPF）　　2 振幅制限器
3 周波数弁別器　　4 スケルチ回路

解説 復調は元の信号成分を取り出すことで、成分を取り除くため「振幅制限器」を使用する。 正答：**2**

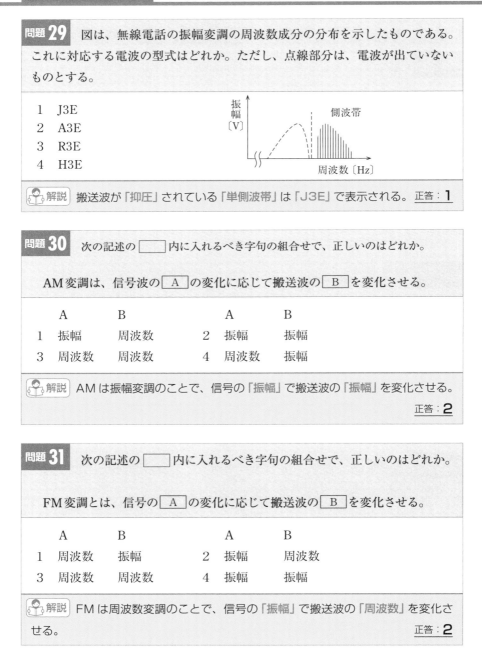

二 陸 特

問題 29 図は、無線電話の振幅変調の周波数成分の分布を示したものである。これに対応する電波の型式はどれか。ただし、点線部分は、電波が出ていないものとする。

1　J3E
2　A3E
3　R3E
4　H3E

振幅〔V〕

側波帯

周波数〔Hz〕

🔖解説 搬送波が「抑圧」されている「単側波帯」は「J3E」で表示される。　正答：**1**

問題 30 次の記述の □ 内に入れるべき字句の組合せで、正しいのはどれか。

AM変調は、信号波の A の変化に応じて搬送波の B を変化させる。

	A	B		A	B
1	振幅	周波数	2	振幅	振幅
3	周波数	周波数	4	周波数	振幅

🔖解説 AM は振幅変調のことで、信号の「振幅」で搬送波の「振幅」を変化させる。
正答：**2**

問題 31 次の記述の □ 内に入れるべき字句の組合せで、正しいのはどれか。

FM変調とは、信号の A の変化に応じて搬送波の B を変化させる。

	A	B		A	B
1	周波数	振幅	2	振幅	周波数
3	周波数	周波数	4	振幅	振幅

🔖解説 FM は周波数変調のことで、信号の「振幅」で搬送波の「周波数」を変化させる。
正答：**2**

問題 32 次の記述の 内に入れるべき字句の組合せで、正しいのはどれか。

AM変調は、信号波に応じて搬送波の A を変化させる。
FM変調は、信号波に応じて搬送波の B を変化させる。

	A	B		A	B
1	周波数	振幅	2	振幅	周波数
3	周波数	周波数	4	振幅	振幅

解説 AMは振幅変調のことで、搬送波の「振幅」を変化させる。FMは周波数変調のことで、搬送波の「周波数」を変化させる。 　　　　　　　　正答：**2**

問題 33 周波数 f_C の搬送波を周波数 f_S の信号波で振幅変調（DSB）を行ったときの占有周波数帯幅は、次のうちどれか。

1 　$f_C + f_S$ 　　　2 　$f_C - f_S$ 　　　3 　$2f_S$ 　　　4 　$2f_C$

解説 振幅変調では上下に信号成分のある側波帯が存在するので、2倍の「$2f_S$」となる。 　　　　　　　　正答：**3**

問題 34 周波数 f_C の搬送波を周波数 f_S の信号波で、AM変調（DSB）したときの下側波の周波数と占有周波数帯幅の組合せで、正しいのは次のうちどれか。

	下側波の周波数	占有周波数帯幅
1	$f_C - f_S$	f_S
2	$f_C - f_S$	$2f_S$
3	$f_C + f_S$	f_S
4	$f_C + f_S$	$2f_S$

解説 下側波なので「$f_C - f_S$」であり、DSBであることから占有周波数帯幅は「$2f_S$」となる。 　　　　　　　　正答：**2**

問題 35 送信機の緩衝増幅器は、どのような目的で設けられているか。

1 所要の送信機出力まで増幅する。

2 後段の影響により発振器の発振周波数が変動するのを防ぐため。

3 終段増幅器の入力として十分な励振電力を得るため。

4 発振周波数の整数倍の周波数を取り出すため。

🐸解説 緩衝増幅器の緩衝とはバッファのことで、「後段の影響を前段の動作に影響しない」ようにする。 正答：**2**

問題 36 図は、FM（F3E）送信機の構成例を示したものである。空欄の部品の名称の組合せで、正しいのは次のうちどれか。

	A	B
1	位相変調器	電力増幅器
2	位相変調器	低周波増幅器
3	平衡変調器	電力増幅器
4	平衡変調器	低周波増幅器

アンテナ

水晶発振器 → A → 周波数逓倍器 → 励振増幅器

音声信号入力 → IDC回路 → A

B

🐸解説 周波数変調は「位相変調器」で得られ、励振のあとは「電力増幅器」で必要な電力まで増幅する。 正答：**1**

問題 37 間接FM方式のFM（F3E）送信機において、周波数偏移を大きくする方法として、適切なものは次のうちどれか。

1 変調器と次段の結合を疎にする。

2 緩衝増幅器の増幅度を小さくする。

3 送信機の出力を大きくする。

4 周波数逓倍段の逓倍数を大きくする。

🐸解説 周波数を整数倍するのが「周波数逓倍段」であり、逓倍数（×2、×3…）を大きくすると「周波数偏移の量」は、比例して大きくなる。 正答：**4**

二陸特

問題 38 間接FM方式のFM（F3E）送信機において、大きな音声信号が加わっても一定の周波数偏移内に収めるためには、次のうちどれを用いればよいか。

1　AGC回路　　2　IDC回路　　3　緩衝増幅器　　4　音声増幅器

🔧解説　「IDC」はInstantaneous Deviation Controlの略で、大きな信号の入力を規定値内に制限する。　　　　　　　　　　　　正答：**2**

問題 39 次の記述は、間接FM方式のFM（F3E）送信機を構成している回路について述べたものである。正しいのはどれか。

　この回路は、過大な変調入力（音声信号）があっても、周波数偏移を一定に抑えるため、位相変調器の入力側に設けられる。

1　AGC回路　　2　IDC回路　　3　周波数弁別器　　4　スケルチ回路

🔧解説　「IDC」はInstantaneous Deviation Controlの略で、周波数偏移を規定値内に制限する。　　　　　　　　　　　　正答：**2**

問題 40 FM（F3E）送信機において、変調波を得るには、図の空欄の部分に何を設ければよいか。

1　位相変調器
2　振幅変調器
3　平衡変調器
4　周波数逓倍器

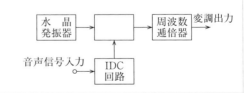

🔧解説　「位相変調器」は「周波数変調器」と同じで、FM変調が得られる。　正答：**1**

問題 41 図は、直接FM（F3E）送信装置の構成例を示したものである。[＿＿] 内に入れるべき名称の組合せで、正しいのは次のうちどれか。

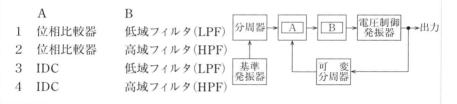

	A	B
1	平衡変調器	電力増幅器
2	平衡変調器	低周波増幅器
3	周波数変調器	電力増幅器
4	周波数変調器	低周波増幅器

解説 周波数変調は「周波数変調器」で得られ、「電力増幅器」で必要な電力まで増幅する。　　　　　　　　　　　　　　　　　　　　　　　　　　正答：**3**

問題 42 図は、周波数シンセサイザの構成例を示したものである。[＿＿]内に入れるべき名称の組合せで、正しいのは次のうちどれか。

	A	B
1	位相比較器	低域フィルタ（LPF）
2	位相比較器	高域フィルタ（HPF）
3	IDC	低域フィルタ（LPF）
4	IDC	高域フィルタ（HPF）

解説 「位相比較器」は分周器の出力と可変分周器の出力周波数を比較し、「低域フィルタ」は電圧制御発振器用の電圧を取り出す。　　　　　　　　　正答：**1**

問題 43 FM（F3E）送受信装置において、プレストークボタンを押したのに電波が発射されなかった。この場合点検しなくてよいのは、次のうちどれか。

1　送話器のコネクタ
2　周波数の切換スイッチ
3　アンテナの接続端子
4　スケルチ調整つまみ

解説 「スケルチ」は受信時の機能である。　　　　　　　　　　　正答：**4**

問題44 単信方式のFM（F3E）送受信装置において、プレストークボタンを押すとどのような状態になるか。

1 アンテナが受信機に接続され、送信状態となる。
2 アンテナが受信機に接続され、受信状態となる。
3 アンテナが送信機に接続され、送受信状態となる。
4 アンテナが送信機に接続され、送信状態となる。

解説 プレストークボタンは送信と受信の切り換えで、押すと「送信機」に接続され、「送信状態」になる。　　　　　　　　　　　正答：**4**

問題45 FM（F3E）送受信装置の送受信操作で、誤っているのはどれか。

1 他局が通話中のとき、プレストークボタンを押し送信割り込みをしてはならない。
2 制御器を使用する場合、切換えスイッチは、「遠操」にしておく。
3 音量調整つまみは、最も聞き易い音量に調節する。
4 スケルチ調整つまみは、雑音を消すためのもので、いっぱいに回しておく。

解説 スケルチ調整つまみを「いっぱい」に回しておくと、弱い信号が受信できなくなる。　　　　　　　　　　　　　　　正答：**4**

問題46 図は、パルス符号変調（PCM）方式を用いた伝送系の原理的な構成例である。　　内に入れるべき字句を下の番号から選べ。

1 高域フィルタ（HPF）
2 識別回路
3 量子化回路
4 AFC回路

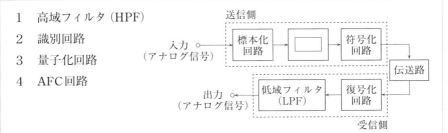

解説 PCM方式の送信装置は標本化回路、「量子化回路」、符号化回路で構成される。「標本化回路」が空欄の問いもある。　　　　正答：**3**

問題 47　次の記述の □ 内に入れるべき字句として正しいのはどれか。

　PCM送信装置において、一定の時間間隔で入力のアナログ信号の振幅を取り出すことを □ という。

1　復号化　　2　符号化　　3　量子化　　4　標本化

解説　一定の時間間隔で入力のアナログ信号の振幅を取り出すことを「標本化」という。その後、量子化→符号化を行い、デジタル信号に変換する。　　正答：**4**

問題 48　PCM 方式の受信装置に用いられない回路は、次のうちどれか。

1　復号器（復号化回路）
2　フレーム同期回路
3　標本化回路
4　ビット同期回路

解説　PCM方式の受信装置には「標本化回路」はなく、送信装置で用いられる。
正答：**3**

問題 49　次の記述は、下記のどの多元接続方式について述べたものか。

　個々のユーザに使用チャネルとして周波数を個別に割り当てる方式であり、チャネルとチャネルの間にガードバンドを設けている。

1　TDMA　　　2　FDMA　　　3　CDMA　　　4　OFDMA

解説　「FDMA」は、個別の周波数を使用し、チャネル間にガードバンドを設ける多元接続方式である。　　正答：**2**

二陸特

問題50 次の記述は、下記のどの多元接続方式について述べたものか。

　下の概念図に示すように、個々のユーザに使用するチャネルとして極めて短い時間を個別に割り当てる方式であり、チャネルとチャネルの間にガードタイムを設けている。

1　FDMA
2　TDMA
3　CDMA
4　OFDMA

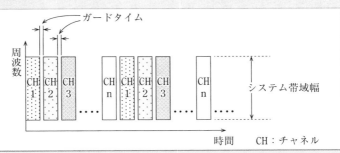

解説 ガードタイムを設ける方式は「TDMA」である。TDMAとはTime Division Multiple Accessの略で、時分割多元接続のこと。　　　正答：**2**

問題51 次の記述は、多元接続方式について述べたものである。□□内に入れるべき字句を下の番号から選べ。

　TDMAは、一つの周波数を共有し、個々のユーザに使用チャネルとして□□を個別に割り当てる方式であり、チャネルとチャネルの間にガードタイムを設けている。

1　極めて短い時間（タイムスロット）
2　周波数
3　拡散符号
4　変調方式

解説 TDMAは、個別の「極めて短い時間」を使用し、チャネル間にガードタイムを設ける多元接続方式である。　　　正答：**1**

二 陸 特

問題52 次の記述は、搬送波を図に示すベースバンド信号でデジタル変調したときの変調波形について述べたものである。□□内に入れるべき字句を下の番号から選べ。

　図に示す変調波形は、□□の一例である。

1　PSK
2　FSK
3　ASK
4　PAM

ベースバンド
信号（2値信号）

0　1　1　0　1　0

変調波形

🔖解説 「FSK」はベースバンド信号の0と1に応じて、一定振幅の搬送波の周波数に対してある周波数だけ変化させる周波数変調方式である。　　正答：**2**

問題53 次の記述は、搬送波を図に示すベースバンド信号でデジタル変調したときの変調波形について述べたものである。□□内に入れるべき字句を下の番号から選べ。

　図に示す変調波形は、□□の一例である。

1　FSK
2　PWM
3　PSK
4　PAM

ベースバンド
信号（2値信号）

0　1　1　0　1　0

変調波形

🔖解説 「PSK」はベースバンド信号の0と1に応じて、波形の山と谷が入れ替わる位相変調方式である。　　正答：**3**

問題 54 図は、搬送波をベースバンド信号でデジタル変調したときの概念図を示したものである。変調方式として、[ ]内に入れるべき字句の組合せで、正しいのはどれか。

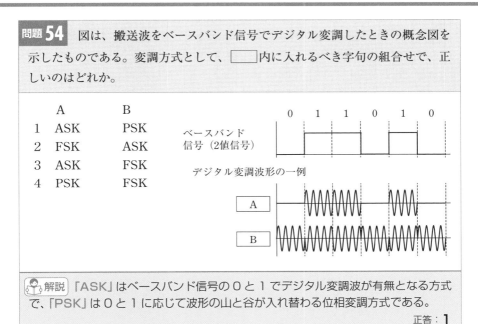

	A	B
1	ASK	PSK
2	FSK	ASK
3	ASK	FSK
4	PSK	FSK

> 🐸解説 「ASK」はベースバンド信号の0と1でデジタル変調波が有無となる方式で、「PSK」は0と1に応じて波形の山と谷が入れ替わる位相変調方式である。
>
> 正答：**1**

問題 55 次の記述は、デジタル変調について述べたものである。[ ]内に入れるべき字句の組合せで、正しいのはどれか。

FSK は、ベースバンド信号に応じて搬送波の[A]を切り替える方式である。また、4値FSK は、1回の変調で[B]ビットの情報を伝送できる。

	A	B
1	周波数	3
2	振幅	3
3	周波数	2
4	振幅	2

> 🐸解説 FSK とは Frequency shift keying の略で、周波数偏移変調のこと。搬送波の「周波数」を切り替える。4値＝2^2なので、「2ビット」となる。
>
> 正答：**3**

問題 56 次の記述は、デジタル変調について述べたものである。□□内に入れるべき字句の組合せで、正しいのはどれか。

QAM（直交振幅変調）は、ベースバンド信号に応じて搬送波の $\boxed{A}$ と位相を変化させる方式である。

また、16QAM は、1回の変調で $\boxed{B}$ ビットの情報を伝送できる。

	A	B
1	振幅	2
2	周波数	2
3	振幅	4
4	周波数	4

解説 QAMとはQuadrature Amplitude Modulationの略で、搬送波の「振幅」と位相を変化させる。16QAM は 1 回の変調で 16 値を取ることができる。16 値＝2^4 なので、「4 ビット」となる。　　　　　正答：**3**

問題 57 次の記述は、デジタル変調について述べたものである。□□内に入れるべき字句の組合せで、正しいのはどれか。

PSK は、ベースバンド信号に応じて搬送波の $\boxed{A}$ を切り替える方式である。

また、QPSK は、1回の変調で $\boxed{B}$ ビットの情報を伝送できる。

	A	B
1	振幅	3
2	振幅	2
3	位相	3
4	位相	2

解説 PSK とは Phase Shift Keying の略で、位相偏移変調のこと。搬送波の「位相」を切り替える。QPSK とは 4 相PSK のことで、4 相（4 値）＝2^2 なので、「2 ビット」となる。　　　　　正答：**4**

二陸特

問題 58 次の記述は、一般的なデジタル無線通信装置で行われる誤り訂正符号化について述べたものである。□□内に入れるべき字句を下の番号から選べ。

デジタル信号の伝送において、符号の伝送誤りを少なくするために、受信側で符号の□□と誤り訂正が行えるように、送信側においてデジタル信号に適切な冗長ビットを付加すること。

1 誤り検出　　2 スクランブル　　3 拡散　　4 インターリーブ

解説 誤り訂正符号化は伝送路で発生する誤りを訂正する技術のことで、受信側で符号の「誤り検出」と「誤り訂正」が行えるように、送信側で冗長ビットを付加する。　　　　　　　　　　　　　　　　　　　　　正答：**1**

問題 59 次の記述は、デジタル無線通信で発生するバースト誤りの対策の一例について述べたものである。□□内に入れるべき字句の正しい組合せを下の番号から選べ。

バースト誤り対策として、送信する符号の順序を入れ替える □A□ を行い、受信側で受信符号を並び替えて □B□ ことにより誤りの影響を軽減する方法がある。

	A	B
1	インターリーブ	逆拡散する
2	インターリーブ	元の順序に戻す
3	A/D変換	元の順序に戻す
4	A/D変換	逆拡散する

解説 バースト誤り対策として、送信する符号の順序を入れ替える「インターリーブ」を行い、受信側でデインターリーブにより受信符号を並び替えて「元の順序に戻す」ことにより誤りの影響を軽減する方法がある。集中的に発生する誤りをバースト誤りといい、マルチパスフェージング等により引き起こされる。　正答：**2**

問題60 次の記述は、受信機の性能のうち何について述べたものか。

多数の異なる周波数の電波の中から混信を受けないで、目的とする電波を選び出すことができる能力を表す。

1　感度　　　2　忠実度　　　3　選択度　　　4　安定度

解説　選び出す能力を「選択度」という。　　　　　　　　　　正答：**3**

問題61 次の記述は、受信機の性能のうち何について述べたものか。

周波数及び強さが一定の電波を受信しているとき、受信機の再調整を行わず、長時間にわたって一定の出力を得ることができる能力を表す。

1　忠実度　　　2　選択度　　　3　安定度　　　4　感度

解説　再調整を行わず長時間にわたって＝「安定度」。　　　　　　正答：**3**

問題62 スーパヘテロダイン受信機の検波器の働きで、正しいのは次のうちどれか。

1　受信入力信号を中間周波数に変える。
2　音声周波数信号を十分な電力まで増幅する。
3　受信入力信号から直接音声周波数信号を取り出す。
4　中間周波出力信号から音声周波数信号を取り出す。

解説　「検波器」は高周波（中間周波）から「音声信号」を取り出す働きをする。

正答：**4**

二陸特

問題 63 スーパヘテロダイン受信機のAGCの働きについての説明で、正しいのはどれか。

1 近接周波数の混信をなくす。
2 スピーカから出る雑音を消す。
3 変調に用いられた音声信号を取り出す。
4 受信電波の強さが変化しても、受信出力をほぼ一定にする。

🔖解説 AGC は Automatic Gain Control の略で、自動利得調整のこと。出力を「一定」にする。　　　　　　　　　　　　　　　　　　　　　　正答：**4**

問題 64 SSB (J3E) 受信機において、SSB変調波から音声信号を得るためには、図の空欄の部分に何を設ければよいか。

1 中間周波増幅器
2 クラリファイヤ
3 帯域フィルタ
4 検波器

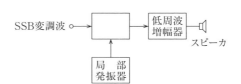

🔖解説 SSB変調波から信号を取り出すために「検波器」と「局部発振器」が必要になる。　　　　　　　　　　　　　　　　　　　　　　　　　　正答：**4**

問題 65 図は、FM (F3E) 受信機の構成の一部を示したものである。空欄の部分の名称の組合せで、正しいのは次のうちどれか。

	A	B
1	直線検波器	スケルチ回路
2	直線検波器	AGC回路
3	周波数弁別器	スケルチ回路
4	周波数弁別器	AGC回路

🔖解説 FM受信機の復調回路には「周波数弁別器」、そして受信信号が途切れたときに生じる大きな雑音を消去するために「スケルチ回路」が使用される。　正答：**3**

問題 66 図は、FM（F3E）受信機の構成の一部を示したものである。空欄の部分の名称の組合せで、正しいのは次のうちどれか。

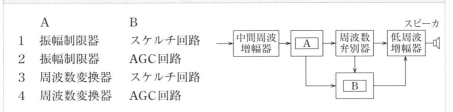

	A	B
1	振幅制限器	スケルチ回路
2	振幅制限器	AGC回路
3	周波数変換器	スケルチ回路
4	周波数変換器	AGC回路

🔧解説 「振幅制限器」は雑音成分を除去し、「スケルチ回路」で無信号時に生じる雑音を消去する。　　　　　　　　　　　　　　　　　　　　　　　正答：**1**

問題 67 次の記述の ☐ 内に入れるべき字句の組合せで、正しいのはどれか。

　無線電話装置において、受信電波から音声を取り出すことを A という。FM（F3E）電波の場合、この役目をするのは B である。

	A	B			A	B
1	変調	周波数弁別器		2	復調	直線検波器
3	復調	周波数弁別器		4	変調	2乗検波器

🔧解説 音声を取り出すことを「復調」といい、「周波数弁別器」はFM電波の復調に使用される。　　　　　　　　　　　　　　　　　　　　　　　　正答：**3**

問題 68 FM（F3E）受信機において、受信電波の無いときに、スピーカから出る大きな雑音を消すために用いる回路はどれか。

1	スケルチ回路	2	振幅制限回路
3	AGC回路	4	周波数弁別回路

🔧解説 「スケルチ」はSquelchのことで、「静める」、「黙らせる」という意味がある。　　　　　　　　　　　　　　　　　　　　　　　　　　　　正答：**1**

二陸特

問題 69 次の文の□□内に入れるべき字句の組合せで、正しいのはどれか。

　スケルチ調整つまみは、□A□状態のときスピーカから出る□B□を抑制するためのつまみで、右に回すと抑制効果が□C□する。

	A	B	C
1	送信	雑音	減少
2	受信	雑音	増大
3	送信	音量	減少
4	受信	音量	増大

解説 スケルチは「受信」信号のないときに「雑音」を消す働き。つまみは、右回しで抑制効果が「増大」する。　　　　　　　　　　　　　　　　　　正答：**2**

問題 70 次の記述の□□内に入れるべき字句の組合せで、正しいのはどれか。

　FM（F3E）受信機において、相手局からの送話が□A□とき、受信機から雑音が出たら□B□調整つまみを回して、雑音が消える限界点付近の位置に調整する。

	A	B			A	B
1	有る	音量		2	無い	音量
3	有る	スケルチ		4	無い	スケルチ

解説 送話が「無い」ときは、雑音を消すために「スケルチ」を調整する。
　　　　　　　　　　　　　　　　　　　　　　　　　　　　　正答：**4**

問題 71 無線受信機において、通常、受信に障害を与える雑音の原因にならないのは、次のうちどれか。

1	発電機のブラシの火花	2	電源用電池の電圧低下
3	給電線のコネクタのゆるみ	4	接地点の接触不良

解説 電源電圧の低下では「雑音を発生しない」。　　　　　　　　正答：**2**

問題 72 無線受信機において、通常、受信に障害を与える雑音の原因にならないのは、次のうちどれか。

1　発電機のブラシの火花
2　給電線のコネクタのゆるみによるアンテナとの接触不良
3　高周波加熱装置
4　電源用電池の容量低下

解説 電源容量の低下では「雑音を発生しない」。　　　　　正答：**4**

▶レーダー

問題 73 図は、レーダーのパルス波形を示したものである。パルス幅を指すものは、次のうちどれか。

1　a
2　b
3　c
4　d

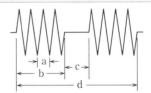

解説 この図では 2 パルス分が示されているが、パルス幅は「一つ分の幅」なので「b」が正答。　　　　　正答：**2**

問題 74 レーダーにマイクロ波（SHF）が用いられる理由で、誤っているのは次のうちどれか。

1　波長が短いので、小さな物標からでも反射がある。
2　アンテナが小形にでき、尖鋭なビームを得ることが容易である。
3　豪雨、豪雪でも、小さな物標を見分けられる。
4　空電雑音の妨害を受けることが少ない。

解説 波長がごく短いので「豪雨や豪雪」のときは電波が反射され、物標が「見分けづらい」。　　　　　正答：**3**

二陸特

問題 75 通常、レーダーで持続波を発射し、ドプラ効果を利用するのはどれか。

1 船舶用　　2 港湾用　　3 速度測定用　　4 航空路監視用

解説 ドプラ効果を利用するレーダーは「速度測定」用として使用される。

正答：**3**

問題 76 パルスレーダーにおいて、最小探知距離の機能を向上させるために、適切な方法はどれか。

1 パルス幅を出来るだけ狭くする。
2 アンテナの垂直面内のビーム幅を狭くする。
3 アンテナの水平面内のビーム幅を広くする。
4 アンテナの高さを高くする。

解説 「パルス幅が狭い」ほど、最小探知距離が向上する。しかし、最大探知距離は短くなる。

正答：**1**

問題 77 パルスレーダーの最小探知距離に最も影響を与える要素は、次のうちどれか。

1 送信周波数　　　　2 パルスの繰り返し周波数
3 空中線のビーム幅　　4 パルスの幅

解説 「パルス幅が狭い」ほど、最小探知距離が向上する。しかし、最大探知距離は短くなる。

正答：**4**

問題 78 パルスレーダーの最小探知距離を小さくするための方法で、正しいのは次のうちどれか。

1 パルス幅を狭くする。　　2 アンテナの垂直面内指向性を鋭くする。
3 アンテナの高さを高くする。　4 パルス繰返し周波数を低くする。

解説 「パルス幅を狭くする」と最小探知距離が小さくなる。

正答：**1**

問題 79 レーダーの最大探知距離を大きくするための条件として、誤っているのは次のうちどれか。

1 送信電力を大きくする。
2 受信機の感度を良くする。
3 アンテナの高さを高くする。
4 パルスの幅を狭くし、パルス繰返し周波数を高くする。

解説 「パルス幅が広い」ほど反射エネルギーが増大するので、最大探知距離は大きくなる。また、パルス繰返し周波数を「低く」したほうが最大探知距離は大きくなる。 正答：**4**

問題 80 レーダーで物標までの距離を測定する場合、測定誤差を最も少なくするための操作として、適切なのは次のうちどれか。

1 可変距離目盛を用い、距離レンジを最大に切り替えて読み取る。
2 固定距離目盛を用い、その目盛と目盛の間を目分量で読み取る。
3 物標映像の中心点に可変距離目盛を正しく重ねて読み取る。
4 物標映像のスコープ中心側の外郭に、可変距離目盛の外端を接触させて読み取る。

解説 「外郭」が物標面であるから、一番正確に測定できる。 正答：**4**

問題 81 レーダー装置において、パルス幅を小から大に切り替えると通常良くなる性能は、次のうちどれか。

1 距離分解能　　　　2 方位分解能
3 最大探知距離　　　4 最小探知距離

解説 パルス幅を大きくすると「最大探知距離」が延びる。 正答：**3**

問題82 レーダーから等距離にあって、近接した2物標を区別できる限界の能力を表すものはどれか。

1 最小探知距離　　　2 最大探知距離
3 距離分解能　　　　4 方位分解能

 解説 接近した2物標を区別できる能力は「方位分解能」である。　正答：**4**

問題83 図に示す、レーダーの表示画面に表示されたスイープが回転しない場合、考えられる故障原因は次のうちどれか。

1 掃引発振器の不良
2 掃引増幅器の不良
3 偏向コイルの断線
4 アンテナの駆動電動機の故障

 解説 「アンテナ」が回らないと直線状にしか表示されない。　正答：**4**

問題84 レーダー受信機において、最も影響の大きい雑音は次のうちどれか。

1 空電による雑音　　　2 電気器具による雑音
3 電動機による雑音　　4 受信機の内部雑音

 解説 「受信機の内部で発生する雑音」の影響が一番大きい。　正答：**4**

問題85 レーダー装置によって、地上を走行する移動体の速度を測定するには、通常、次のうちどのレーダーが用いられるか。

1 短波レーダー　　　　2 3次元レーダー
3 ドプラレーダー　　　4 2次元レーダー

解説 「ドプラ効果」を利用して移動体の速度を測定する。　正答：**3**

▶衛星通信

問題86 次の記述は、衛星通信について述べたものである。正しいのはどれか。

1　現在の通信衛星は、ほとんどが円形極軌道衛星である。

2　衛星の太陽電池の機能が停止する食は、夏至及び冬至の時期に発生する。

3　地球局から衛星への通信回線をダウンリンクという。

4　使用周波数は高くなるほど、降雨による影響が大きくなる。

解説　周波数が高くなると波長が短くなり、降雨の影響が「大きくなる」。

正答：**4**

問題87 次の記述は、静止衛星通信について述べたものである。正しいのはどれか。

1　現在の静止衛星通信に用いられる衛星は、ほとんどが円形極軌道衛星である。

2　衛星の太陽電池の機能が停止する食は、春分及び秋分の時期に発生する。

3　多元接続が困難なので、柔軟な回線設定ができない。

4　使用周波数が高くなるほど、降雨による影響が少なくなる。

解説　食は「春分」と「秋分」の時期に発生する。

正答：**2**

問題88 静止衛星通信についての次の記述のうち、誤っているのはどれか。

1　衛星の軌道は、赤道上空の円軌道である。

2　使用周波数が高くなるほど、降雨による影響が大きくなる。

3　衛星の太陽電池の機能が停止する食は、夏至及び冬至期に発生する。

4　衛星を見通せる2点間の通信は、常時行うことができる。

解説　食は「春分」と「秋分」の時期に発生する。

正答：**3**

問題89 静止衛星通信についての次の説明のうち、正しいのはどれか。

1 静止衛星通信では、極軌道衛星が用いられている。
2 衛星の太陽電池の機能が停止する食は、夏至及び冬至期に発生する。
3 使用周波数が高くなるほど、降雨による影響が少なくなる。
4 多元接続が容易なので、柔軟な回線設定ができる。

解説 衛星通信ではマイクロ波が使用されるので「多元接続が容易」である。

正答：4

問題90 静止衛星通信についての次の記述のうち、正しいのはどれか。

1 使用周波数が高くなるほど、降雨による影響が大きくなる。
2 静止衛星通信では、極軌道衛星が用いられている。
3 衛星の太陽電池の機能が停止する食は、夏至及び冬至の時期に発生する。
4 多元接続が困難なので、柔軟な回線設定ができない。

解説 周波数が高くなると波長が短くなるので、降雨による影響が「大きく」なる。

正答：1

問題91 静止衛星通信についての次の記述のうち、正しいのはどれか。

1 静止衛星通信では、極軌道衛星が用いられている。
2 地上での自然災害の影響を受けにくい。
3 衛星の太陽電池の機能が停止する食は、夏至及び冬至期に発生する。
4 使用周波数が高くなるほど、降雨による影響が小さくなる。

解説 衛星通信は、地震、台風、火災等の地上の自然災害の影響を「受けにくい」。

正答：2

問題 92 衛星通信について述べたものである。誤っているのはどれか。

1 使用周波数は高くなるほど、降雨による影響が少なくなる。
2 衛星を見通せる2点間の通信は、常時行うことができる。
3 衛星から地球局への通信回線をダウンリンクという。
4 多元接続が容易なので柔軟な回線設定ができる。

解説 周波数が高くなると波長が短くなるので、降雨による影響が「大きく」なる。

正答：**1**

問題 93 次の記述は、衛星通信における VSAT システムについて述べたものである。誤っているのはどれか。

1 宇宙局と VSAT地球局間の使用電波は、14/12〔GHz〕帯の周波数が用いられている。
2 地球局の送信周波数は、VSAT制御地球局で制御される。
3 このシステムは、VSAT地球局相互間でパケット交換伝送のみを取り扱う。
4 VSAT制御地球局の送受信装置には、高電力増幅器と低雑音増幅器が使用されている。

解説 音声、データ、映像などの通信を行うことができ、「パケット交換伝送のみ」ではない。

正答：**3**

問題 94 次の記述は、衛星通信における VSAT システムについて述べたものである。正しいのはどれか。

1 このシステムは、VSAT地球局相互間で音声、データ、映像などの通信を行う。
2 使用される衛星はインマルサット衛星である。
3 VSAT地球局は小形軽量の装置で、車両で走行中の通信に使用される。
4 使用される周波数帯は 1.5/1.6〔GHz〕帯である。

解説 VSATは Very Small Aperture Terminalの略で、「音声」や「データ」、「映像」などの通信に使う。

正答：**1**

問題 95 次の記述は、衛星通信における VSAT システムについて述べたものである。誤っているのはどれか。

1 宇宙局と VSAT 地球局間の使用電波は、14〔GHz〕帯と 12〔GHz〕帯等の SHF 帯の周波数が用いられている。
2 VSAT 地球局の送信周波数は、VSAT 制御地球局で制御される。
3 このシステムは、VSAT 地球局相互間で音声通信のみを行う。
4 VSAT 制御地球局の送受信装置には、大電力増幅器と低雑音増幅器が使用されている。

解説 VSAT は音声通信のほかに「データ」や「映像」などの通信を行う。

正答：**3**

問題 96 次の記述は、静止衛星通信における VSAT システムについて述べたものである。正しいのはどれか。

1 使用される衛星はインマルサット衛星である。
2 使用される周波数帯は 1.5〔GHz〕帯と 1.6〔GHz〕帯である。
3 VSAT 地球局の送信周波数は、VSAT制御地球局で制御される。
4 VSAT地球局は小形軽量の装置で、車両で走行中の通信に使用される。

解説 VSAT 地球局の送信周波数は、「VSAT制御地球局」で制御される。

正答：**3**

▶ 電源

問題 97 次の記述は、どの回路について述べたものか。

交流分を含んだ不完全な直流を、できるだけ完全な直流にするための回路で、この回路の動作が不完全だとリプルが多くなり、電源ハムの原因となる。

1 整流回路　　2 平滑回路　　3 変調回路　　4 検波回路

解説 不完全な直流を完全な直流にするのは「平滑回路」で、フィルタと呼ばれる。

正答：**2**

問題 98 電池の記述で、正しいのはどれか。

1 リチウムイオン蓄電池は、メモリー効果があるので継ぎ足し充電ができない。
2 蓄電池は、熱エネルギーを電気エネルギーとして取り出す。
3 容量を大きくするには、電池を並列に接続する。
4 鉛蓄電池は、一次電池である。

解説 電池を「並列」に接続すると、その容量は並列接続した個数分の合計に増加する。

正答：**3**

問題 99 電池の記述で、誤っているのはどれか。

1 鉛蓄電池は、一次電池である。
2 電池は、化学エネルギーを電気エネルギーとして取り出す。
3 ニッケル・カドミウム電池の電解液は、アルカリ性である。
4 容量を大きくするには、電池を並列に接続する。

解説 鉛蓄電池は「放電」と「充電」ができる「二次」電池で、「一次」電池ではない。

正答：**1**

問題 100 鉛蓄電池の充電終了を示す状態で、正しいものはどれか。

1 極板が白くなった。
2 電解液が透明になった。
3 1つのセルの端子電圧が 2.8〔V〕になった。
4 電解液の比重が 1.12 になった。

解説 鉛蓄電池の定格電圧は 1 セル当たり 2.0〔V〕、充電終了電圧はそれより「高い」。

正答：**3**

問題 101 次の文の□□内に当てはまる字句の組合せで、正しいのはどれか。

　一般に、充放電が可能な □A□ 電池の一つに □B□ 蓄電池があり、過充電や過放電に強い特長がある。

	A	B
1	一次	アルカリ
2	一次	マンガン
3	二次	アルカリ
4	二次	マンガン

🔖解説　「二次」電池とは「放電」と「充電」の繰り返しが可能なもので、「アルカリ蓄電池」がある。　　　　　　　　　　　　　　　　　　　　　　　　　正答：**3**

問題 102 次の記述の□□内に入れるべき字句の組合せで、正しいのはどれか。

　一般に、充放電が可能な □A□ 電池の一つに □B□ があり、ニッケルカドミウム蓄電池に比べて、自己放電が少なく、メモリー効果がない等の特徴がある。

	A	B
1	一次	リチウムイオン蓄電池
2	一次	マンガン乾電池
3	二次	リチウムイオン蓄電池
4	二次	マンガン乾電池

🔖解説　「二次」電池とは「放電」と「充電」の繰り返しが可能なもので、「リチウムイオン蓄電池」がある。リチウムイオン蓄電池はメモリー効果がない。　正答：**3**

問題 103 1個の電圧及び容量が6〔V〕、60〔Ah〕の蓄電池を3個直列に接続したとき、合成電圧及び合成容量の組合せで、正しいものはどれか。

	合成電圧	合成容量
1	6〔V〕	60〔Ah〕
2	6〔V〕	180〔Ah〕
3	18〔V〕	60〔Ah〕
4	18〔V〕	180〔Ah〕

解説 1個の電圧が E〔V〕、容量が I〔Ah〕の電池を n 個直列に接続すると、

合成電圧＝$E×n$〔V〕
合成容量＝I〔Ah〕

となる。よって、

合成電圧＝6×3＝18〔V〕
合成容量＝60〔Ah〕

となる。

正答：**3**

問題 104 1個の電圧及び容量が6〔V〕、60〔Ah〕の蓄電池を3個並列に接続したとき、合成電圧及び合成容量の組合せで、正しいのは次のうちどれか。

	合成電圧	合成容量
1	6〔V〕	60〔Ah〕
2	6〔V〕	180〔Ah〕
3	18〔V〕	60〔Ah〕
4	18〔V〕	180〔Ah〕

解説 1個の電圧が E〔V〕、容量が I〔Ah〕の電池を n 個並列に接続すると、

合成電圧＝E〔V〕
合成容量＝$I×n$〔Ah〕

となる。よって、

合成電圧＝6〔V〕
合成容量＝60×3＝180〔Ah〕

となる。

正答：**2**

無 線 工 学

問題105 端子電圧 6〔V〕、容量 (10 時間率) 60〔Ah〕の充電済みの鉛蓄電池に、6〔A〕で動作する装置を接続すると、通常、何時間まで連続動作をさせることができるか。

1 　3 時間 　　2 　6 時間 　　3 　10 時間 　　4 　20 時間

解説 使用可能時間 h〔時間〕は、

$$h = \frac{電池の容量〔Ah〕}{使用する電流〔A〕}$$

となる。よって、

$$h = \frac{60}{6} = 10 〔時間〕$$

となる。

正答：**3**

問題106 端子電圧 6〔V〕、容量 (10 時間率) 60〔Ah〕の充電済みの鉛蓄電池を 2 個並列に接続し、これに電流が 3〔A〕流れる負荷を接続して使用したとき、この蓄電池は通常何時間連続して使用することができるか。

1 　20 時間

2 　30 時間

3 　40 時間

4 　60 時間

解説 1 個の電圧が E〔V〕、容量が m〔Ah〕の電池を n 個並列に接続すると、

合成電圧＝E〔V〕

合成容量＝$m×n$〔Ah〕

となり、使用可能時間 h〔時間〕は、

$$h = \frac{m×n 〔Ah〕}{使用する電流 I 〔A〕}$$

となる。よって、

$$h = \frac{60×2}{3} = 40 〔時間〕$$

となる。

正答：**3**

問題107 機器に用いる電源ヒューズの電流値は、機器の規格電流に比べて、どのような値のものが最も適切か。

1 少し大きい値
2 十分小さい値
3 少し小さい値
4 十分大きい値

解説 小さすぎればすぐに切れてしまい、大きすぎると過大電流が流れても切れないので、「少し大きい値」が適切である。 正答：**1**

▶ 空中線（アンテナ）

問題108 次の記述は、1/4波長垂直接地アンテナについて述べたものである。誤っているのはどれか。

1 電圧分布は先端で零、底部で最大となる。
2 指向性は、水平面内では無指向性である。
3 固有周波数の奇数倍の周波数にも同調する。
4 接地抵抗が小さいほど効率がよい。

解説 「電圧」分布は先端で「最大」となり、底部で「最小」になる。 正答：**1**

問題109 次の記述は、1/4波長垂直接地アンテナについて述べたものである。誤っているのはどれか。

1 電流分布は先端で最大、底部で零となる。
2 指向性は、水平面内では全方向性（無指向性）である。
3 固有周波数の奇数倍の周波数にも同調する。
4 接地抵抗が小さいほど効率がよい。

解説 「電流」分布は先端で「零」、底部で「最大」となる。 正答：**1**

問題 110 超短波（VHF）帯に用いられるアンテナで、水平面内の指向特性が全方向性（無指向性）のアンテナは、次のうちどれか。

1　スリーブアンテナ　　2　コーナレフレクタアンテナ
3　八木アンテナ　　　　4　パラボラアンテナ

解説 選択肢 2、3、4 は指向性アンテナで、「スリーブアンテナ」は無指向性。

正答：1

問題 111 図に示すアンテナの名称と l の長さの組合せで、正しいのは次のうちどれか。

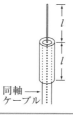

	名称	l の長さ
1	スリーブアンテナ	1/4 波長
2	スリーブアンテナ	1/2 波長
3	ホイップアンテナ	1/4 波長
4	ホイップアンテナ	1/2 波長

同軸→ケーブル

解説 同軸ケーブルの先端からの下側に同軸円管（筒）l があるのは「スリーブアンテナ」。各 l を「1/4 波長」にする。

正答：1

問題 112 次の記述の　　内に入れるべき字句の組合せで、正しいのはどれか。

図のアンテナは、　A　アンテナと呼ばれる。電波の波長を λ で表したとき、アンテナ素子の長さは λ/4 であり、水平面内の指向性は　B　である。

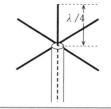

$\lambda/4$

	A	B
1	ブラウン	全方向性（無指向性）
2	ブラウン	8 字形特性
3	ダイポール	全方向性（無指向性）
4	ダイポール	8 字形特性

解説 「ブラウンアンテナ」といい、指向性のない「無指向性」を有する。　正答：1

問題113 次の文の□□□の部分に入れるべき字句の組合せで、正しいのはどれか。

移動用などに多く用いられる □A□ アンテナは、接地形アンテナの一種で、放射素子の長さは □B□ である。

	A	B		A	B
1	ダイポール	1/4 波長	2	ダイポール	1/2 波長
3	ホイップ	1/4 波長	4	ホイップ	1/2 波長

解説 「ホイップアンテナ」は接地形アンテナの一種で、「1/4 波長」で動作する。

正答：**3**

問題114 次の記述の□□□内に入れるべき字句の組合せで、正しいのはどれか。

ブラウンアンテナやホイップアンテナは、一般に □A□ 偏波で使用し、このときの □B□ 面内の指向特性は、ほぼ全方向性（無指向性）である。

	A	B		A	B
1	垂直	水平	2	水平	垂直
3	垂直	垂直	4	水平	水平

解説 ブラウンアンテナやホイップアンテナなどの接地形アンテナは「垂直」偏波で、「水平」面内の指向特性は、無指向性である。

正答：**1**

問題115 超短波（VHF）帯に用いられるアンテナで、通常、水平面内の指向性が全方向性（無指向性）でないアンテナはどれか。

1 ホイップアンテナ　2 スリーブアンテナ　3 ブラウンアンテナ　4 八木アンテナ

解説 選択肢 1、2、3 は垂直アンテナで無指向性であるが、「八木アンテナ」は鋭い指向性を有する。

正答：**4**

問題116 次の記述の_____内に入れるべき字句の組合せで、正しいのはどれか。

スリーブアンテナは、一般に____A____偏波で使用し、このとき____B____面内の指向特性は、全指向性（無指向性）である。

	A	B		A	B
1	垂直	水平	2	垂直	垂直
3	水平	水平	4	水平	垂直

🔎**解説** スリーブアンテナは垂直で使用するので「垂直」偏波、「水平」面内の指向特性は、無指向性である。

正答：**1**

問題117 次の記述は、図に示す八木・宇田アンテナ（八木アンテナ）について述べたものである。_____内に入れるべき字句の組合せで、正しいのはどれか。

全アンテナ素子を水平にしたときの水平面内の指向性は____A____である。導波器の素子数を増やせば利得は大きくなり、ビーム幅は____B____なる。

	A	B
1	単一指向性	狭く
2	単一指向性	広く
3	全方向性	広く
4	全方向性	狭く

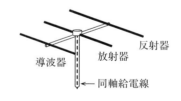

反射器
放射器
導波器
← 同軸給電線

🔎**解説** 八木アンテナの水平面内の指向性は「単一指向性」で、導波器の方向に鋭い指向性がある。導波器の素子数を増やすと利得は大きくなり、ビーム幅は「狭く」なって指向性がさらに鋭くなる。

正答：**1**

二 陸 特

問題 118 図の破線は、水平設置の八木・宇田アンテナ（八木アンテナ）の水平面内指向特性を示したものであるが、正しいのはどれか。ただし、Dは導波器、Pは放射器、Rは反射器とする。

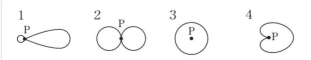

1　D P R

2　D P R

3　D P R

4　D P R

🔖**解説** 八木アンテナは「導波器（D）の方向」に強い指向性がある。　　　正答：**1**

問題 119 マイクロ波（SHF）帯を使用する送受信設備において、主に使用されるアンテナは、次のうちどれか。

1　ホイップアンテナ
2　ブラウンアンテナ
3　スリーブアンテナ
4　パラボラアンテナ

🔖**解説** 指向性が鋭く、ゲイン（利得）が高い「パラボラアンテナ」が使用される。
正答：**4**

問題 120 図は、各種アンテナの水平面内の指向性を示したものである。ブラウンアンテナの特性は、次のうちどれか。なお点Pはアンテナの位置を示す。

1　P

2　P

3　（P）

4　P

🔖**解説** ブラウンアンテナの水平面内の指向性は、「無指向（全方向）性」で、図は正円となる。　　　正答：**3**

問題 121 150〔MHz〕用ブラウンアンテナの放射素子の長さは、ほぼいくらか。

1　2.5〔m〕　　　2　1.2〔m〕　　　3　0.5〔m〕　　　4　0.3〔m〕

解説 波長 λ〔m〕は、周波数を f〔MHz〕とすると、次式で求められる。

$$\lambda = \frac{300}{f} = \frac{300}{150} = 2 \text{〔m〕}$$

ブラウンアンテナの放射素子の長さは 1/4 波長なので、

$$\frac{\lambda}{4} = \frac{2}{4} = 0.5 \text{〔m〕}$$

となる。　　　　　　　　　　　　　　　　　　　　　　　　正答：**3**

問題 122 超短波（VHF）帯を使用した通信において、一般に、通信可能な距離を延ばす方法として、誤っているのはどれか。

1　アンテナの高さを高くする。
2　アンテナの放射角度を高角度にする。
3　鋭い指向性のアンテナを用いる。
4　利得の高いアンテナを使用する。

解説 放射角度を高くすると「水平方向には届きにくく」なる。　　正答：**2**

▶ 電波伝搬

問題 123 自由空間において、電波が 10〔μs〕の間に伝搬する距離は、次のうちどれか。

1　1〔km〕　　2　3〔km〕　　3　10〔km〕　　4　300〔km〕

解説 電波の速度を $c = 3 \times 10^8$〔m/s〕、時間を $t = 10 \times 10^{-6}$〔s〕とすると、電波の進む距離 r〔m〕は、次式で求められる。

$$r = c \times t$$
$$= 3 \times 10^8 \times 10 \times 10^{-6} = 30 \times 10^2$$
$$= 3,000 \text{〔m〕} = 3 \text{〔km〕}$$

正答：**2**

問題124 次の記述は、超短波（VHF）帯の電波の伝わり方について述べたものである。正しいのはどれか。

1　見通し距離外の比較的遠距離の通信に適する。
2　通常、電離層を突き抜けてしまう。
3　伝搬途中の地形や建物の影響を受けない。
4　昼間と夜間では、電波の伝わり方が異なる。

🔖解説　VHF帯の電波の波長は短いので、一般的に「電離層を突き抜けてしまう」。

正答：**2**

問題125 次の記述は、超短波（VHF）帯の電波の伝わり方について述べたものである。正しいのはどれか。

1　雨滴による減衰を受けやすい。
2　光に似た性質で、直進する。
3　通常、電離層で反射される。
4　伝搬途中の地形や建物の影響を受けない。

🔖解説　VHF帯の周波数の電波は「直進する」。

正答：**2**

問題126 次の記述は、超短波（VHF）帯の伝わり方について述べたものである。誤っているのはどれか。

1　光に似た性質で、直進する。
2　見通し距離内の通信に適する。
3　通常、電離層を突き抜けてしまう。
4　伝搬途中の地形や建物の影響を受けない。

🔖解説　VHF帯の周波数の電波は直進するので、地形や建物の影響を「受ける」。

正答：**4**

問題 127 超短波（VHF）帯を使った見通し外の遠距離の通信において、伝搬路上に山岳が有り、送受信点のそれぞれからその山が見通せるとき、比較的安定した通信ができることがあるのは、一般にどの現象によるものか。

1 電波が直進する。　　2 電波が干渉する。
3 電波が屈折する。　　4 電波が回折する。

解説 山岳伝搬では、電波が山によって「回折」する。　　　　正答：**4**

問題 128 超短波（VHF）帯において、山陰で見通しのきかない場合でも通信ができることがあるのは、どの現象によるものか。

1 電波が回折する。　　2 電波が屈折する。
3 電波が直進する。　　4 電波が干渉する。

解説 電波が山の稜線で屈折して伝わる現象を「回折」という。　　正答：**1**

問題 129 マイクロ波（SHF）帯の電波の伝わり方で、正しいのは次のうちどれか。

1 地表波が遠距離まで減衰しない。
2 直進性がより顕著である。
3 電離層で反射し遠距離まで伝わる。
4 雨、雪、霧など気象に影響されない。

解説 マイクロ波帯の電波伝搬は「直進性」が顕著である。　　正答：**2**

問題 130 次の記述は、マイクロ波（SHF）帯の電波伝搬の特徴について述べたものである。正しいのはどれか。

1 大気の屈折率に影響されない。
2 波長が短いほど、小さな物体からの反射波は弱くなる。
3 波長が短いので、電離層で反射し遠距離まで伝わる。
4 空電や人工雑音等の外部雑音が少ない。

解説 「空電」は自然界で発生する雑音の一種で、SHF帯では少ない。　　正答：**4**

問題 131　マイクロ波 (SHF) 帯の電波の伝わり方で正しいのは次のうちどれか。

1　地表波が遠距離まで減衰しない。
2　電離層で反射し遠距離まで伝わる。
3　雨、雪、霧など気象に影響されない。
4　回折などの現象が少なく直進性がよい。

🔍解説　波長の短いマイクロ波帯は光の性質に似ているため「回折などの現象が少なく電波の直進性がよい (強い)」。　　　　　　　　　　　　　　正答：**4**

問題 132　次の記述の　　　内に入れるべき字句の組合せで、正しいのはどれか。

　スポラジック E 層は、　A　の昼間に多く発生し、　B　の電波を反射することがある。

	A	B
1	夏季	マイクロ波 (SHF) 帯
2	夏季	超短波 (VHF) 帯
3	冬季	マイクロ波 (SHF) 帯
4	冬季	超短波 (VHF) 帯

🔍解説　スポラジック E 層は、「夏季」の昼間に多く発生し、「超短波帯」の電波を反射する。スポラジック E 層は、Es 層ともいう。　　　　　　　　正答：**2**

▶測定

問題 133　直流電流を測定するときに用いる、指示計器の図記号はどれか。

1　　　　2　　　　3　　　　4
$\left(\dfrac{V}{-}\right)$　$\left(\dfrac{A}{\sim}\right)$　$\left(\dfrac{A}{-}\right)$　$\left(\dfrac{A}{\text{⋀⋀}}\right)$

🔍解説　A は「アンペア」の電流計、A の下の短い直線は「直流」を表す。　正答：**3**

問題 134 高周波電流を測定するのに最も適している指示計器は、次のうちどれか。

1　可動鉄片形電流計
2　電流力計形電流計
3　熱電対形電流計
4　整流形電流計

🔧解説　「熱電対形電流計」は「熱電対」を利用した電流計で、「高周波電流の測定」に使用される。　　　　　　　　　　　　　　　　　　　　正答：**3**

問題 135 抵抗 R の両端の直流電圧を測定するときの電圧計 V のつなぎ方で、正しいのは次のうちどれか。

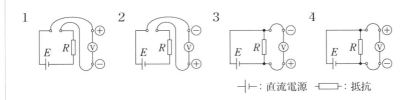

—|ⱨ—：直流電源　　◁▭▷：抵抗

🔧解説　電圧計 V は抵抗 R と「並列」に接続する。電源 E の＋側に電圧計 V の＋側を接続する。　　　　　　　　　　　　　　　　　　　正答：**4**

問題 136 抵抗 R に流れる直流電流を測定するときの電流計 A のつなぎ方で、正しいのは次のうちどれか。

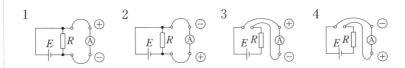

🔧解説　直流電流を測定するときには＋側を「電池の＋極」に合わせて、電流計を抵抗 R（負荷）と「直列」に接続する。　　　　　　　　　　　正答：**3**

問題 137 次の記述の□□内に入れるべき字句の組合せで、正しいのはどれか。

回路の□A□を測定するときは、測定回路に並列に、□B□を測定するときは測定回路に直列に計器を接続する。また、特に□C□の場合、極性を間違わないよう注意しなければならない。

	A	B	C
1	電流	電圧	交流
2	電圧	電流	交流
3	電流	電圧	直流
4	電圧	電流	直流

解説 「電圧」は回路に並列、「電流」は回路に直列に計器を接続する。「直流」は、＋－の極性があるので接続には注意する。　　　　　　　　　　正答：**4**

問題 138 次の記述の□□内に入れるべき字句の組合せで、正しいのはどれか。

回路の□A□を測定するときは、測定回路に直列に計器を接続し、□B□を測定するときは、測定回路に並列に計器を接続する。また、特に□C□の場合、極性を間違わないよう注意しなければならない。

	A	B	C
1	電流	電圧	直流
2	電圧	電流	直流
3	電流	電圧	交流
4	電圧	電流	交流

解説 「電流」は回路に直列、「電圧」は回路に並列に計器を接続する。「直流」は、＋－の極性があるので接続には注意する。　　　　　　　　　　正答：**1**

二陸特

問題 139 図に示す回路において、電圧及び電流を測定するには、ab及びcdの各端子間に計器をどのように接続すればよいか。下記の組合せのうち、正しいものを選べ。

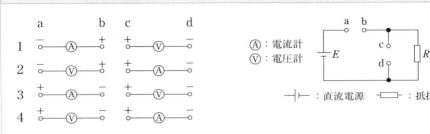

$\textcircled{A}$：電流計
$\textcircled{V}$：電圧計

—|⊢—：直流電源　⊏▭⊐：抵抗

解説 電流計は抵抗R（負荷）と「直列」に接続するのでa-b間、電圧計は「並列」に接続するのでc-d間につなぐ。＋、－の向きに注意する。　　　　正答：**3**

問題 140 アナログ方式の回路計（テスタ）を用いて密閉型ヒューズが断線しているかどうかを確かめるためには、どの測定レンジを選べば良いか。

1　DC VOLTS　　2　AC VOLTS
3　OHMS　　　　4　DC MILLI AMPERES

解説 「OHMS」とは「抵抗計」のこと。導通計とも呼ばれ、ヒューズの導通（断線）がわかる。　　　　正答：**3**

問題 141 一般に使用されているアナログ方式の回路計（テスタ）で直接測定できないのは、次のうちどれか。

1　交流電圧　　2　抵抗　　3　直流電流　　4　高周波電流

解説 テスタで測定できるのは「直流（電圧と電流）」、「交流電圧」、そして「抵抗」で、「高周波電流」は測定できない。　　　　正答：**4**

直前仕上げ・合格キーワード ～二陸特 無線工学～

- **オームの法則**：$E=IR$、$I=E/R$、$R=E/I$。電力の式 $P=EI$ も覚えておこう

- **トランジスタと電界効果トランジスタの電極の対応**：エミッタはソース、ベースはゲート、コレクタはドレイン

- **A3E の電波**：両側波帯で、搬送波もある

- **J3E の電波**：上下どちらか一つの側波帯で、搬送波はない

- **R3E の電波**：上下どちらか一つの側波帯と低減された搬送波

- **FM電波**：周波数変調。信号波の大きさにより周波数が変化。占有帯周波数帯幅が広い

- **DSB**：振幅変調で両側波帯、搬送波を持つ。SSB の電波より占有周波数帯幅が約 2 倍

- **FM送信機**：IDC、位相変調器が使われる。周波数逓倍器で必要とする周波数偏移を得る

- **FM受信機**：振幅制限器、周波数弁別器、スケルチ回路が使われる

- **AGC**：受信出力を一定にする

- **(スピーチ) クラリファイヤ**：受信音を明りょうにする

- **スケルチ**：受信電波のないとき雑音を消す

- **FDMA**：周波数、ガードバンド

- **TDMA**：時間、ガードタイム

- **レーダー**：マイクロ波を使用

- **レーダーのパルス幅**：最大探知距離や最小探知距離に関係する

- **移動体の速度の測定**：ドプラレーダー

- **通信衛星**：静止衛星で、地上から衛星に向けた回線をアップリンク、逆はダウンリンク

- **VSAT**：VSAT地球局間で音声、データ、映像などの通信を行う

- **電源装置**：整流回路と平滑回路がある

- **二次電池**：アルカリ蓄電池やリチウムイオン蓄電池

- **同じ電圧と容量の電池を n 個直列に接続**：電圧は n 倍、容量はそのまま

- **同じ電圧と容量の電池を n 個並列に接続**：電圧はそのまま、容量は n 倍

- **ホイップアンテナやブラウンアンテナ**：垂直偏波で無指向性

- **超短波やマイクロ波**：直進する

- **超短波の電波**：電離層を突き抜けるが、短波帯の電波は反射される

- **テスタで測定できるもの**：直流電圧と電流、交流電圧、そして抵抗値

業務用ドローン・MCA・小規模基地局・タクシー無線に必要

三陸特・問題（第三級陸上特殊無線技士）

法規と無線工学

操作範囲：

　　陸上の無線局の無線設備（レーダー及び人工衛星局の中継により無線通信を行う無線局の多重無線設備を除く。）で次に掲げるものの外部の転換装置で電波の質に影響を及ぼさないものの技術操作

一　空中線電力50ワット以下の無線設備で25,010 kHzから960 MHzまでの周波数の電波を使用するもの

二　空中線電力100ワット以下の無線設備で1,215 MHz以上の周波数の電波を使用するもの

試験科目：

　　イ　無線工学
　　　　無線設備の取扱方法（空中線系及び無線機器の機能の概念を含む。）
　　ロ　法規
　　　　電波法及びこれに基づく命令の簡略な概要

　法規の試験問題は、

　電波法の目的／定義／無線局の免許／無線設備／無線従事者／運用／業務書類／監督から、合計「12問」出題されます。

　無線工学の問題は、

　電気回路／電子回路／無線通信装置／電源／空中線（アンテナ）／電波伝搬／測定から、合計「12問」出題されます。

　法規および無線工学ともに出題の程度は「簡略な概要」であり、ごく簡単な問題となっています。

　なお、出題される問題では一部の字句の変更があったり、計算問題では数値の変更があったり、問題は同じでも選択肢の順番の入れ替えがあったり、また問題そのものが変更になったりすることもありますので注意してください。

■ 法規のポイント

　第三級陸上特殊無線技士の操作範囲は「陸上の無線局の無線設備（レーダー及び人工衛星局の中継により無線通信を行う無線局の多重無線設備を除く。）で次に掲げるものの外部の転換装置で電波の質に影響を及ぼさないものの技術操作」であり、また次のように細分化されています。

- ・空中線電力50ワット以下の無線設備で25,010 kHzから960 MHzまでの周波数の電波を使用するもの
- ・空中線電力100ワット以下の無線設備で1,215 MHz以上の周波数の電波を使用するもの

　従事範囲は、しっかり覚えておきましょう。

☆よく混同するものに「無線局の免許」と「無線従事者の免許」、そして「無線局免許状」と「無線従事者免許証」とがあります。これらは性質が異なりますから、この違いについてよく理解しておいてください。

☆問題には「誤っているものはどれか」という問いがありますので、正しいものと勘違いしないようにしてください。

■ 無線工学のポイント

　無線工学では、

☆電界効果トランジスタ（FET）の電極名と一般のトランジスタとの電極の対応

☆抵抗やコンデンサの直列および並列接続したときの合成抵抗、合成静電容量を求めるもの

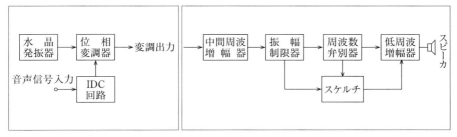

FM 変調回路（左）と FM 受信機（右）の構成

☆ FM 送信機や受信機、そして DSB 送信機
☆基本的なアンテナ
☆蓄電池の特徴
☆テスタの使い方
など、ごく初歩的なものが多く出題されます。

　計算問題は四則演算だけで解くことができますので、少し計算問題の勉強をすれば正答を得ることができます。

　なお、第三級陸上特殊無線技士の資格では「多重無線設備」や「レーダー」、そして「人工衛星関連」などの装置の取り扱いは出題されません。巻頭で説明したように送信機や受信機、アンテナや測定などの問題はよく勉強しておきましょう。

　特に上の図に示したFM（F3E）送信機と受信機の基本的な構成については、よく覚えておきましょう。

　問題文ではアルファベットによる略語が使われていますので、これらの英語を覚えておくと意味がわかるものがあります。

　AGC：Automatic Gain Control の略で、自動利得調整

　AM：Amplitude Modulation の略で、振幅変調

　DSB：Double Sideband の略で、振幅変調の両側波帯

　FM：Frequency Modulation の略で、周波数変調

などは、よく出てきますからぜひ覚えておいてください。この英語の表記を理解しているだけで、正答が得られるものもあります。

三 陸 特

▶定　義

問題 1　次の記述は、電波法に規定する「無線局」の定義である。□□□内に入れるべき字句を下の番号から選べ。

　無線局とは、無線設備及び□□□の総体をいう。ただし、受信のみを目的とするものを含まない。

1　無線設備の所有者　　2　無線通信を行う者
3　無線局を運用する者　　4　無線設備の操作を行う者

解説　無線局は「無線設備」及び「無線設備の操作を行う者」の総体。　正答：**4**

問題 2　電波法に規定する「無線局」の定義は、次のうちのどれか。

1　免許人及び無線設備の管理を行う者の総体をいう。
2　無線設備及び無線設備の操作の監督を行う者の総体をいう。
3　無線設備及び無線従事者の総体をいう。ただし、発射する電波が著しく微弱で総務省令で定めるものを含まない。
4　無線設備及び無線設備の操作を行う者の総体をいう。ただし、受信のみを目的とするものを含まない。

解説　無線局は「無線設備」及び「無線設備の操作を行う者」の総体。　正答：**4**

問題 3　電波法に規定する「無線設備」の定義は、次のうちどれか。

1　無線電信、無線電話その他電波を送り、又は受けるための電気的設備をいう。
2　無線電信、無線電話その他電波を送るための通信設備をいう。
3　無線電信、無線電話その他の設備をいう。
4　電波を送るための電気的設備をいう。

解説　無線設備は「無線電信、無線電話その他の電波」＋「電気的設備」。正答：**1**

問題 4 電波法に規定する「無線従事者」の定義は、次のどれか。

1 無線局に配置された者をいう。
2 無線従事者国家試験に合格した者をいう。
3 無線設備の操作を行う者であって、無線局に配置された者をいう。
4 無線設備の操作又はその監督を行う者であって、総務大臣の免許を受けたものをいう。

解説 無線従事者は「無線設備の操作又はその監督を行う者」＋「総務大臣の免許を受けたもの」。 　　　正答：**4**

▶ 無線局の免許

問題 5 無線局の免許状に記載される事項は、次のどれか。

1 無線設備の設置場所 　　2 無線従事者の氏名
3 免許人の国籍 　　4 工事落成の期限

解説 免許状に記載されている事項は「無線設備の設置場所」。 　　　正答：**1**

問題 6 次に掲げる事項のうち、無線局の免許状に記載される事項に該当しないものは、次のどれか。

1 通信の相手方及び通信事項 　　2 通信方式
3 無線設備の設置場所 　　4 無線局の目的

解説 「通信方式」は免許状に記載されていない。 　　　正答：**2**

問題 7 無線局の免許状に記載される事項に該当しないものはどれか。次のうちから選べ。

1 通信の相手方及び通信事項 　　2 空中線の型式及び構成
3 無線設備の設置場所 　　4 無線局の目的

解説 「空中線の型式及び構成」は免許状に記載されていない。 　　　正答：**2**

問題 8 無線局の免許人は、免許状に記載した事項に変更を生じたときは、どうしなければならないか、電波法の規定に照らし、正しいものを次のうちから選べ。

1 遅滞なくその免許状を返納し、免許状の再交付を受けなければならない。
2 その免許状を総務大臣に提出し、訂正を受けなければならない。
3 速やかに免許状を訂正し、遅滞なくその旨を総務大臣に報告しなければならない。
4 速やかに免許状を提出し、その後行われる無線局の検査の際に検査職員の確認を受けなければならない。

解説 記載事項に変更を生じたら「免許状を総務大臣に提出し、訂正」を受ける。

正答：**2**

問題 9 無線局の免許人は、免許状に記載した事項に変更を生じたときは、どうしなければならないか。次のうちから選べ。

1 直ちに、その旨を総務大臣に届け出る。
2 遅滞なく、その旨を総務大臣に報告する。
3 総務大臣に免許状の再交付を申請する。
4 免許状を総務大臣に提出し、訂正を受ける。

解説 記載事項に変更を生じたら「免許状を総務大臣に提出し、訂正」を受ける。

正答：**4**

問題 10 無線局の免許人は、識別信号（呼出符号、呼出名称等をいう。）の指定の変更を受けようとするときは、どうしなければならないか。次のうちから選べ。

1 総務大臣に識別信号の指定の変更を届け出る。
2 あらかじめ総務大臣の指示を受ける。
3 総務大臣に免許状を提出し、訂正を受ける。
4 総務大臣に識別信号の指定の変更を申請する。

解説 識別信号の指定の変更は「申請事項」である。

正答：**4**

問題 11 免許人が無線設備の設置場所を変更しようとするときは、どうしなければならないか、正しいものを次のうちから選べ。

1 あらかじめ指示を受ける。
2 あらかじめ許可を受ける。
3 直ちにその旨を報告する。
4 直ちにその旨を届け出る。

解説 無線設備の設置場所の変更は「申請事項」で、あらかじめ「許可」を受けなければならない。　　　　　　　　　　　　　　　　　　　　　　正答：**2**

問題 12 電波法の規定により、免許人があらかじめ総合通信局長（沖縄総合通信事務所長を含む。）の許可を受けなければならないのは、次のどの場合か。

1 無線設備の変更の工事をしようとするとき。
2 無線局の運用を開始しようとするとき。
3 無線局の運用を休止しようとするとき。
4 無線局を廃止しようとするとき。

解説 「無線設備の変更の工事」は申請事項で、あらかじめ「許可」を受けなければならない。　　　　　　　　　　　　　　　　　　　　　　正答：**1**

問題 13 無線局の免許人があらかじめ総務大臣の許可を受けなければならないのはどの場合か。次のうちから選べ。

1 無線局の運用を開始しようとするとき。
2 無線設備の設置場所を変更しようとするとき。
3 無線局の運用を休止しようとするとき。
4 無線局を廃止しようとするとき。

解説 「無線設備の設置場所の変更」は申請事項で、あらかじめ「許可」を受けなければならない。　　　　　　　　　　　　　　　　　　　　　正答：**2**

問題 14　無線設備の変更の工事の許可を受けた後、許可に係る無線設備を運用するためにはどうしなければならないか、正しいものを次のうちから選べ。

1　当該工事の結果が許可の内容に適合している旨を届け出なければならない。
2　総務省令で定める場合を除き、総務大臣の検査を受け、当該工事の結果が許可の内容に適合していると認められなければならない。
3　あらかじめ運用開始の期日を届け出なければならない。
4　工事が完了した後、運用したい旨連絡しなければならない。

解説　「無線設備の変更の工事」は申請事項で、検査を受け「適合」していると認められてから運用する。　　　　　　　　　　　　　　　正答：**2**

問題 15　無線局の無線設備の変更の工事の許可を受けた免許人は、総務省令で定める場合を除き、どのような手続をとった後でなければ許可に係る無線設備を運用してはならないか。次のうちから選べ。

1　総務大臣の検査を受け、当該工事の結果が許可の内容に適合していると認められた後
2　当該工事の結果が許可の内容に適合している旨を総務大臣に届け出た後
3　運用開始の予定期日を総務大臣に届け出た後
4　工事が完了した後、その運用について総務大臣の許可を受けた後

解説　「許可の内容に適合していると認められた後」でなければ運用してはならない。　　　　　　　　　　　　　　　　　　　　　　　正答：**1**

問題 16 無線局の免許がその効力を失ったときは、免許人であった者は、その免許状をどうしなければならないか。次のうちから選べ。

1 直ちに廃棄する。
2 1箇月以内に総務大臣に返納する。
3 3箇月以内に総務大臣に返納する。
4 2年間保管する。

解説 免許がその効力を失ったときは「1箇月以内に総務大臣に返納」する。

正答：**2**

問題 17 無線局の免許状を失ったときに免許人がとるべき措置は、次のうちどれか。

1 免許状の再交付を申請する。
2 無線局の免許の申請をする。
3 その旨を総務大臣に報告する。
4 速やかに総務大臣の指示を受ける。

解説 失ったのであるから「再交付を申請」する。

正答：**1**

問題 18 無線局の免許状を1箇月以内に総務大臣に返納しなければならないのはどの場合か。次のうちから選べ。

1 無線局の運用の停止を命じられたとき。
2 無線局の免許がその効力を失ったとき。
3 免許状を破損し、又は汚したとき。
4 無線局の運用を休止したとき。

解説 「免許がその効力を失ったとき」は1箇月以内に総務大臣に返納する。

正答：**2**

問題 19 陸上移動業務の無線局（免許の有効期間が1年以内であるものを除く。）の再免許の申請は、次のどの期間内に行わなければならないか。

1 免許の有効期間満了前3箇月以上6箇月を超えない期間
2 免許の有効期間満了前2箇月以上3箇月を超えない期間
3 免許の有効期間満了前2箇月まで
4 免許の有効期間満了前1箇月まで

解説 再免許の申請は有効期間満了前「3箇月以上6箇月以内」。固定局として出題されても期間は同じ。　　　　　　　　　　　正答：**1**

問題 20 再免許を受けた陸上移動局の免許の有効期間は、次のどれか。

1 5年
2 4年
3 3年
4 無期限

解説 一部を除き、免許の有効期間は「5年」である。　　　正答：**1**

問題 21 無線局の免許を与えられないことがある者はどれか。次のうちから選べ。

1 刑法に規定する罪を犯し懲役に処せられ、その執行を終わった日から2年を経過しない者
2 電波の発射の停止の命令を受け、その停止命令解除の日から6箇月を経過しない者
3 電波法に規定する罪を犯し罰金以上の刑に処せられ、その執行を終わった日から2年を経過しない者
4 無線局の運用の停止の命令を受け、その停止期間終了の日から6箇月を経過しない者

解説 電波法に規定する罪を犯し「2年」を経過しない者。　正答：**3**

▶ 無線設備

問題22 次の記述は、電波の質に関する電波法の規定であるが、□□内に入れるべき字句を下の番号から選べ。

送信設備に使用する電波の周波数の偏差及び幅、□□電波の質は、総務省令で定めるところに適合するものでなければならない。

1 高調波の強度等
2 変調度等
3 空中線電力の偏差等
4 信号対雑音比等

解説 電波の質は電波の「周波数の偏差」及び「幅」、「高調波の強度等」をいう。

正答：**1**

問題23 次の記述は、電波の質について述べたものである。電波法の規定に照らし、□□内に入れるべき字句を下の番号から選べ。

送信設備に使用する電波の□□及び幅、高調波の強度等電波の質は、総務省令で定めるところに適合するものでなければならない。

1 周波数の偏差
2 総合周波数特性
3 型式
4 変調度

解説 電波の質は「周波数の偏差」及び「幅」、「高調波の強度等」をいう。

正答：**1**

問題 24 次の記述は、電波の質について述べたものである。電波法の規定に照らし、□内に入れるべき字句を下の番号から選べ。

送信設備に使用する電波の□電波の質は、総務省令で定めるところに適合するものでなければならない。

1 周波数の偏差及び安定度等
2 周波数の偏差、空中線電力の偏差等
3 周波数の偏差及び幅、空中線電力の偏差等
4 周波数の偏差及び幅、高調波の強度等

解説 電波の質は「周波数の偏差」及び「幅」、「高調波の強度等」をいう。

正答：**4**

問題 25 電波法に規定する電波の質に該当するものはどれか。次のうちから選べ。

1 信号対雑音比
2 電波の型式
3 周波数の偏差及び幅
4 変調度

解説 電波の質は「周波数の偏差及び幅」、高調波の強度等をいう。　正答：**3**

問題 26 電波の主搬送波の変調の型式が角度変調で周波数変調のもの、主搬送波を変調する信号の性質がアナログ信号である単一チャネルのものであって、伝送情報の型式が電話（音響の放送を含む。）の電波の型式を表示する記号はどれか。次のうちから選べ。

1 F3E
2 A3E
3 F7E
4 F8E

解説 F は「周波数変調」、3 は「アナログ信号の単一チャネル」、E は「電話」を表すので、「F3E」となる。 正答：**1**

問題 27 電波の主搬送波の変調の型式が角度変調で周波数変調のもの、主搬送波を変調する信号の性質がデジタル信号である単一チャネルのもの、変調のための副搬送波を使用するものであって、伝送情報の型式がデータ伝送、遠隔測定又は遠隔指令の電波の型式を表示する記号はどれか。次のうちから選べ。

1 F8E
2 F7E
3 F3C
4 F2D

解説 F は「周波数変調」、2 は「デジタル信号の単一チャンネル」、D は「データ伝送、遠隔測定又は遠隔指令」を表すので、「F2D」となる。 正答：**4**

▶ 無線従事者

問題 28 第三級陸上特殊無線技士の資格を有する者が、陸上の無線局の空中線電力 50 ワット以下の無線設備（レーダー及び人工衛星局の中継により無線通信を行う無線局の多重無線設備を除く。）の外部の転換装置で電波の質に影響を及ぼさないものの技術操作を行うことができる電波の周波数の範囲は、次のどれか。

1 1,606.5 キロヘルツから 4,000 キロヘルツまで

2 4,000 キロヘルツを超え 25,010 キロヘルツ未満

3 25,010 キロヘルツから 960 メガヘルツまで

4 960 メガヘルツを超え 1,215 メガヘルツ未満

解説 「50 ワット」以下の操作ができる周波数は「25,010 キロヘルツ〜 960 メガヘルツまで」。　　　　　　　　　　　　　　　　　　　　　正答：**3**

問題 29 第三級陸上特殊無線技士の資格を有する者が、陸上の無線局の空中線電力 50 ワット以下の無線設備（レーダー及び人工衛星局の中継により無線通信を行う無線局の多重無線設備を除く。）の外部の転換装置で電波の質に影響を及ぼさないものの技術操作を行うことができる電波の周波数の範囲は、次のどれか。

1 1,606.5kHz から 4,000kHz まで

2 4,000kHz を超え 25,010kHz まで

3 25,010kHz から 960MHz まで

4 960MHz を超え 1,215MHz まで

解説 前問と同じ。「kHz」＝キロヘルツ、「MHz」＝メガヘルツである。「50 ワット」以下の操作ができる周波数は「25,010kHz 〜 960MHz まで」。　　　　　　　　　　　　　　　　　　　　　　　　正答：**3**

三陸特

問題 30 第三級陸上特殊無線技士の資格を有する者が、空中線電力 100 ワット以下の陸上の無線局の無線設備（レーダー及び人工衛星局の中継により無線通信を行う多重無線設備を除く。）の外部の転換装置で電波の質に影響を及ぼさないものの技術操作を行うことができる周波数の範囲は、次のうちどれか。

1　21 メガヘルツ以上
2　1,215 メガヘルツ以上
3　4,000 キロヘルツ以上
4　25,010 キロヘルツ以上

解説「100 ワット」以下の操作ができる周波数は「1,215 メガヘルツ以上」。
正答：**2**

問題 31 第三級陸上特殊無線技士の資格を有する者が、陸上の無線局の空中線電力 100 ワット以下の無線設備（レーダー及び人工衛星局の中継により無線通信を行う無線局の多重無線設備を除く。）の外部の転換装置で電波の質に影響を及ぼさないものの技術操作を行うことができる周波数の電波はどれか。次のうちから選べ。

1　960MHz から 1,215MHz まで
2　1,215MHz 以上
3　4,000kHz から 25,010kHz まで
4　25,010kHz から 960MHz まで

解説「100 ワット」以下の操作ができる周波数は「1,215 MHz以上」。
正答：**2**

問題 32 第三級陸上特殊無線技士の資格を有する者が、1,215 MHz 以上の周波数の電波を使用する陸上の無線局の無線設備（レーダー及び人工衛星局の中継により無線通信を行う多重無線設備を除く。）の外部の転換装置で電波の質に影響を及ぼさないものの技術操作を行うことができるのは、空中線電力何ワットまでか、正しいものを次のうちから選べ。

1　250 ワット
2　100 ワット
3　25 ワット
4　10 ワット

解説「1,215 MHz以上」では「100 ワット」以下の操作ができる。
正答：**2**

問題 33 第三級陸上特殊無線技士の資格を有する者が、25,010 kHz から 960 MHz までの周波数の電波を使用する陸上の無線局の無線設備（レーダー及び人工衛星局の中継により無線通信を行う無線局の多重無線設備を除く。）の外部の転換装置で電波の質に影響を及ばさないものの技術操作を行うことができるのは、空中線電力何ワットまでか、正しいものを次のうちから選べ。

1　500 ワット　　　2　100 ワット　　　3　50 ワット　　　4　25 ワット

🔖解説 「25 〜 960 MHz まで」では「50 ワット」以下の操作ができる。

正答：**3**

問題 34 無線従事者が免許証の訂正を受けなければならないのは、次のどの場合か、正しいものを次のうちから選べ。

1　氏名に変更を生じたとき。　　2　本籍地に変更を生じたとき。
3　住所に変更を生じたとき。　　4　他の無線従事者の資格を取得したとき。

🔖解説 「氏名に変更」を生じたら、訂正を受ける。

正答：**1**

問題 35 無線従事者が免許証を失って再交付を受けた後、失った免許証を発見したときはどうしなければならないか。次のうちから選べ。

1　発見した日から 10 日以内に発見した免許証を総務大臣に返納する。
2　発見した日から 10 日以内に再交付を受けた免許証を総務大臣に返納する。
3　発見した日から 10 日以内にその旨を総務大臣に届け出る。
4　発見した免許証を速やかに廃棄する。

🔖解説 発見した日から「10 日」以内に「発見した免許証」を返納する。　正答：**1**

問題 36 無線従事者は、免許証を失ったためにその再交付を受けた後、失った免許証を発見したときは、発見した日から何日以内にその免許証を総務大臣に返納しなければならないか。次のうちから選べ。

1 10日　　　2 7日　　　3 30日　　　4 14日

解説 免許証＝無線従事者免許証（免許状ではないことに注意）のことで、発見した日から「10日」以内に発見した免許証を返納する。　　　　正答：**1**

問題 37 無線従事者の免許証を返納しなければならないのは、次のうちのどれか。

1 5年以上無線設備の操作を行わなかったとき。
2 無線従事者の免許の取消しを受けたとき。
3 無線通信の業務に従事することを停止されたとき。
4 無線従事者の免許を受けてから5年を経過したとき。

解説 「免許の取消し」を受けたら免許証を返納する。　　　　正答：**2**

問題 38 無線従事者がその免許を取り消された場合、無線従事者の免許が与えられないことがあるのは、取消しの日からどれほどの期間か、正しいものを次のうちから選べ。

1 6箇月　　　2 1年　　　3 1年6箇月　　　4 2年

解説 取消しの日から「2年」を経過しない者には、無線従事者の免許が与えられない。　　　　正答：**4**

問題 39 総務大臣が無線従事者の免許を与えないことができる者は、無線従事者の免許を取り消され、取消しの日からどれほどの期間を経過しないものか。次のうちから選べ。

1 6箇月　　　2 1年　　　3 2年　　　4 1年6箇月

解説 総務大臣が無線従事者の免許を与えないことできる者は、取消しの日から「2年」を経過しない者である。　　　　正答：**3**

問題40 無線従事者は、免許の取消しの処分を受けたときは、その処分を受けた日から何日以内にその免許証を返納しなければならないか、正しいものを次のうちから選べ。

1 30日 　　　 2 14日 　　　 3 10日 　　　 4 7日

解説 免許証＝無線従事者免許証（免許状ではないことに注意）のことで、免許の取消しの処分を受けた日から「10日」以内に返納する。 　　　正答：**3**

問題41 総務大臣が無線従事者の免許を与えないことができる者はどれか。次のうちから選べ。

1 刑法に規定する罪を犯し罰金以上の刑に処せられ、その執行を終わり、又はその執行を受けることがなくなった日から2年を経過しない者
2 無線従事者の免許を取り消され、取消しの日から2年を経過しない者
3 無線従事者の免許を取り消され、取消しの日から5年を経過しない者
4 日本の国籍を有しない者

解説 取消しの日から「2年」を経過しない者。刑法は関係がない。 　　　正答：**2**

問題42 無線局の免許人は、無線従事者を選任し、又は解任したときは、どうしなければならないか。次のうちから選べ。

1 速やかに総務大臣の承認を受ける。
2 2週間以内にその旨を総務大臣に届け出る。
3 1箇月以内にその旨を総務大臣に報告する。
4 遅滞なく、その旨を総務大臣に届け出る。

解説 選任・解任は「遅滞なく届け出る」。 　　　正答：**4**

問題 43 無線局の免許人は、主任無線従事者を選任し、又は解任したときは、どうしなければならないか。次のうちから選べ。

1 遅滞なく、その旨を総務大臣に届け出る。
2 2週間以内にその旨を総務大臣に届け出る。
3 1箇月以内にその旨を総務大臣に報告する。
4 速やかに総務大臣の承認を受ける。

解説 選任・解任は「遅滞なく届け出る」。 正答：**1**

三陸特

▶ 運 用

問題 44 無線局を運用する場合において、電波の型式及び周波数は、次のどの書類に記載されたところによらなければならないか。

1 免許状又は登録状 2 無線検査簿
3 無線局事項書 4 無線局免許申請書

解説 電波の型式及び周波数は「免許状」又は「登録状」に記載された事項に限られる。 正答：**1**

問題 45 無線局を運用する場合においては、遭難通信を行う場合を除き、電波の型式及び周波数は、どの書類に記載されたところによらなければならないか。次のうちから選べ。

1 免許状 2 無線局事項書の写し
3 無線検査簿 4 無線局の免許の申請書の写し

解説 電波の型式及び周波数は「免許状」に記載された事項に限られる。 正答：**1**

問題 46 次の記述は、秘密の保護に関する電波法の規定である。[　　]内に入れるべき字句を下の番号から選べ。

　何人も法律に別段の定めがある場合を除くほか、特定の相手方に対して行われる無線通信を傍受しその[　　]を漏らし、又はこれを窃用してはならない。

1 情報	2 通信事項	3 存在若しくは内容	4 相手方及び記録

解説 重要事項であるので全文を覚えておこう。[　　]部分が異なる問題もある。「特定の相手方」、「存在」、「内容」、「漏らし」、「窃用」がキーワード。この問題では、「存在若しくは内容」が入る。 　　　　　正答：**3**

問題 47 次の記述は、秘密の保護について述べたものである。電波法の規定に照らし、[　　]内に入れるべき字句を下の番号から選べ。

　何人も法律に別段の定めがある場合を除くほか、[　　]を傍受してその存在若しくは内容を漏らし、又はこれを窃用してはならない。

1　特定の相手方に対して行われる無線通信
2　特定の相手方に対して行われる暗語による無線通信
3　総務省令で定める周波数を使用して行われる無線通信
4　総務省令で定める周波数を使用して行われる暗語による無線通信

解説 重要事項であるので全文を覚えておこう。[　　]部分が異なる問題もある。「特定の相手方」、「存在」、「内容」、「漏らし」、「窃用」がキーワード。この問題では、「特定の相手方に対して行われる無線通信」が入る。 　　　　　正答：**1**

問題 48　一般通信方法における無線通信の原則として無線局運用規則に定める事項に該当しないものはどれか。次のうちから選べ。

1　無線通信に使用する用語は、できる限り簡潔でなければならない。
2　必要のない無線通信は、これを行ってはならない。
3　無線通信は、正確に行うものとし、通信上の誤りを知ったときは、通報の送信終了後一括して訂正しなければならない。
4　無線通信を行うときは、自局の識別信号を付して、その出所を明らかにしなければならない。

解説　通信上の誤りを知ったときは、「直ちに」訂正をしなければならない。

正答：**3**

問題 49　一般通信方法における無線通信の原則として無線局運用規則に定める事項に該当するものはどれか。次のうちから選べ。

1　無線通信に使用する用語は、できる限り簡潔でなければならない。
2　無線通信を行う場合においては、略符号以外の用語を使用してはならない。
3　無線通信は、長時間継続して行ってはならない。
4　無線通信は、正確に行うものとし、通信上の誤りを知ったときは、通報の送信終了後一括して訂正しなければならない。

解説　使用する用語は「できる限り簡潔」でなければならない。

正答：**1**

問題 50　次の記述は、擬似空中線回路の使用について述べたものである。電波法の規定に照らし、[ ]内に入れるべき字句を下の番号から選べ。

　無線局は、無線設備の機器の[ ]又は調整を行うために運用するときは、なるべく擬似空中線回路を使用しなければならない。

1　開発　　　2　試験　　　3　調査　　　4　研究

解説　擬似空中線はダミーのアンテナのことで、擬似空中線回路は「試験」又は「調整」を行うときに使用する。

正答：**2**

問題 51 無線局が電波を発射して行う無線電話の機器の試験中、しばしば確かめなければならないのはどれか。次のうちから選べ。

1 他の無線局から停止の要求がないかどうか。
2 「本日は晴天なり」の連続及び自局の呼出名称の送信が5秒間を超えていないかどうか。
3 空中線電力が許容値を超えていないかどうか。
4 その電波の周波数の偏差が許容値を超えていないかどうか。

解説 試験中は「他の無線局から停止の要求がないかどうか」しばしば確かめる。

正答：**1**

▶業務書類

問題 52 次の記述は、業務書類等の備付けに関する電波法の規定である。□内に入れるべき字句を下の番号から選べ。

無線局には、正確な時計及び□、その他総務省令で定める書類を備え付けておかなければならない。

1 免許人の氏名又は名称を証する書類　　2 監視装置
3 無線業務日誌　　　　　　　　　　　　4 無線機器仕様書

解説 「正確な時計」及び「無線業務日誌」は備付け書類である。

正答：**3**

問題 53 基地局に備え付けておかなければならない書類はどれか。次のうちから選べ。

1 無線従事者免許証　　　　　　　　　2 無線従事者選解任届の写し
3 無線設備等の点検実施報告書の写し　4 免許状

解説 「（無線局）免許状」は、基地局に備え付けておく。

正答：**4**

問題 54 陸上移動局（包括免許に係る特定無線局を除く。）の免許状は、どこに備え付けておかなければならないか。次のうちから選べ。

1 無線設備の常置場所
2 基地局の通信室
3 免許人の事務所
4 基地局の無線設備の設置場所

解説 陸上移動局の免許状は「常置場所」に備え付ける。「設置場所」ではない。

正答：**1**

問題 55 次の記述は、無線従事者の免許証について述べたものである。電波法施行規則の規定に照らし、□□内に入れるべき字句を下の番号から選べ。

無線従事者は、その業務に従事しているときは、免許証を□□していなければならない。

1 通信室に掲示　　2 無線局に保管　　3 免許人に預託　　4 携帯

解説 業務に従事しているときは無線従事者免許証を「携帯」する。 正答：**4**

問題 56 無線従事者は、その業務に従事しているときは、免許証をどのようにしていなければならないか。次のうちから選べ。

1 携帯する。
2 無線局に備え付ける。
3 通信室内に保管する。
4 通信室内の見やすい箇所に掲げる。

解説 業務に従事しているときは無線従事者免許証を「携帯」する。 正答：**1**

▶ 監 督

問題 57 無線局の発射する電波の質が総務省令に定めるものに適合していないと認められるとき、その無線局についてとられることがある措置は、次のどれか。

1 無線局の免許を取り消される。
2 空中線の撤去を命じられる。
3 臨時に電波の発射の停止を命じられる。
4 周波数又は空中線電力の指定を変更される。

解説 電波の質が適合していないと「臨時に電波の発射の停止」を命じられる。

正答：**3**

問題 58 総務大臣が無線局に対して臨時に電波の発射の停止を命じることができる場合は、次のどれか。

1 無線局の発射する電波が重要無線通信に妨害を与えていると認めるとき。
2 無線局の発射する電波の質が総務省令で定めるものに適合していないと認めるとき。
3 無線局の免許人が免許状に記載された空中線電力の範囲を超えて運用していると認めるとき。
4 無線局の免許人が免許状に記載された周波数以外の周波数を使用して運用していると認めるとき。

解説 「電波の質が総務省令に適合しない」と認められたとき、臨時に電波の発射の停止を命じられることがある。

正答：**2**

問題 59 臨時検査（電波法第73条第5項の検査）が行われる場合は、次のうちのどれか。

1 無線局の再免許が与えられたとき。
2 無線従事者選解任届を提出したとき。
3 無線設備の変更の工事を行ったとき。
4 臨時に電波の発射の停止を命じられたとき。

> 解説 臨時検査は「臨時に電波の発射の停止を命じられたとき」に行われる。
>
> 正答：**4**

問題 60 無線局の臨時検査（電波法第73条第5項の検査）が行われることがあるのはどの場合か。次のうちから選べ。

1 総務大臣に無線従事者選解任届を提出したとき。
2 総務大臣から許可を受けて、無線設備の変更の工事を行ったとき。
3 無線局の再免許の申請をし、総務大臣から免許が与えられたとき。
4 総務大臣から臨時に電波の発射の停止を命じられたとき。

> 解説 臨時検査は「臨時に電波の発射の停止を命じられたとき」に行われる。
>
> 正答：**4**

問題 61 無線局の臨時検査（電波法第73条第5項の検査）において検査されることがあるものはどれか。次のうちから選べ。

1 無線従事者の知識及び技能
2 無線従事者の資格及び員数
3 無線従事者の勤務状況
4 無線従事者の業務経歴

> 解説 無線従事者の「資格」及び「員数」が検査の対象となる。「員数」とは、必要な資格を有する無線従事者の数をいう。
>
> 正答：**2**

問題62 総務大臣は、電波法の施行を確保するために特に必要がある場合において、無線局に電波の発射を命じて行う検査では、何を検査するか、正しいものを次のうちから選べ。

1　無線従事者の無線設備の操作の技能
2　発射する電波の質又は空中線電力
3　電波の伝搬状況
4　他の無線局に与える混信の程度

解説 「電波の質」や「空中線電力」が検査される。空中線とはアンテナのことで、空中線電力はアンテナに供給される電力のこと。　　　　　正答：**2**

問題63 無線局の免許人は、非常通信を行ったときは、どうしなければならないか。次のうちから選べ。

1　地方防災会議会長に報告する。
2　非常災害対策本部長に届け出る。
3　総務省令で定める手続きにより、総務大臣に報告する。
4　総務省令で定める手続きにより、承認を受ける。

解説 非常通信を行ったら「総務大臣に報告」する。　　　　　正答：**3**

問題64 無線局の免許人は、電波法又は電波法に基づく命令の規定に違反して運用した無線局を認めたときは、どうしなければならないか。次のうちから選べ。

1　総務省令で定める手続により、総務大臣に報告する。
2　その無線局の免許人等にその旨を通知する。
3　その無線局の免許人等を告発する。
4　その無線局の電波の発射を停止させる。

解説 総務省令で定める手続きにより「総務大臣」に報告する。　　　　　正答：**1**

問題65 免許人（包括免許人を除く。）が正当な理由がないのに無線局の運用を引き続き何月以上休止したときにその免許を取り消されることがあるか、正しいものを次のうちから選べ。

1 6月　　2 3月　　3 2月　　4 1月

（解説）運用を引き続き「6月」以上休止したとき。問題文の「6月」とは6箇月のこと。　　　　　　　　　　　　　　　　　　　　　　　　正答：**1**

問題66 免許人が電波法、放送法若しくはこれらの法律に基づく命令又はこれらに基づく処分に違反したとき、電波法の規定により、総務大臣が当該無線局に対して行うことがある処分を次のうちから選べ。

1　再免許の拒否
2　期間を定めた電波の型式の制限
3　期間を定めた空中線電力の制限
4　期間を定めた通信の相手方又は通信事項の制限

（解説）「電波法令に違反」したら期間を定めた「空中線電力の制限」。　正答：**3**

問題67 無線局の免許人が電波法又は電波法に基づく命令に違反したときに総務大臣が行うことができる処分はどれか。次のうちから選べ。

1　3月以内の期間を定めた無線局の運用の停止
2　3月以内の期間を定めた通信の相手方又は通信事項の制限
3　6月以内の期間を定めた電波の型式の制限
4　再免許の拒否

（解説）「電波法令に違反」したら「3月以内の期間の無線局の運用の停止」。問題文の「3月」とは3箇月のこと。　　　　　　　　　　　　正答：**1**

問題 68 無線局の免許人が電波法又は電波法に基づく命令に違反したときに総務大臣が行うことができる処分はどれか。次のうちから選べ。

1 無線局の運用の停止
2 通信の相手方又は通信事項の制限
3 電波の型式の制限
4 再免許の拒否

解説 「電波法令」に違反したら「無線局の運用の停止」を命じられる。　正答：**1**

問題 69 無線従事者が総務大臣から3箇月以内の期間を定めて無線通信の業務に従事することを停止されることがある場合は、次のどれか。

1 免許証を失ったとき。
2 無線通信業務に従事することがなくなったとき。
3 電波法に違反したとき。
4 無線局の運用を休止したとき。

解説 「電波法に違反」したら「3箇月以内の業務従事の停止」。　正答：**3**

問題 70 無線従事者が電波法の規定に違反したとき、総務大臣から受けることがある処分は、次のどれか。

1 無線設備の操作範囲の制限
2 6箇月間の業務の従事停止
3 1年間の無線局の運用停止
4 3箇月以内の業務の従事停止

解説 「電波法に違反」したら「3箇月以内の業務の従事停止」。　正答：**4**

問題71 無線従事者が電波法若しくは電波法に基づく命令又はこれらに基づく処分に違反したとき、電波法の規定により総務大臣から受けることがあるか。正しいものを次のうちから選べ。

1 3箇月以内の期間を定めた無線設備の操作範囲の制限
2 1年間の無線局の運用停止
3 6箇月間の無線通信の業務に従事することを停止
4 3箇月以内の期間を定めた無線通信の業務に従事することを停止

解説 「電波法令に違反」したら「3箇月以内の業務従事の停止」。 　正答：**4**

問題72 総務大臣から無線従事者がその免許を取り消されることがあるのはどの場合か。次のうちから選べ。

1 免許証を失ったとき。
2 電波法又は電波法に基づく命令に違反したとき。
3 日本の国籍を有しない者となったとき。
4 引き続き6箇月以上無線設備の操作を行わなかったとき。

解説 「電波法令に違反」したら「免許の取消し」。 　正答：**2**

問題73 無線従事者が電波法又は電波法に基づく命令に違反したときに総務大臣から受けることがある処分はどれか。次のうちから選べ。

1 期間を定めて行う無線設備の操作範囲の制限
2 その業務に従事する無線局の運用の停止
3 無線従事者の免許の取消し
4 6箇月間の業務の従事停止

解説 「電波法令に違反」したら無線従事者の「免許の取消し」。 　正答：**3**

▶電気回路

問題 1 次の電気に関する単位のうち、誤っているのはどれか。

1 電流〔A〕

2 インダクタンス〔Wb〕

3 静電容量〔F〕

4 抵抗〔Ω〕

🔖解説 インダクタンスの単位は「ヘンリー〔H〕」である。 正答：**2**

問題 2 図に示す回路の端子ab間の合成抵抗の値として、正しいのはどれか。

1 5〔kΩ〕

2 10〔kΩ〕

3 30〔kΩ〕

4 40〔kΩ〕

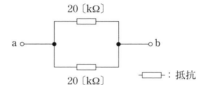

🔖解説 20〔kΩ〕と 20〔kΩ〕の並列接続の合成抵抗は、

$$\frac{20 \times 20}{20 + 20} = \frac{400}{40} = 10 \text{〔kΩ〕}$$

となる。

同じ値の抵抗を 2 個「並列」に接続すると、その値は 1 個の値の「1/2」となることを覚えておくと便利。この問題では 20/2＝10〔kΩ〕と、簡単に求められる。

正答：**2**

問題 3 図に示す電気回路の電源電圧Eの大きさを3倍にすると、抵抗Rによって消費される電力は、何倍になるか。

1　3倍
2　6倍
3　9倍
4　12倍

┤├：直流電源
┤▭├：抵抗

解説 流れる電流をI〔A〕、電圧をE〔V〕、抵抗をR〔Ω〕とすると、電力P〔W〕は、次式で表される。

$$P=E\times I=E\times\frac{E}{R}=\frac{E^2}{R}$$

Eの値を3倍にすると、

$$P=\frac{(3E)^2}{R}=\frac{3^2\times E^2}{R}=9\times\frac{E^2}{R}$$

すなわち、Pの値は「9倍」となる。　　正答：**3**

問題 4 図に示す電気回路の抵抗Rの値の大きさを3倍にすると、Rによって消費される電力は、何倍になるか。

1　1/9倍
2　1/3倍
3　3倍
4　9倍

┤├：直流電源
┤▭├：抵抗

解説 流れる電流をI〔A〕、電圧をE〔V〕、抵抗をR〔Ω〕とすると、電力P〔W〕は、次式で表される。

$$P=E\times I=E\times\frac{E}{R}=\frac{E^2}{R}$$

Rの値を3倍にすると、

$$P=\frac{E^2}{R\times 3}=\frac{1}{3}\times\frac{E^2}{R}$$

となるので、Pの値は「1/3倍」となる。　　正答：**2**

問題 5 図に示す回路の端子ab間の合成静電容量は、幾らになるか。

1 10〔μF〕

2 12〔μF〕

3 30〔μF〕

4 50〔μF〕

30〔μF〕

a○━━━●━━━━●━━○b

20〔μF〕　　　┤├：コンデンサ

解説 30〔μF〕と20〔μF〕の並列接続の合成静電容量は、

30+20=50〔μF〕　となる。

正答：**4**

問題 6 図に示す回路の端子ab間の合成容量は、いくらになるか。

1 15〔μF〕

2 30〔μF〕

3 60〔μF〕

4 90〔μF〕

30〔μF〕

a━━━●━━━━●━━○b

30〔μF〕　　　┤├：コンデンサ

解説 30〔μF〕と30〔μF〕の並列接続の合成静電容量は、

30+30=60〔μF〕　となる。

正答：**3**

問題 7 図に示す回路の端子ab間の合成静電容量は、幾らになるか。

1 3〔μF〕

2 6〔μF〕

3 12〔μF〕

4 24〔μF〕

a○━┤├━┤├━○b

12〔μF〕 12〔μF〕

┤├：コンデンサ

解説 12〔μF〕と12〔μF〕の直列接続の合成静電容量は、

$$\frac{12\times12}{12+12}=\frac{144}{24}=6〔\mu F〕　となる。$$

同じ値の静電容量のコンデンサを2個「直列」に接続すると、その値は1個の値の「1/2」となることを覚えておくと便利。

正答：**2**

▶電子回路

問題 8 次の記述の □ 内に当てはまる字句の組合せで、正しいのはどれか。

半導体は通常周囲温度が上昇するとその電気抵抗が □A□ し、内部を流れる電流は □B□ する。

	A	B		A	B
1	増加	減少	2	減少	増加
3	増加	増加	4	減少	減少

🔧解説 半導体の周囲温度が上昇すると電気抵抗が「減少」し、オームの法則 $I = E/R$ により流れる電流は「増加」する。　　　　　正答：**2**

問題 9 図に示す NPN 形トランジスタの図記号において、電極 a の名称は、次のうちどれか。

| 1 | エミッタ | 2 | ベース |
| 3 | コレクタ | 4 | ゲート |

🔧解説 トランジスタの電極は図の右下から右回りに「エベコ」と覚える。エは「エミッタ」、ベは「ベース」、コは「コレクタ」なので、a は「コレクタ」。　　　　　正答：**3**

問題 10 図に示す電界効果トランジスタ（FET）の図記号において、電極 a の名称はどれか。

| 1 | ゲート | 2 | ソース |
| 3 | ベース | 4 | ドレイン |

🔧解説 電界効果トランジスタの電極は図の a から右回りに「ソゲド」。ソは「ソース」、ゲは「ゲート」、ドは「ドレイン」なので、a は「ソース」。　　　　　正答：**2**

問題 11 図に示す電界効果トランジスタ（FET）の図記号において、電極a の名称は、次のうちどれか。

1 ゲート
2 ソース
3 ベース
4 ドレイン

解説 電界効果トランジスタの電極は図の右下から右回りに「ソゲド」。ソは「ソース」、ゲは「ゲート」、ドは「ドレイン」なので、a は「ドレイン」。　　正答：**4**

問題 12 電界効果トランジスタ（FET）の電極と一般の接合形トランジスタの電極の組合せで、その働きが対応しているのはどれか。

1 ドレイン　　　　ベース
2 ゲート　　　　　ベース
3 ドレイン　　　　エミッタ
4 ソース　　　　　コレクタ

解説 電界効果トランジスタの電極は「ソゲド」、トランジスタの電極は「エベコ」と覚える。ソは「エ」、ゲは「ベ」、ドは「コ」に対応している。　　正答：**2**

問題 13 電界効果トランジスタ（FET）の電極と一般の接合形トランジスタの電極の組合せで、その働きが対応しているのはどれか。

1 ドレイン　　　　ベース
2 ソース　　　　　ベース
3 ドレイン　　　　エミッタ
4 ソース　　　　　エミッタ

解説 電界効果トランジスタの電極は「ソゲド」、トランジスタの電極は「エベコ」と覚える。ソは「エ」、ゲは「ベ」、ドは「コ」に対応している。　　正答：**4**

▶ 無線通信装置

問題 14 AM（A3E）通信方式と比べたときの FM（F3E）通信方式の特徴で、正しいのはどれか。

1 占有周波数帯幅が広い。
2 搬送波を抑圧している。
3 雑音の影響を受けやすい。
4 装置の回路構成が簡単である。

解説 FM では音声信号の大きさにより周波数の幅を変化させるので、占有周波数帯幅が「広い」。　　　　　　　　　　　　　　　　　　　　　　　正答：**1**

問題 15 次の記述は、アナログ通信方式と比べたときのデジタル通信方式の一般的な特徴について述べたものである。誤っているものを下の番号から選べ。

1 雑音の影響を受けにくい。
2 信号処理による遅延が生じる。
3 受信側で誤り訂正を行うことができる。
4 秘話性を高くすることができない。

解説 デジタル通信方式は「秘匿性」を高くすることが「できる」。　　　正答：**4**

問題 16 次の記述は、アナログ通信方式と比べたときのデジタル通信方式の一般的な特徴について述べたものである。誤っているものを下の番号から選べ。

1 信号処理による遅延がない。
2 雑音の影響を受けにくい。
3 秘話性を高くすることができる。
4 受信側で誤り訂正を行うことができる。

解説 デジタル通信方式は信号処理による遅延が「生じる」。　　　　　正答：**1**

三陸特

問題 17 振幅変調（A3E）波と比べたときの周波数変調波（F3E）波の占有周波数帯幅の一般的な特徴は、次のうちどれか。

1　広い　　2　狭い　　3　同じ　　4　半分

解説　周波数変調された電波の占有周波数帯幅は、周波数の幅が変化するので「広い」。　　　　　　　　　　　　　　　　　　　　　　　　正答：**1**

問題 18 搬送波を発生する回路は、次のうちどれか。

1　発振回路　　2　増幅回路　　3　変調回路　　4　検波回路

解説　「発振回路」により搬送波（電波の元）を発生させる。　　　正答：**1**

問題 19 DSB（A3E）送信機において、音声信号で変調された搬送波は、どのようになっているか。

1　断続している。　　　　　　　2　振幅が変化している。
3　周波数が変化している。　　　4　振幅、周波数ともに変化しない。

解説　AM（DSB）は Amplitude Modulation の略で、振幅変調のこと。搬送波の「振幅」を変化させて変調を掛ける。　　　　　　　　　　　正答：**2**

問題 20 AM（A3E）送信機において、音声信号で変調された搬送波はどのようになっているか。

1　断続している。　　　　　　　2　周波数が変化している。
3　振幅が変化している。　　　　4　振幅、周波数ともに変化しない。

解説　AM は Amplitude Modulation の略で、振幅変調のこと。音声信号の変化により「振幅が変化している」。　　　　　　　　　　　　　　正答：**3**

問題 21 FM（F3E）送信機において、音声で変調された搬送波はどのようになっているか。

1 断続している。
2 振幅が変化している。
3 周波数が変化している。
4 振幅、周波数とも変化しない。

解説 FM は Frequency Modulation の略で、周波数変調のこと。音声信号の変化により「周波数が変化している」。　　　　　　　　　　　正答：**3**

問題 22 FM（F3E）送信機において、IDC回路を設ける目的は何か。

1 寄生振動の発生を防止する。
2 高調波の発生を除去する。
3 発振周波数を安定にする。
4 周波数偏移を制御する。

解説 IDC は Instantaneous Deviation Control の略で、「周波数偏移を制御」する。　　　　　　　　　　　　　　　　　　　　　　　正答：**4**

問題 23 図は、直接FM（F3E）送信装置の構成例を示したものである。□□内に入れるべき名称の組合せで、正しいのは次のうちどれか。

	A	B
1	周波数変調器	低周波増幅器
2	平衡変調器	電力増幅器
3	平衡変調器	低周波増幅器
4	周波数変調器	電力増幅器

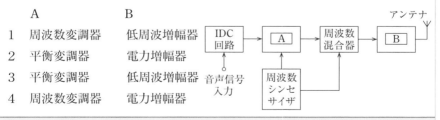

解説 周波数変調波は「周波数変調器」で得られ、「電力増幅器」で必要な電力まで増幅する。　　　　　　　　　　　　　　　　　　　正答：**4**

問題 24 FM（F3E）送信機において、変調波を得るには図の□□に何を設ければよいか。

1　位相変調器
2　平衡変調器
3　緩衝増幅器
4　周波数逓倍器

| 水　晶発振器 | → | □□ | → | 周波数逓倍器 | → 変調出力 |

音声信号入力 → IDC回路

解説　「位相変調器」は、周波数変調器と同じ動作をする。　　　　正答：**1**

問題 25 FM（F3E）送信機において、周波数偏移を大きくするには、どうすればよいか。

1　周波数逓倍器の逓倍数を大きくする。
2　緩衝増幅器の増幅度を小さくする。
3　送信機の出力の大きくする。
4　変調器と次段との結合を疎にする。

解説　逓倍（ていばい）とは元の周波数を整数倍すること。周波数偏移を大きくするには「逓倍数を大きく」すればよい。　　　　正答：**1**

問題 26 FM（F3E）送受信機において、電波が発射されるのは、次のうちどれか。

1　プレストークボタンを離したとき。
2　電源スイッチを接（ON）にしたとき。
3　スケルチを動作させたとき。
4　プレストークボタンを押したとき。

解説　「プレストークボタン」は送信と受信の切り換え用のスイッチで、押すと「送信状態」になって電波が発射される。　　　　正答：**4**

問題 27 次の記述は、単信方式の FM (F3E) 送受信機において、プレストークボタンを押して送信しているときの状態について述べたものである。正しいのはどれか。

1 スピーカから雑音が出ているが、受信音は聞こえない。
2 スピーカから雑音が出ず、受信音も聞こえない。
3 スピーカから雑音が出ており、受信音も聞こえる。
4 スピーカから雑音が出てないが、受信音は聞こえる。

解説 送信状態では受信動作はしていないので、スピーカから「雑音が出ず」受信音も「聞こえない」。　　　　　　　　　　　　　　　　　　　正答：**2**

問題 28 単信方式の FM (F3E) 送受信機において、プレストークボタンを押して送信しているときの状態の説明で、正しいのはどれか。

1 電波は発射されず、受信音も聞こえない。
2 電波は発射されていないが、受信音は聞こえる。
3 電波が発射されているが、受信音は聞こえない。
4 電波が発射されており、受信音も聞こえる。

解説 プレストークボタンを押すと送信状態となり、電波が「発射」され、受信音は「聞こえない」。　　　　　　　　　　　　　　　　　　　　正答：**3**

問題 29 FM (F3E) 送受信機の送受信操作で、誤っているのはどれか。

1 他局が通話中のとき、プレストークボタンを押し、送信割り込みをしても良い。
2 音量調整つまみは、最も聞き易い音量に調整する。
3 送信の際、マイクロホンと口の距離は、5 ～ 10〔cm〕ぐらいが適当である。
4 制御器を使用する場合、切換スイッチは、「遠操」にしておく。

解説 他局が通話中に送信割り込みして電波を発射すると混信するので「良くない」。　　　　　　　　　　　　　　　　　　　　　　　　正答：**1**

問題 30 FM (F3E) 送受信機の受信操作で、正しいのはどれか。

1 スケルチ調整つまみは、雑音が急に消える限界付近の位置にする。
2 スケルチ調整つまみは、右に回して雑音が消えている範囲の適当な位置にする。
3 スケルチ調整つまみは、雑音を消すためのもので、右いっぱいに回しておく。
4 受信中に相手電波が弱くなった場合でも、スケルチ調整つまみは、操作する必要はない。

解説 スケルチつまみを右に回しすぎると弱い信号が受信できなくなるので、「雑音が急に消える限界付近」がよい。 正答：**1**

問題 31 無線送受信機の制御器は、次のうちどのようなときに使用されるか。

1 電源電圧の変動を避けるため。
2 送信と受信の切替えのみを行うため。
3 送受信機周辺の電気的雑音による障害を避けるため。
4 送受信機を離れたところから操作するため。

解説 制御器は Remote Control のことで、「送受信機をリモコンで制御する」。 正答：**4**

問題 32 次の記述は、受信機の性能のうち何について述べたものか。

　送信された信号を受信し、受信機の出力側で元の信号がどれだけ忠実に再現できるかという能力を表す。

1 選択度　　2 忠実度　　3 安定度　　4 感度

解説 受信音をどれだけ忠実に再現できるか＝「忠実度」である。 正答：**2**

問題 33 スーパヘテロダイン受信機の周波数変換部の働きは、次のうちどれか。

1　受信周波数を音声周波数に変える。

2　中間周波数を音声周波数に変える。

3　受信周波数を中間周波数に変える。

4　音声周波数を中間周波数に変える。

解説　周波数変換は「受信周波数」を「中間周波数」に変換する。　　正答：**3**

問題 34 スーパヘテロダイン受信機において、近接周波数による混信を軽減するには、どのようにするのが最も効果的か。

1　AGC回路を「断」にする。

2　中間周波増幅器にメカニカルフィルタを用いる。

3　高周波増幅器の利得を下げる。

4　局部発振器に水晶発振器を用いる。

解説　「メカニカルフィルタ」は急峻な通過特性が得られるので、近接周波数による混信が軽減する。　　正答：**2**

問題 35 スーパヘテロダイン受信機において、近接周波数による混信を軽減するには、どのようにするのが最も効果的か。

1　AGC回路を断（OFF）にする。

2　中間周波増幅器に適切な特性の帯域フィルタを用いる。

3　高周波増幅器の利得を下げる。

4　局部発振器に水晶発振器を用いる。

解説　近接周波数の混信軽減には、中間周波増幅器に適切な特性の「帯域フィルタ」を用いる。　　正答：**2**

問題 36 図は、FM（F3E）受信機の構成の一部を示したものである。空欄の部分の名称の組合せで、正しいのはどれか。

	A	B
1	周波数変換器	スケルチ回路
2	周波数変換器	AGC回路
3	振幅制限器	スケルチ回路
4	振幅制限器	AGC回路

```
→ 第二中      →  A  → 周波数 → 低周波  → スピーカ
  間周波         弁別器   増幅器
  増幅器
                   ↓      ↑
                →  B  ────┘
```

🔍解説 「振幅制限器」で雑音となる AM成分を除去し、「スケルチ回路」で受信時の不要な雑音を消去する。　　　　　　　　　　　　　　　　　正答：**3**

問題 37 FM（F3E）受信機における振幅制限器を説明しているのはどれか。

1 受信電波が無くなったときに生ずる大きな雑音を消す。

2 選択度を良くし、近接周波数による混信を除去する。

3 受信電波の周波数の変化を振幅の変化に変換し、信号を取り出す。

4 受信電波の振幅を一定にして、振幅変調成分を取り除く。

🔍解説 振幅制限器＝振幅を「一定」にしている。　　　　　　　　　　正答：**4**

問題 38 FM（F3E）受信機における周波数弁別器の働きを説明しているのはどれか。

1 近接周波数による混信を除去する。

2 受信電波が無くなったときに生ずる大きな雑音を消す。

3 受信電波の振幅を一定にして、振幅変調成分を取り除く。

4 受信電波の周波数の変化を振幅の変化に直し、信号を取り出す。

🔍解説 周波数弁別器は FM復調器のことで、周波数の変化を振幅の変化に直して「信号を取り出す」回路である。　　　　　　　　　　　　　　　　正答：**4**

問題 39　FM（F3E）受信機のスケルチ回路について、説明しているのはどれか。

1　受信電波の周波数成分を振幅の変化に直し、信号を取り出す回路

2　受信電波の振幅を一定にして、振幅変調成分を取り除く回路

3　受信電波が無いときに出る大きな雑音を消すための回路

4　受信電波の近接周波数による混信を除去する回路

解説　スケルチ（Squelch）は「静める」、「黙らせる」の意味で、「雑音を消す」回路である。　　　　　　　　　　　　　　　　　　　　　　　正答：**3**

問題 40　次の記述の　　内に入れるべき字句の組合せで、正しいのはどれか。

　スケルチ調整つまみは、　A　状態のときスピーカから出る　B　を抑制するときに使用する。

	A	B		A	B
1	送信	雑音	2	受信	雑音
3	送信	音量	4	受信	音量

解説　「受信」時の「雑音」を消すのが、「スケルチ（Squelch）」。　　正答：**2**

問題 41　次の記述の　　内に入れるべき字句の組合せで、正しいのはどれか。

　FM（F3E）受信機において、相手局からの送話が　A　とき、受信機から雑音が出たら　B　調整つまみを回して、雑音が消える限界点付近の位置に調整する。

	A	B		A	B
1	有る	音量	2	無い	音量
3	有る	スケルチ	4	無い	スケルチ

解説　送話が「無い」ときは、雑音が消えるように「スケルチ」のつまみで調整する。　　　　　　　　　　　　　　　　　　　　　　　　　　　正答：**4**

三陸特

問題 42 図は、デジタル無線送信装置の概念図例を示したものである。□□内に入れるべき字句を下の番号から選べ。

1 周波数変調器
2 IDC回路
3 A/D変換器
4 AFC回路

マイク ○→ [　　] ┄> 送信機（デジタル変調） → アンテナ Ｙ

アナログ信号　デジタル信号

🔧解説 アナログ信号をデジタル信号に変換するので、「A/D（アナログ／デジタル）変換器」が使用される。　　　　　　　　　　　　正答：**3**

問題 43 図は、デジタル無線受信装置の概念図例を示したものである。□□内に入れるべき名称を下の番号から選べ。

1 D/A変換器
2 周波数変換器
3 IDC回路
4 AFC回路

アンテナ Ｙ → 受信機（デジタル復調） ┄> [　　] ┄> スピーカ ◁

デジタル信号　　アナログ信号

🔧解説 デジタル信号をアナログ信号に変換するので、「D/A（デジタル／アナログ）変換器」が使用される。　　　　　　　　　　　　正答：**1**

問題 44 次の記述は、多元接続方式について述べたものである。□□内に入れるべき字句を下の番号から選べ。

FDMAは、個々のユーザに使用チャネルとして□□を個別に割り当てる方式であり、チャネルとチャネルの間にガードバンドを設けている。

1 極めて短い時間　　　　　2 周波数
3 拡散符号　　　　　　　　4 変調方式

🔧解説 FDMAは、個別の「周波数」を使用し、チャネル間にガードバンドを設ける多元接続方式である。　　　　　　　　　　　　正答：**2**

問題 45 次の記述は、多元接続方式について述べたものである。□□□内に入れるべき字句を下の番号から選べ。

TDMA は、一つの周波数を共有し、個々のユーザに使用チャネルとして□□□を個別に割り当てる方式であり、チャネルとチャネルの間にガードタイムを設けている。

1 周波数　　　　　　2 拡散符号
3 変調方式　　　　　4 極めて短い時間（タイムスロット）

解説 TDMA は、個別の「極めて短い時間」を使用し、チャネル間にガードタイムを設ける多元接続方式である。　　　　　　　　　　　　　正答：**4**

問題 46 次の記述は、デジタル変調について述べたものである。□□□内に入れるべき字句は次のうちどれか。

PSK は、ベースバンド信号に応じて搬送波の位相を切り替える方式である。また、QPSK は、1回の変調（シンボル）で□□□ビットの情報を伝送できる。

1 5　　　　2 4　　　　3 3　　　　4 2

解説 PSK とは Phase Shift Keying の略で、位相偏移変調のこと。搬送波の位相を切り替える。QPSK とは4相PSK のことで、4相（4値）＝2^2 なので、「2ビット」となる。　　　　　　　　　　　　　　　　　正答：**4**

問題 47　次の記述は、デジタル変調について述べたものである。□□内に入れるべき字句を下の番号から選べ。

入力信号の「0」又は「1」によって、搬送波の位相のみを変化させる方式を、□□という。

1　ASK　　2　FSK　　3　QAM　　4　PSK

解説　「PSK」は、入力信号の「0」又は「1」によって、搬送波の位相のみを変化させる位相変調方式である。　　　　　　　　　　　　　正答：**4**

問題 48　次の記述は、デジタル変調について述べたものである。□□内に入れるべき字句は次のうちどれか。

FSK は、ベースバンド信号に応じて搬送波の周波数を切り替える方式である。また、4値FSK は、1回の変調（シンボル）で□□ビットの情報を伝送できる。

1　2　　　　　2　3　　　　　3　4　　　　　4　5

解説　FSK とは Frequency shift keying の略で、周波数偏移変調のこと。搬送波の周波数を切り替える。4値$=2^2$なので、「2 ビット」となる。　　正答：**1**

▶ 電　源

問題 49　電池の記述で、正しいのはどれか。

1　鉛蓄電池は、一次電池である。
2　容量を大きくするには、電池を直列に接続する。
3　蓄電池は、化学エネルギーを電気エネルギーとして取り出す。
4　リチウムイオン電池は、メモリー効果があるので継ぎ足し充電ができない。

解説　「化学エネルギー」を電気エネルギー、すなわち「電圧」・「電流」として取り出す。　　　　　　　　　　　　　　　　　　　　正答：**3**

問題50 電池の記述で、誤っているのはどれか。

1 鉛蓄電池は、二次電池である。
2 容量を大きくするには、電池を並列に接続する。
3 リチウムイオン蓄電池は、メモリー効果があるので継ぎ足し充電ができない。
4 蓄電池は、化学エネルギーを電気エネルギーとして取り出す。

解説 リチウムイオン蓄電池は、メモリー効果が「ない」ので継ぎ足し充電が「できる」。　　　　正答：**3**

問題51 次の記述の□内に入れるべき字句の組合せで、正しいのはどれか。

一般に、充放電が可能な □A□ 電池の一つに □B□ があり、ニッケルカドミウム蓄電池に比べて、自己放電が少なく、メモリー効果がない等の特徴がある。

	A	B
1	二次	リチウムイオン蓄電池
2	二次	マンガン乾電池
3	一次	リチウムイオン蓄電池
4	一次	マンガン乾電池

解説 「二次」電池とは「放電」と「充電」の繰り返しが可能なもので、「リチウムイオン蓄電池」がある。リチウムイオン蓄電池はメモリー効果がない。　正答：**1**

問題52 次の記述は、ニッケル・カドミウム蓄電池の特徴について述べたものである。誤っているのはどれか。

1 1個当たりの公称電圧は、2〔V〕である。
2 大きな電流で放電が可能である。
3 電解液がアルカリ性で、腐食がなく、機器内に収容できる。
4 過放電しても、性能の低下が起こりにくい。

解説 1個当たりの公称電圧は「1.2〔V〕」で、2〔V〕は誤り。　正答：**1**

問題 53 次の記述は、鉛蓄電池の取扱い上の注意について述べたものである。誤っているのはどれか。

1 充電は規定電流で規定時間行うこと。
2 直射日光の当たらない冷暗所に保管（設置）すること。
3 3箇月に1回程度は、放電終止電圧以下で使用しておくこと。
4 常に極板が露出しない程度に電解液を補充しておくこと。

解説 「放電終止電圧以下」では規定の電圧が得られない。　　正答：**3**

問題 54 鉛蓄電池の取扱い上の注意として、誤っているのはどれか。

1 過放電させないこと。
2 日光の当たる場所に置かないこと。
3 電解液が少なくなったら蒸留水を補充すること。
4 常に過充電すること。

解説 「過充電」とは充電しすぎのこと。鉛蓄電池にダメージを与える。　正答：**4**

問題 55 蓄電池のアンペア時〔Ah〕は、何を表すか。

1 起電力　　2 定格電流　　3 内部抵抗　　4 容量

解説 アンペア時は、一定の電流を流したときに何時間使用できるかを表す「容量」のこと。　　正答：**4**

問題 56 機器に用いる電源ヒューズの電流値は、機器の規格電流に比べて、どのような値のものが最も適切か。

1 少し小さい値　　2 十分小さい値
3 少し大きい値　　4 十分大きい値

解説 ヒューズの電流値は小さすぎるとすぐに切れてしまい、大きすぎると過大電流が流れても切れないので、「少し大きい値」が適切である。　　正答：**3**

▶空中線(アンテナ)

問題57 垂直半波長ダイポールアンテナから放射される電波の偏波と、水平面指向特性についての組合せで、正しいのは次のうちどれか。

	偏波	指向特性
1	垂直	8字形
2	水平	全方向性(無指向性)
3	水平	8字形
4	垂直	全方向性(無指向性)

解説 垂直に設置されたアンテナは「垂直」偏波であり、水平面内の指向特性は「無指向性」である。　　　　正答:**4**

問題58 次の記述の___内に入れるべき字句の組合せで、正しいのはどれか。

図のアンテナは、__A__アンテナと呼ばれる。電波の波長をλで表したとき、アンテナの長さ l は__B__であり、水平面内の指向性は全方向性(無指向性)である。

	A	B
1	ブラウン	1/2波長
2	ブラウン	1/4波長
3	ダイポール	1/2波長
4	ダイポール	1/4波長

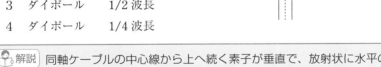

解説 同軸ケーブルの中心線から上へ続く素子が垂直で、放射状に水平の素子が数本あるのは「ブラウンアンテナ」と呼ばれ、l を「1/4波長」にする。　　　　正答:**2**

問題 59 図に示すアンテナの名称と、l の長さの組合せで、正しいのはどれか。

	名称	l の長さ
1	ホイップアンテナ	1/4 波長
2	ホイップアンテナ	1/2 波長
3	スリーブアンテナ	1/4 波長
4	スリーブアンテナ	1/2 波長

同軸 → ケーブル

解説 同軸ケーブルの先端から下側に同軸円管（筒）l があるのは「スリーブアンテナ」と呼ばれ、各 l を「1/4 波長」にする。 正答：**3**

問題 60 図に示す水平半波長ダイポールアンテナの l の長さと水平面内の指向性の組合せで、正しいのはどれか。

	l の長さ	指向性
1	1/4 波長	全方向性（無指向性）
2	1/4 波長	8字形
3	1/2 波長	全方向性（無指向性）
4	1/2 波長	8字形

同軸 ケーブル

解説 半波長は 1/2 波長なので l はその半分の「1/4 波長」となる。水平面の指向性は「8 字形」を示す。 正答：**2**

問題 61 図は、三素子八木・宇田アンテナ（八木アンテナ）の構成を示したものである。各素子の名称の組合せで、正しいのはどれか。ただし、A、B、C の長さは、A＜B＜C の関係があるものとする。

	A	B	C
1	反射器	導波器	放射器
2	反射器	放射器	導波器
3	導波器	反射器	放射器
4	導波器	放射器	反射器

A B C

解説 短いのが導波器で、「導波器－放射器－反射器」の順序で構成される。 正答：**4**

問題62 超短波（VHF）帯の周波数を利用する送受信設備において、装置とアンテナを接続する給電線として、通常使用されるものは次のうちどれか。

1　同軸給電線　　　　2　導波管
3　平行2線式給電線　4　LANケーブル（より対線）

🔖解説 超短波帯では「同軸給電線」を使用する。同軸給電線は「同軸ケーブル」ともいう。　　　　　　　　　　　　　　　　　　　正答：**1**

▶ 電 波 伝 搬

問題63 次の記述の＿＿内に当てはまる字句の組合せで、正しいのはどれか。

　電波の伝搬速度は、光の速さと同じで1秒間に $3 \times$ ＿A＿ メートルである。また、同一波形が1秒間に繰り返される回数を ＿B＿ という。

	A	B		A	B
1	10^8	周期	2	10^8	周波数
3	10^{10}	周波数	4	10^{10}	周期

🔖解説 電波の進む速さは1秒間に「3×10^8」メートルで30万〔km/s〕。1周期の波が1秒間に生じた回数が「周波数」。　　　　　　　正答：**2**

問題64 短波（HF）帯の伝わり方と比べたときの超短波（VHF）帯の伝わり方の記述で、最も適切なものはどれか。

1　アンテナの高さが通達距離に大きく影響する。
2　電離層波が主に利用される。
3　比較的遠距離の通信に適する。
4　昼間と夜間では、電波の伝わり方が異なる。

🔖解説 超短波帯では、見通し距離を伝搬するので「アンテナの高さ」に大きく影響を受ける。　　　　　　　　　　　　　　　　　　正答：**1**

問題 65 超短波 (VHF) 帯では、一般にアンテナの高さを高くした方が電波の通達距離が延びるのはなぜか。

1 見通し距離が延びるから。

2 地表波の減衰が少なくなるから。

3 対流圏散乱波が伝わりやすくなるから。

4 スポラジック E 層の反射によって伝わりやすくなるから。

解説 超短波帯の電波の伝搬は「直接波」なので、アンテナを高くすると「見通し距離が延びる」。

正答：**1**

問題 66 短波 (HF) 帯の伝わり方と比べたときの超短波 (VHF) 帯の伝わり方の記述で、最も適切なものはどれか。

1 見通し距離外の通信に適する。

2 太陽の紫外線による影響を受ける。

3 フェージングの影響を受けやすい。

4 通常、電離層を突き抜けてしまう。

解説 超短波帯の電波の波長は短いので、一般的に「電離層を突き抜けてしまう」。

正答：**4**

問題 67 次の記述は、超短波 (VHF) 帯の電波の伝わり方について述べたものである。誤っているのはどれか。

1 光に似た性質で、直進する。

2 見通し距離内の通信に適する。

3 通常、電離層を突き抜けてしまう。

4 伝搬途中の地形や建物の影響を受けない。

解説 超短波帯の周波数の電波は直進するので、地形や建物の影響を「受ける」。

正答：**4**

▶ 測 定

問題68 負荷 R にかかる電圧を測定するときの電圧計Vで、正しいのはどれか。

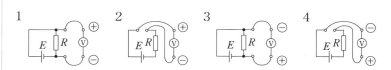

🔖解説 直流電圧を測定するときには＋側を「電池の＋極」に合わせて、電圧計を負荷 R と「並列」に接続する。 正答：**1**

問題69 負荷 R に流れる電流を測定するときの電流計Aのつなぎ方で、正しいのはどれか。

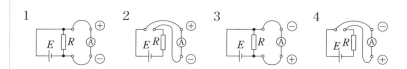

🔖解説 直流電流を測定するときには＋側を「電池の＋極」に合わせて、電流計を負荷 R と「直列」に接続する。 正答：**2**

問題70 アナログ方式の回路計（テスタ）のゼロオーム調整つまみは、何を測定するときに必要となるか。

1　静電容量　　2　抵抗　　3　電流　　4　電圧

🔖解説 「抵抗」測定の前には、2本のテストリード（テスト棒）を「短絡（ショート）」して「ゼロ点（ゼロオーム）調整」を行う。 正答：**2**

三陸特

問題71 アナログ方式の回路計（テスタ）で直流抵抗を測定するときの準備の手順で正しいのはどれか。

1　測定レンジを選ぶ→0〔Ω〕調整をする→テストリード（テスト棒）を短絡する。
2　0〔Ω〕調整をする→測定レンジを選ぶ→テストリード（テスト棒）を短絡する。
3　測定レンジを選ぶ→テストリード（テスト棒）を短絡する→0〔Ω〕調整をする。
4　テストリード（テスト棒）を短絡する→0〔Ω〕調整をする→測定レンジを選ぶ。

解説　「抵抗」測定の前には、「測定レンジ」を選んでから2本のテストリード（テスト棒）を「短絡（ショート）」して「ゼロ点調整」を行う。　　　　　　　正答：**3**

問題72 次の記述は、アナログ方式の回路計（テスタ）で直流電圧を測定するとき、通常、測定前に行う操作について述べたものである。適当でないものはどれか。

1　測定前の操作の中で、最初にテストリード（テスト棒）を測定しようとする箇所に触れる。
2　測定する電圧に応じた、適当な測定レンジを選ぶ。
3　メータの指針のゼロ点を確かめる。
4　電圧値が予測できないときは、最大のレンジにしておく。

解説　測定箇所に触れるのは「最後」である。　　　　　　　正答：**1**

問題73 次の記述の◻︎◻︎◻︎内に入れるべき字句の組合せで、正しいのはどれか。

アナログ方式の回路計 (テスタ) を用いて直流電圧を測定しようとするときは、切替つまみを測定しようとする電圧の値よりやや A の値の B レンジにする。

	A	B
1	小さめ	AC VOLTS
2	小さめ	DC VOLTS
3	大きめ	AC VOLTS
4	大きめ	DC VOLTS

解説 測定する電圧よりやや「大きい」レンジにする。直流はDC (Direct Current) と表記されている。 正答：**4**

問題74 次の記述の◻︎◻︎◻︎内に入れるべき字句の組合せで、正しいのはどれか。

アナログ方式の回路計 (テスタ) を用いて交流電圧を測定しようとするときは、切替つまみを測定しようとする電圧の値よりやや A の値の B レンジにする。

	A	B
1	大きめ	DC VOLTS
2	大きめ	AC VOLTS
3	小さめ	DC VOLTS
4	小さめ	AC VOLTS

解説 測定する電圧よりやや「大きい」レンジにする。交流は AC (Alternating Current) と表記されている。 正答：**2**

直前仕上げ・合格キーワード ～三陸特～

☆法　規

- 無線局：無線設備及び無線設備の操作を行う者の総体
- 再免許の申請期間：3箇月以上6箇月を超えない期間
- 電波の質：周波数の偏差及び幅、高調波の強度等
- F3E：Fは周波数変調、3はアナログ信号の単一チャネル、Eは電話
- 25,010kHzから960MHzまでの空中線電力：50ワット以下
- 1,215MHz以上の電波で扱うことのできる空中線電力：100ワット以下
- 氏名に変更：無線従事者免許証の訂正を受ける
- 他の無線局に混信を与えたとき：直ちに電波の発射を中止
- 擬似空中線を使用する場合：試験又は調整を行うとき
- 無線局に備え付ける書類：正確な時計、無線業務日誌
- 無線従事者免許証：業務に従事中は携帯する
- 臨時検査：電波の質が総務省令に適合していないとき
- 電波法に違反した無線局を認めたとき、非常通信を行ったとき：総務大臣に報告
- 臨時に電波の発射を停止：電波の質が総務省令に適合していないと認めるとき

☆無線工学

- トランジスタと電界効果トランジスタの電極の対応：エミッタはソース、ベースはゲート、コレクタはドレイン
- FM送信機：IDC、位相変調器が使われる。周波数逓倍器で必要とする周波数偏移を得る
- 周波数逓倍器：必要な周波数偏移を得るとともに所要の周波数にする
- IDC：大きな入力があっても一定の周波数偏移に収める
- FM受信機：振幅制限器、周波数弁別器、スケルチ回路が使われる
- 振幅制限器：振幅成分を除去
- 周波数弁別器：音声信号を取り出す
- スケルチ：受信電波のないとき雑音を消す
- FDMA：周波数、ガードバンド
- 二次電池：アルカリ蓄電池やリチウムイオン蓄電池
- スリーブアンテナやブラウンアンテナ：素子の長さは1/4波長。垂直偏波で無指向性
- VHF帯の送受信設備：同軸給電線が使用される
- 超短波やマイクロ波：直進する

一海特・問題（第一級海上特殊無線技士）

法規と無線工学

操作範囲：
一　次に掲げる無線設備（船舶地球局及び航空局の無線設備を除く。）の通信操作（国際電気通信業務の通信のための通信操作を除く。）及びこれらの無線設備（多重無線設備を除く。）の外部の転換装置で電波の質に影響を及ぼさないものの技術操作
- イ　旅客船であって平水区域（これに準ずる区域として総務大臣が告示で定めるものを含む。以下この表において同じ。）を航行区域とするもの及び沿海区域を航行区域とする国際航海に従事しない総トン数100トン未満のもの、漁船並びに旅客船及び漁船以外の船舶であって平水区域を航行区域とするもの及び総トン数300トン未満のものに施設する空中線電力75ワット以下の無線電話及びデジタル選択呼出装置で1,606.5kHzから4,000kHzまでの周波数の電波を使用するもの
- ロ　船舶に施設する空中線電力50ワット以下の無線電話及びデジタル選択呼出装置で25,010kHz以上の周波数の電波を使用するもの
二　旅客船であって平水区域を航行区域とするもの及び沿海区域を航行区域とする国際航海に従事しない総トン数100トン未満のもの、漁船並びに旅客船及び漁船以外の船舶であって平水区域を航行区域とするもの及び総トン数300トン未満のものに施設する船舶地球局の無線設備の通信操作並びにその無線設備の外部の転換装置で電波の質に影響を及ぼさないものの技術操作
三　前二号に掲げる操作以外の操作で第二級海上特殊無線技士の操作の範囲に属するもの

法規の試験問題は、

電波法の目的／定義／無線局の免許／無線設備／無線従事者／運用／業務書類／監督／国際法規から、合計「12問」出題されます。

無線工学の問題は、

電気回路／電子回路／無線通信装置／レーダー／衛星通信／電源／空中線（アンテナ）／電波伝搬／測定から、合計「12問」出題されます。

また、第一級海上特殊無線技士では試験科目として、法規、無線工学の他に「電気通信術」と「英会話」があります。

法規および無線工学ともに出題の程度は「簡略な概要」であり、ごく簡単な問題となっています。

そして、英会話はごく簡単な問題が「5問」出題されます。

電気通信術の試験は、運用規則で定められている欧文通話表による「約2分間」の送話及び受話の試験があります（396ページ参照）。

なお、出題される問題では一部の字句の変更があったり、計算問題では数値の変更があったり、問題は同じでも選択肢の順番の入れ替えがあったり、また問題そのものが変更になったりすることもありますので注意してください。

試験科目：

イ　無線工学
　　無線設備の取扱方法（空中線系及び無線機器の機能の概念を含む。）

ロ　電気通信術
　　電話　1分間50字の速度の欧文（運用規則別表第5号の欧文通話表によるものをいう。）による約2分間の送話及び受話

ハ　法規
　　(1) 電波法及びこれに基づく命令（船舶安全法及び電気通信事業法並びにこれに基づく命令の関係規定を含む。）の簡略な概要
　　(2) 通信憲章、通信条約、無線通信規則、電気通信規則並びに船舶の訓練及び資格証明並びに当直の基準に関する国際条約（電波に関する規定に限る。）の簡略な概要

ニ　英語
　　口頭により適当に意志を表明するに足りる英会話

■ 法規のポイント

　第一級海上特殊無線技士の法規の問題には、無線設備規則の「レーダー」や「船舶の無線設備」に関するもの、そして「遭難通信」や「緊急通信」などに関する問題が出題されます。そして、他の特殊無線技士の資格では出題されない「国際法規」が1問出題されます。

☆問題には「該当しないものはどれか」という問いがありますので、正しいものと勘違いしないようにしてください。

■ 無線工学のポイント

　無線工学の問題は、基礎的なことは他の資格と同様なものが出題されますが、第一級海上特殊無線技士では「レーダー」や「衛星通信システム」などについて多くの問題が出題されていますので、

☆レーダーの指示器の種類、そして最小探知距離、最大探知距離、方位分解能や距離分解能など

☆FM送受信機についての基本的な構成や機能など

☆SSB送受信機についての基本的な構成や機能など

☆衛星通信では「静止衛星」や「食」、そしてインマルサット衛星の基本的なことを勉強して理解しておくことが重要です。

　その他の問題としては、ごく初歩的なものが多く出題されます。計算問題は四則演算だけで解くことができますので、少し計算問題の勉強をすれば正答を得ることができます。

■ 英会話のポイント

　第一級海上特殊無線技士では、ごく簡単な英会話の試験があります（試験方法は7ページ、試験問題例は232〜234ページ参照）。問題数は5問で、問題の内容は呼出し／港務通信／人命及び航行の安全に関する通信／漁業通信などとなっています。これらに関連した専門用語は、ぜひ覚えておきましょう。

■ 電気通信術のポイント

　第一級海上特殊無線技士では、欧文通話表による「送話」と「受話」の試験があります（396ページ参照）。中でも送話の試験は試験官と1対1で行われますから、試験に際して「あがらないよう」十分な練習を心がけてください。受話の試験は受験者が一堂に会して行われます。

一海特

▶ 定　義

問題 1　次の記述は、電波法に規定する「無線局」の定義である。￣￣内に入れるべき字句を下の番号から選べ。

　「無線局」とは、無線設備及び￣￣の総体をいう。ただし、受信のみを目的とするものを含まない。

1　無線設備の管理を行う者
2　無線設備の操作を行う者
3　無線設備の操作の監督を行う者
4　無線設備を所有する者

解説　無線局は「無線設備」及び「無線設備の操作を行う者」の総体をいう。

正答：**2**

▶ 無線局の免許

問題 2　次に掲げる事項のうち、総務大臣が海上移動業務の無線局の免許申請書を受理し、その申請の審査をする際に審査する事項に該当しないものは、次のどれか。

1　周波数の割り当てが可能であること。
2　工事設計が電波法第3章（無線設備）に定める技術基準に適合すること。
3　その無線局の業務を遂行するに足りる財政的基礎があること。
4　総務省令で定める無線局（放送をする無線局（電気通信業務を行うことを目的とするものを除く。）を除く。）の開設の根本的基準に合致すること。

解説　「財政的基礎」は、審査の対象外である。　　正答：**3**

問題 3 　次に掲げる事項のうち、総務大臣が海上移動業務の無線局の免許の申請の審査をする際に審査する事項に該当しないものはどれか。次のうちから選べ。

1　周波数の割当てが可能であること。

2　工事設計が電波法第3章（無線設備）に定める技術基準に適合すること。

3　その無線局の業務を維持するに足りる経理的基礎及び技術的能力があること。

4　総務省令で定める無線局（基幹放送局を除く。）の開設の根本的基準に合致すること。

解説　「経理的基礎及び技術的能力」は、審査の対象外である。　　　正答：**3**

問題 4 　総務省令で定める場合を除き、免許人又は登録人が変更検査を受ける場合は、次のどれか。

1　臨時に電波の発射の停止を命じられたとき。

2　許可を受けて無線設備の変更の工事をしたとき。

3　電波の型式又は周波数の指定の変更を受けたとき。

4　期間を定めて周波数又は空中線電力を制限されたとき。

解説　無線設備の変更の工事の許可は「申請事項」で、「無線設備の変更の工事をした」ときは変更検査を受ける。　　　正答：**2**

問題 5 　無線局の免許人は、無線設備の変更の工事をしようとするときは、総務省令で定める場合を除き、どうしなければならないか。次のうちから選べ。

1　あらかじめ総務大臣の許可を受けなければならない。

2　あらかじめ総務大臣にその旨を届け出なければならない。

3　あらかじめ無線設備の変更の工事の予定期日を総務大臣に届け出なければならない。

4　あらかじめ総務大臣の指示を受けなければならない。

解説　無線設備の変更の工事は、「あらかじめ許可を受ける」。　　　正答：**1**

問題 6 無線局の免許人は、免許状に記載した事項に変更を生じたときは、どうしなければならないか。電波法の規定に照らし、次のうちから選べ。

1 速やかに免許状を訂正し、遅滞なくその旨を総務大臣に報告する。
2 遅滞なく免許状を返納し、免許状の再交付を受ける。
3 速やかに免許状を訂正し、その後最初に行われる無線局の検査の際に検査職員の確認を受ける。
4 その免許状を総務大臣に提出し、訂正を受ける。

解説 免許状を総務大臣に提出し、「訂正」を受ける。 正答：**4**

問題 7 無線設備の変更の工事の許可を受けた後、許可に係る無線設備を運用するためにはどうしなければならないか。正しいものを次のうちから選べ。

1 当該工事の結果が許可の内容に適合している旨を届け出なければならない。
2 あらかじめ運用開始の予定期日を届け出なければならない。
3 総務省令で定める場合を除き、総務大臣の検査を受け、当該工事の結果が許可の内容に適合していると認められた後でなければならない。
4 工事が完了した後、運用したい旨連絡しなければならない。

解説 「無線設備の変更の工事」は申請事項で、検査を受け「適合」してから運用する。 正答：**3**

問題 8 次に掲げるもののうち、無線局の免許状に記載される事項に該当しないものは、どれか。

1 空中線の型式 　 2 無線局の目的
3 無線設備の設置場所 　 4 通信の相手方及び通信事項

解説 「空中線の型式」は免許状の記載事項ではない。空中線とは「アンテナ」のこと。 正答：**1**

問題 9 無線局の免許が効力を失ったときは、免許人であった者は、その免許状をどうしなければならないか。次のうちから選べ。

1　3箇月以内に総務大臣に返納する。
2　直ちに廃棄する。
3　2年間保管する。
4　1箇月以内に総務大臣に返納する。

解説 免許が効力を失ったときは「1箇月以内」に総務大臣に返納する。　正答：**4**

問題 10 次に掲げる者のうち、無線局の免許を与えられないことがある者はどれか。電波法の規定に照らし、次のうちから選べ。

1　刑法に規定する罪を犯し懲役に処せられ、その執行を終わった日から2年を経過しない者
2　電波法に規定する罪を犯し罰金以上の刑に処せられ、その執行を終わった日から2年を経過しない者
3　電波の発射の停止の命令を受け、その命令の解除の日から6箇月を経過しない者
4　無線局の運用の停止の命令を受け、その命令の解除の日から6箇月を経過しない者

解説 「電波法」に規定する罪を犯し罰金以上の刑に処せられ「2年」を経過しない者には無線局の免許が与えられないことがある。　正答：**2**

問題 11 無線局の免許を与えられないことがある者はどれか。次のうちから選べ。

1　刑法に規定する罪を犯し懲役に処せられ、その執行を終わった日から2年を経過しない者
2　無線局の免許の取消しを受け、その取消しの日から5年を経過しない者
3　無線局を廃止し、その廃止の日から2年を経過しない者
4　電波法に規定する罪を犯し罰金以上の刑に処せられ、その執行を終わった日から2年を経過しない者

解説 「電波法」と「2年」がキーワードである。　正答：**4**

▶ 無線設備

問題 12 次の記述は、電波の質について述べたものである。電波法の規定に照らし、☐☐内に入れるべき字句を下の番号から選べ。

送信設備に使用する電波の周波数の偏差及び幅、☐☐電波の質は、総務省令で定めるところに適合するものでなければならない。

1 高調波の強度等　　　2 電波の型式等
3 空中線電力の偏差等　　4 変調度等

🔖解説 電波の質は「周波数の偏差」及び「幅」、「高調波の強度等」をいう。☐☐の場所が異なるものも出題されている。　　　　正答：**1**

問題 13 単一チャネルのアナログ信号で振幅変調した両側波帯の電話の電波の型式を表示する記号は、次のうちどれか。

1 A3E　　2 F3E　　3 F1B　　4 J3E

🔖解説 A は「振幅変調で両側波帯」、3 は「アナログ信号の単一チャネル」、E は「電話」を表すので、「A3E」である。　　　　正答：**1**

問題 14 電波の主搬送波の変調の型式が振幅変調で抑圧搬送波による単側波帯のもの、主搬送波を変調する信号の性質がアナログ信号である単一チャネルのものであって、伝送情報の型式が電話（音響の放送を含む。）の電波の型式を表示する記号はどれか。次のうちから選べ。

1 J3E　　2 F3E　　3 F1B　　4 A3E

🔖解説 J は「振幅変調で抑圧搬送波」、3 は「アナログ信号の単一チャネル」、E は「電話」を表すので、「J3E」である。　　　　正答：**1**

問題 15　次の記述は、船舶に施設する無線設備について述べたものである。無線設備規則の規定に照らし、□□□内に入れるべき字句を下の番号から選べ。

　船舶の航海船橋に通常設置する無線設備には、その筐体（きょう）の見やすい箇所に、当該設備の発する磁界が□□□に障害を与えない最小の距離を明示しなければならない。

1　他の電気的設備の機能
2　自動レーダープロッティング機能
3　磁気羅針儀の機能
4　自動操舵装置の機能

解説　「磁気羅針儀（磁気コンパスのこと）」に障害を与えない最小の距離を明示する。

正答：**3**

問題 16　次の記述は、船舶に設置する無線航行のためのレーダー（総務大臣が別に告示するものを除く。）の条件について述べたものである。無線設備規則の規定に照らし、□□□内に入れるべき字句を下の番号から選べ。

　その船舶の無線設備、羅針儀その他の設備であって重要なものの□□□に障害を与え、又は他の設備によってその運用が妨げられる虞（おそれ）のないように設置されるものであること。

1　機能
2　操作
3　装置
4　設備

解説　「無線設備」や「羅針儀」その他の「機能」に障害を与えないようにする。

正答：**1**

問題 17 船舶に設置する無線航行のためのレーダー（総務大臣が告示するものを除く。）は、電源電圧が定格電圧の±何パーセント以内において変動した場合においても安定に動作するものでなければならないか。無線設備規則の規定に照らし、次のうちから選べ。

1 2パーセント以内
2 5パーセント以内
3 10パーセント以内
4 20パーセント以内

解説 定格電圧の「プラス・マイナス 10 パーセント以内」で動作するもの。

正答：**3**

● 無線従事者

問題 18 第一級海上特殊無線技士の資格を有する者が、船舶に施設する空中線電力 50 ワット以下の無線電話及びデジタル選択呼出装置で 25,010 kHz 以上の周波数の電波を使用するものについて行うことができる操作は、次のどれか。

1 船舶地球局の当該無線設備の技術操作
2 船舶局の当該無線設備の通信操作（国際電気通信業務の通信のための通信操作を除く。）
3 船舶局の当該無線設備の操作
4 航空局の当該無線設備の国内通信のための通信操作

解説 「一海特」の資格で操作ができるのは「船舶局の無線設備の通信操作」。

正答：**2**

問題 19 次の記述は、第一級海上特殊無線技士の資格を有する者が行うことができる無線設備の操作の範囲を述べたものである。電波法施行令の規定に照らし、◯◯内に入れるべき字句を下の番号から選べ。

船舶局の空中線電力◯◯の無線電話及びデジタル選択呼出装置で25,010kHz以上の周波数の電波を使用するものの通信操作（国際電気通信業務の通信のための通信操作を除く。）及びこれらの無線設備（多重無線設備を除く。）の外部の転換装置で電波の質に影響を与えないものの技術操作

1 50ワット以下 2 30ワット以下
3 20ワット以下 4 10ワット以下

解説 無線電話及びデジタル選択呼出装置で25,010kHz以上の周波数の電波を使用するものの空中線電力は「50ワット以下」である。 正答：1

問題 20 無線局の免許人は、無線従事者を選任し、又は解任したときは、どうしなければならないか。次のうちから選べ。

1 遅滞なく、その旨を総務大臣に届け出る。
2 10日以内にその旨を総務大臣に報告する。
3 速やかに総務大臣の承認を受ける。
4 1箇月以内にその旨を総務大臣に届け出る。

解説 選任・解任は「遅滞なく」届け出る。 正答：1

問題 21 無線従事者がその免許証の再交付を受けることができる場合に該当しないものはどれか。次のうちから選べ。

1 住所に変更を生じたとき。 2 無線従事者免許証を汚したとき。
3 無線従事者免許証を失ったとき。 4 氏名に変更を生じたとき。

解説 無線従事者免許証には「住所の記載はない」ので、住所を変更しても再交付を受ける必要はない。 正答：1

問題 22　総務大臣が無線従事者の免許を与えないことができる者はどれか。次のうちから選べ。

1　刑法に規定する罪を犯し罰金以上の刑に処せられ、その執行を終わり、又はその執行を受けることがなくなった日から2年を経過しない者
2　日本の国籍を有しない者
3　無線従事者の免許を取り消され、取消しの日から5年を経過しない者
4　無線従事者の免許を取り消され、取消しの日から2年を経過しない者

解説　取消しの日から「2年」を経過しない者。刑法は関係がない。　　正答：**4**

▶ 運　用

問題 23　無線局を運用する場合においては、遭難通信を行う場合を除き、空中線電力は、どれによらなければならないか。次のうちから選べ。

1　無線局の免許の申請書に記載したもの
2　通信の相手方となる無線局が要求するもの
3　免許状に記載されたものの範囲内で必要最小のもの
4　免許状に記載されたものの範囲内で通信を行うため必要最大のもの

解説　遭難通信を除き、空中線電力は「免許状に記載されたものの範囲内で必要最小のもの」。　　正答：**3**

問題 24　無線局を運用する場合において、電波法の規定により無線設備の設置場所は、遭難通信を行う場合を除き、次のどれに記載されたところによらなければならないか。

1　免許状　　2　免許証　　3　無線局事項書　　4　無線局免許申請書

解説　無線局を運用する場合は「免許状」に記載された事項による。　　正答：**1**

問題 25 次の記述は、秘密の保護について述べたものである。電波法の規定に照らし、___内に入れるべき字句を下の番号から選べ。

何人も法律に別段の定めがある場合を除くほか、___を傍受してその存在若しくは内容を漏らし、又はこれを窃用してはならない。

1　特定の相手方に対して行われる暗語による無線通信
2　特定の相手方に対して行われる無線通信
3　総務省令で定める周波数を使用して行われる無線通信
4　総務省令で定める周波数を使用して行われる暗語による無線通信

解説　重要であるので全文を覚えよう。___の場所が異なる問題も出題される。「特定の相手方」、「存在」、「内容」、「漏らし」、「窃用」がキーワード。この問題では、「特定の相手方に対して行われる無線通信」が入る。　　　正答：**2**

問題 26 次の記述は、秘密の保護に関する電波法の規定である。___内に入れるべき字句を下の番号から選べ。

何人も法律に別段の定めがある場合を除くほか、特定の相手方に対して行われる無線通信を傍受してその存在若しくは内容を漏らし、又はこれを___してはならない。

1　記録
2　公表
3　放送
4　窃用

解説　重要であるので全文を覚えよう。___の場所が異なる問題も出題される。「特定の相手方」、「存在」、「内容」、「漏らし」、「窃用」がキーワード。この問題では、「窃用」が入る。　　　正答：**4**

問題 27 次の記述は、船舶局の機器の調整のための通信について述べたものである。電波法の規定に照らし、□□内に入れるべき字句を下の番号から選べ。

海岸局又は船舶局は、他の船舶局から無線設備の機器の調整のための通信を求められたときは、□□、これに応じなければならない。

1 支障のない限り
2 責任者の許可を得て
3 遭難通信を行っている場合を除き
4 一切の通信を中止して

解説 機器の調整のための通信を求められたときは、「支障のない限り」応じなければならない。 正答：**1**

問題 28 一般通信方法における無線通信の原則として無線局運用規則に規定されていないものはどれか。次のうちから選べ。

1 無線通信は長時間継続して行ってはならない。
2 必要のない無線通信は、これを行ってはならない。
3 無線通信に使用する用語は、できる限り簡潔でなければならない。
4 無線通信を行うときは、自局の識別符号を付して、その出所を明らかにしなければならない。

解説 選択肢 1 は無線局運用規則に規定されていない。 正答：**1**

問題 29 無線電話による自局に対する呼出しを受信した場合において、呼出局の呼出名称が不確実であるときは、どうしなければならないか。次のうちから選べ。

1　応答事項のうち相手局の呼出名称の代わりに「貴局名は何ですか」の略語を使用して、直ちに応答する。
2　呼出局の呼出名称が確実に判明するまで応答しない。
3　応答事項のうち相手局の呼出名称の代わりに「誰かこちらを呼びましたか」の略語を使用して、直ちに応答する。
4　応答事項のうち相手局の呼出名称を省略して、直ちに応答する。

解説　相手局の呼出名称がわからないので「誰かこちらを呼びましたか」の略語を使用して応答する。　　　　　　　　　　　　　　　　正答：**3**

問題 30 無線局が相手局を呼び出そうとするときは、遭難通信等を行う場合を除き、一定の周波数によって聴守し、他の通信に混信を与えないことを確かめなければならないが、この場合において聴守しなければならない周波数は、次のどれか。

1　自局の発射しようとする電波の周波数その他必要と認める周波数
2　自局に指定されているすべての周波数
3　自局の付近にある無線局において使用する電波の周波数
4　他の既に行われている通信に使用されている周波数であって、最も感度の良いもの

解説　「自局の発射しようとする電波の周波数」、「その他必要と認める周波数」を聴守する。　　　　　　　　　　　　　　　　　　　　正答：**1**

一海特

問題 31 無線局は、自局に対する呼出しであることが確実でない呼出しを受信したときは、どのようにしなければならないか、無線局運用規則の規定に照らし、正しいものを次のうちから選べ。

1 他の無線局が応答しない場合は、直ちに応答しなければならない。
2 試験電波を発射して相手局に再度の呼出を喚起しなければならない。
3 応答事項のうち相手局の呼出名称の代わりに「貴局名は何ですか。」を使用して、直ちに応答しなければならない。
4 その呼出が反復され、かつ、自局に対する呼出であることが確実に判明するまで応答してはならない。

解説 その呼出が「反復」され、「自局に対する呼出」であることが確実に判明するまで応答してはならない。　　　　　　　　　　　　　　　　正答：**4**

問題 32 無線電話通信において、無線局は、自局に対する呼出しであることが確実でない呼出しを受信したときは、どうしなければならないか。次のうちから選べ。

1 他の無線局が応答しない場合は、直ちに応答する。
2 直ちに応答し、自局に対する呼出しであることを確かめる。
3 応答事項のうち相手局の呼出名称の代わりに「貴局名は、何ですか」を使用して、直ちに応答する。
4 その呼出しが反復され、かつ、自局に対する呼出しであることが確実に判明するまで応答しない。

解説 その呼出しが「反復」され、「自局に対する呼出し」であることが確実に判明するまで応答してはならない。　　　　　　　　　　　　　　正答：**4**

問題 33 次の記述は、海上移動業務の無線局の無線電話通信における応答事項を掲げたものである。無線局運用規則の規定に照らし、□□□内に入れるべき字句を下の番号から選べ。

① 相手局の呼出名称　　3回以下
② こちらは　　　　　　1回
③ 自局の呼出名称　　　□□□

1　1回
2　2回以下
3　3回
4　3回以下

> **解説** 海上移動業務の場合、応答する場合の回数は「3以下－1－3以下」と覚えよう。　　　　　　　正答：**4**

問題 34 無線電話通信において、呼出しに使用した電波と同一の電波により通報を送信する場合に順次送信する事項のうち、その送信を省略することができるものはどれか。次のうちから選べ。

1　相手局の呼出名称　　　　　　1回
2　(1) 相手局の呼出名称　　　　1回
　　(2) こちらは　　　　　　　　1回
3　(1) 相手局の呼出名称　　　　1回
　　(2) こちらは　　　　　　　　1回
　　(3) 自局の呼出名称　　　　　1回
4　(1) こちらは　　　　　　　　1回
　　(2) 自局の呼出名称　　　　　1回

> **解説** 「相手局の呼出名称」＋「こちらは」＋「自局の呼出名称」の各「1回」を省略できる。　　　　　　　正答：**3**

問題 35 無線電話通信において、応答に際し 10 分（海上移動業務の無線局と通信する航空機局に係る場合は 5 分）以上経過しなければ通報を受信することができない事由があるとき、応答事項の次に送信することになっている事項は、次のどれか。

1 「お待ちください」及び呼出しを再開すべき時刻
2 「どうぞ」及び通報を受信することができない理由
3 「お待ちください」、分で表す概略の待つべき時間及びその理由
4 「どうぞ」及び分で表す概略の待つべき時間

解説 「お待ちください」＋「分で表す概略の待つべき時間」がキーワード。

正答：**3**

問題 36 無線電話通信において、機器の試験又は調整中、しばしばその電波の周波数により聴守を行って確かめなければならないことになっているのは、次のどれか。

1 「本日は、晴天なり」の連続及び自局の呼出名称の送信が 10 秒間を超えていないかどうか。
2 受信機が最良の感度に調整されているかどうか。
3 周波数の偏差が許容値を超えていないかどうか。
4 他の無線局から電波の停止の要求がないかどうか。

解説 機器の試験又は調整中は、「他の無線局から電波の停止の要求」がないか、しばしば聴守して確かめる。

正答：**4**

問題 37 次の記述は、無線電話通信における通報の送信について述べたものである。無線局運用規則の規定に照らし、□□□内に入れるべき字句を下の番号から選べ。

通報の送信は、次に掲げる事項を順次送信して行うものとする。

① 相手局の呼出名称　　　□□□
② こちらは　　　　　　　1回
③ 自局の呼出符号　　　　1回
④ 通報
⑤ どうぞ　　　　　　　　1回

1　1回　　　　2　2回　　　　3　4回　　　　4　3回

🔖解説 通報を送信するときは、すべて「1回」である。　　　正答：**1**

問題 38 無線局は、無線機器の試験又は調整のため電波の発射を必要とするときは、電波を発射する前にどうしなければならないか。次のうちから選べ。

1　発射しようとする電波の空中線電力が最も適当な値となるように送信機の出力を調整しなければならない。
2　自局の発射しようとする電波の周波数及びその他必要と認める周波数によって聴守し、他の無線局の通信に混信を与えないことを確かめなければならない。
3　発射しようとする電波の周波数をあらかじめ測定しなければならない。
4　自局の発射しようとする電波の周波数に隣接する周波数において他の無線局が重要な通信を行っていないことを確かめなければならない。

🔖解説 「自局の発射しようとする電波の周波数」、「その他必要と認める周波数」を聴守する。　　　正答：**2**

問題 39 無線電話通信において、「終わり」の略語を使用する場合は、次のうちどれか。

1 通信が終了したとき。
2 通報の送信を終わったとき。
3 周波数の変更を完了したとき。
4 通報がないことを通知しようとするとき。

🔍解説 「通報の送信を終わったとき」＝終わり。通信が終了したときではないことに注意しよう。　　　　　　　　　　　　　　　　　　　　　　　　　正答：**2**

問題 40 156.8MHz の周波数の電波を使用することができるのはどの場合か。次のうちから選べ。

1 操船援助のための通信を行う場合
2 呼出し又は応答を行う場合
3 電波の規正に関する通信を行う場合
4 漁業通信を行う場合

🔍解説 156.8 MHz は、国際的に定められた遭難通信や緊急通信等のための周波数で、「呼出し」又は「応答」に使用される。　　　　　　　　　　　　　　正答：**2**

問題 41 156.8MHz の周波数の電波を使用することができるのはどの場合か。次のうちから選べ。

1 電波の規正に関する通信を行う場合
2 遭難通信を行う場合
3 出入港に関する通報の送信を行う場合
4 漁業通信を行う場合

🔍解説 156.8MHz は、国際的に定められた「遭難通信や緊急通信」等のための周波数。　　　　　　　　　　　　　　　　　　　　　　　　　　　　　正答：**2**

問題42 156.8MHz の周波数の電波を使用することができないのはどの場合か。次のうちから選べ。

1 遭難通信を行う場合
2 安全通信（安全呼出しを除く。）を行う場合
3 緊急通信（医事通報に係るものにあっては、緊急呼出しに限る。）を行う場合
4 呼出し又は応答を行う場合

解説 156.8MHzは、安全通信には使用することが「できない」。　　正答：**2**

問題43 遭難通信を行う場合を除き、その周波数の電波の使用は、できる限り短時間とし、かつ、1分以上にわたってはならないものはどれか。次のうちから選べ。

1 156.8MHz
2 2,187.5kHz
3 27,524kHz
4 156.525MHz

解説 遭難通信や緊急通信等のための周波数は、できる限り短時間で、1分以上にわたってはならず「156.8MHz」が国際的に定められている。　　正答：**1**

問題44 船舶局が無線電話通信において遭難通報を送信する場合の送信事項に該当しないものはどれか。次のうちから選べ。

1 遭難した船舶の乗客及び乗組員の氏名
2 「メーデー」又は「遭難」
3 遭難した船舶の名称又は識別
4 遭難した船舶の位置、遭難の種類及び状況並びに必要とする救助の種類その他救助のため必要な事項

解説 「船舶の乗客及び乗組員の氏名」は規定が「ない」。　　正答：**1**

問題45 遭難呼出し及び遭難通報の送信は、どのように反復しなければならないか。無線局運用規則の規定に照らし、次のうちから選べ。

1 他の通信に混信を与えるおそれがある場合を除き、反復しなければならない。
2 少なくとも3分間反復しなければならない。
3 少なくとも5回反復しなければならない。
4 応答があるまで、必要な間隔をおいて反復しなければならない。

解説 応答があるまで「必要な間隔をおいて反復」する。　　　正答：**4**

問題46 遭難通報を受信した船舶局は、直ちに誰にその通報を通知しなければならないか。次のうちから選べ。

1 通信長　 2 機関長　 3 その船舶の責任者　 4 一等航海士

解説 「その船舶の責任者」に通知する。　　　正答：**3**

問題47 船舶が遭難した場合に、船舶局がデジタル選択呼出装置を使用して超短波帯（156MHzを超え157.45MHz以下の周波数帯をいう。）の電波で送信する遭難警報は、どの周波数を使用して行うか。次のうちから選べ。

1 156.525MHz　 2 156.8MHz　 3 156.3MHz　 4 156.65MHz

解説 デジタル選択呼出＝156.525MHz。　　　正答：**1**

問題48 船舶局は、デジタル選択呼出装置を使用して156.525MHzの周波数の電波により誤った遭難警報を送信した場合に、無線電話によりこれを取り消す旨の通報を送信するときに使用する電波の周波数はどれか。次のうちから選べ。

1 156.3MHz　 2 156.8MHz　 3 156.4MHz　 4 156.65MHz

解説 誤った遭難警報を送信した場合、「156.8MHz」の周波数の無線電話で取り消しの通報を送信する。　　　正答：**2**

問題 49 船舶局は、デジタル選択呼出装置を使用して送信された遭難警報を受信したときは、どうしなければならないか。次のうちから選べ。

1 遅滞なく、これを海上保安庁に通報する。
2 遅滞なく、これを適当な海岸局に通報する。
3 直ちにこれをその船舶の責任者に通知する。
4 直ちにこれをその船舶局の免許人に通知する。

解説 直ちに船舶の「責任者」に通知する。 正答：**3**

問題 50 デジタル選択呼出装置（遭難通信、緊急通信及び安全通信を行う場合を除く。）において、自局に対する呼出しを受信した船舶局は何分以内に応答することになっているか。次のうちから選べ。

1 5分 2 8分 3 10分 4 15分

解説 応答することになっている時間は「5分」以内である。 正答：**1**

問題 51 次の記述は、デジタル選択呼出通信（遭難通信、緊急通信及び安全通信を行う場合のものを除く。）における呼出しに対する応答について述べたものである。無線局運用規則の規定に照らし、□□□内に入れるべき字句を下の番号から選べ。

船舶局は、自局に対する呼出しを受信したときは、□□□以内に応答するものとする。

1 15分 2 10分 3 5分 4 3分

解説 船舶局における自局に対する呼出しの応答は「5分」以内である。 正答：**3**

一海特

問題 52 船舶局におけるデジタル選択呼出通信の呼出し（遭難通信、緊急通信及び安全通信を行う場合のものを除く。）は、何分間以上の間隔をおいて2回送信することができるか。次のうちから選べ。

| 1 5分間 | 2 1分間 | 3 15分間 | 4 10分間 |

解説 デジタル選択呼出通信は「5分間」以上の間隔を置いて「2回」送信することができる。

正答：**1**

問題 53 船舶局がデジタル選択呼出通信（遭難通信、緊急通信及び安全通信を行う場合のものを除く。）で呼出しを反復しようとするときは、何分間以上の間隔をおいて何回送信することができるか。次のうちから選べ。

| 1 2分間以上の間隔を置いて2回 | 2 5分間以上の間隔を置いて2回 |
| 3 7分間以上の間隔を置いて3回 | 4 10分間以上の間隔を置いて3回 |

解説 デジタル選択呼出通信は「5分間」以上の間隔を置いて「2回」送信することができる。

正答：**2**

問題 54 船舶局が安全信号を受信したときは、どうしなければならないか、電波法の規定に照らし、正しいものを次のうちから選べ。

1 できる限りその安全通信が終了するまで受信する。
2 自局に関係のないものであってもその安全通信が終了するまで受信する。
3 自局に関係のないことを確認するまでその安全通信を受信する。
4 一切の通信を中止してその安全通信を終了するまで受信する。

解説 「自局に関係のない」ことを確認するまで「安全通信を受信」する。 正答：**3**

問題 55 入港中の船舶の船舶局の運用ができないのはどの場合か。無線局運用規則の規定に照らし、次のうちから選べ。

1 　総務大臣が行う無線局の検査に際してその運用を必要とする場合
2 　中短波帯（1,606.5kHz から 4,000kHz までの周波数帯をいう。）の周波数の電波を使用して通報を他の船舶局に送信する場合
3 　無線通信によらなければ他に陸上との連絡手段がない場合であって、急を要する通報を海岸局に送信する場合
4 　26.175MHz を超え 470MHz 以下の周波数の電波により通信を行う場合

解説 入港中の船舶局の運用は選択肢 1、3、4 しか認められていない。　正答：**2**

▶業務書類

問題 56 無線従事者は、その業務に従事しているときは、免許証をどのようにしていなければならないか。次のうちから選べ。

1 　無線局に備え付ける。
2 　携帯する。
3 　航海船橋に備え付ける。
4 　主たる送信装置のある場所の見やすい箇所に掲げる。

解説 業務に従事中は免許証を「携帯」する。免許状ではないので注意。　正答：**2**

問題 57 船舶局の免許状は、掲示を困難とする場合を除き、次のどの箇所に掲げておかなければならないか。

1 　船内の適当な箇所
2 　船長室の見やすい箇所
3 　主たる送信装置のある場所の見やすい箇所
4 　通信室内の見やすい箇所

解説 「船舶局」の免許状は「主たる送信装置のある場所」の見やすい箇所に掲げる。　正答：**3**

問題 58 次の記述は、業務書類等の備付けについて述べたものである。電波法の規定に照らし、____内に入れるべき字句を下の番号から選べ。

　無線局には、正確な時計及び____その他総務省令で定める書類を備え付けておかなければならない。ただし、総務省令で定める無線局については、これらの全部又は一部の備付けを省略することができる。

1　無線設備等の点検実施報告書の写し　　2　無線業務日誌
3　無線局の免許の申請書の写し　　　　　4　無線従事者免許証

解説　「正確な時計」及び「無線業務日誌」は、備付け書類である。　　　**正答：2**

問題 59 次の記述は、業務書類等の備付けについて述べたものである。電波法の規定に照らし、____内に入れるべき字句を下の番号から選べ。

　無線局には、____及び無線業務日誌その他総務省令で定める書類を備え付けておかなければならない。ただし、総務省令で定める無線局については、これらの全部又は一部の備付けを省略することができる。

1　無線設備等の点検実施報告書の写し　　2　無線局の免許の申請書の写し
3　無線従事者免許証　　　　　　　　　　4　正確な時計

解説　「正確な時計」及び「無線業務日誌」は、備付け書類である。　　　**正答：4**

問題 60 無線局に備え付けておかなければならない時計は、その時刻をどのように照合しておかなければならないか、正しいものを次のうちから選べ。

1　毎週１回以上中央標準時に照合する。
2　毎月１回以上協定世界時に照合する。
3　毎日１回以上中央標準時又は協定世界時に照合する。
4　運用開始前に中央標準時又は協定世界時に照合する。

解説　「毎日１回以上」中央標準時（JCST）又は協定世界時（UTC）に照合する。
　　　　　　　　　　　　　　　　　　　　　　　　　　　　　　　　　　正答：3

問題 61 無線局に備え付けておかなければならない時計は、その時刻を中央標準時又は協定世界時にどのように照合しておかなければならないか、次のうちから選べ。

1　運用開始前
2　毎日1回以上
3　毎週1回以上
4　毎月1回以上

解説　「毎日1回以上」中央標準時（JCST）又は協定世界時（UTC）に照合する。

正答：**2**

問題 62 海岸局において、空電、混信、受信感度の減退等の通信状態については、電波法施行規則では、次のどれに記載しなければならないことになっているか。

1　無線設備の保守管理簿
2　無線局事項書の写し
3　無線業務日誌
4　無線局検査結果通知書

解説　空電、混信、受信感度の減退等の通信状態については「無線業務日誌」に記載する。

正答：**3**

▶監　督

問題 63 無線局が臨時に電波の発射の停止を命じられることがある場合は、次のどれか。

1　免許状に記載された空中線電力の範囲を超えて運用したとき。
2　総務大臣が当該無線局の発射する電波の質が総務省令で定めるものに適合していないと認めるとき。
3　発射する電波が他の無線局の通信に混信を与えたとき。
4　暗語を使用して通信を行ったとき。

解説　「臨時に電波の発射の停止」は、「電波の質が適合していない」場合。

正答：**2**

一海特

問題 64 総務大臣が無線局の発射する電波の質が総務省令で定めるものに適合していないと認めるとき、その無線局についてとられることがある措置は、次のどれか。

1 免許を取り消される。
2 空中線の撤去を命じられる。
3 臨時に電波の発射の停止を命じられる。
4 周波数又は空中線電力の指定を変更される。

解説 電波の質が総務省令に「適合していない」と認められたとき、「臨時に電波の発射の停止」を命じられる。 　正答：**3**

問題 65 総務大臣が無線局に対して臨時に電波の発射の停止を命じることができるときはどれか。次のうちから選べ。

1 免許状に記載された空中線電力の範囲を超えて運用していると認めるとき。
2 無線局の発射する電波の質が総務省令で定めるものに適合していないと認められるとき。
3 発射する電波が他の無線局の通信に混信を与えていると認めるとき。
4 無線局が暗語を使用して通信を行ったと認めるとき。

解説 「臨時に電波の発射の停止」は、「電波の質が適合していない」場合。 　正答：**2**

問題 66 無線局の免許人は、電波法又は電波法に基づく命令の規定に違反して運用した無線局を免許人が認めたときは、電波法の規定によりどのようにしなければならないか、正しいものを次のうちから選べ。

1 その無線局の免許人を告発する。
2 その無線局の電波の発射を停止させる。
3 その無線局の免許人にその旨を通知する。
4 総務省令で定める手続により総務大臣又は総合通信局長（沖縄総合通信事務所長を含む。）に報告する。

解説 違反して運用した無線局を認めたら「総務大臣（総合通信局長）に報告」する。 　正答：**4**

問題 67 船舶局の免許人は、その船舶局が遭難通信を行ったときは、どうしなければならないか。次のうちから選べ。

1 総務省令で定める手続により、総務大臣に報告する。
2 その通信の記録を作成し、1年間これを保存する。
3 速やかに海上保安庁の海岸局に通知する。
4 船舶の所有者に通報する。

🔖 解説 遭難通信を行ったら「総務大臣に報告」する。 　　　　　　　正答：1

問題 68 船舶局が緊急通信を行ったとき、電波法の規定により免許人がとらなければならない措置は、次のどれか。

1 総務省令で定める手続により総務大臣に報告する。
2 速やかに所属海岸局長に通知する。
3 無線局検査結果通知書に記載する。
4 適宜の方法により総合通信局長（沖縄総合通信事務所長を含む。）に届け出る。

🔖 解説 緊急通信を行ったら「総務大臣に報告」する。 　　　　　　　正答：1

問題 69 総務大臣から無線従事者がその免許を取り消されることがあるのはどの場合か。次のうちから選べ。

1 電波法に違反したとき。
2 日本の国籍を有しない者となったとき。
3 引き続き6箇月以上無線設備の操作を行わなかったとき。
4 免許証を失ったとき。

🔖 解説 「電波法に違反」すると、「無線従事者」の免許を取り消されることがある。「無線局」の免許ではないことに注意しよう。 　　　　　　　正答：1

問題70 無線局の免許人が電波法若しくは電波法に基づく命令又はこれらに基づく処分に違反したときに、総務大臣が当該無線局に対して行うことがある処分はどれか。次のうちから選べ。

1 期間を定めて使用する電波の型式を制限する。
2 再免許を拒否する。
3 期間を定めて通信の相手方又は通信事項を制限する。
4 期間を定めて空中線電力を制限する。

解説 制限される事項には「空中線電力」の他に「運用許容時間」と「周波数」がある。 正答：**4**

問題71 無線局の免許人が電波法又は電波法に基づく命令に違反したときに総務大臣が行うことができる処分はどれか。次のうちから選べ。

1 再免許の拒否
2 6月以内の期間を定めて行う電波の型式の制限
3 3月以内の期間を定めて行う通信の相手方又は通信事項の制限
4 3月以内の期間を定めて行う無線局の運用の停止

解説 「電波法令に違反」したら「3月以内の期間の無線局の運用の停止」。問題文の「3月」とは3箇月のこと。 正答：**4**

問題72 無線局の免許人が電波法又は電波法に基づく命令に違反したときに総務大臣が行うことができる処分はどれか。次のうちから選べ。

1 電波の型式の制限
2 再免許の拒否
3 通信の相手方又は通信事項の制限
4 無線局の運用の停止

解説 「電波法令」に違反したら「無線局の運用の停止」を命じられる。 正答：**4**

▶国際法規

問題73 国際電気通信連合憲章、国際電気通信連合条約又は無線通信規則に違反する無線局を認めた無線局は、どのような手続をとらなければならないか、正しいものを次のうちから選べ。

1 違反を認めた無線局の属する国の主管庁に報告する。
2 違反した無線局の属する国の主管庁に報告する。
3 違反した無線局に通報する。
4 国際電気通信連合に報告する。

解説 「違反を認めた無線局の属する国の主管庁」とは、たとえば日本で免許を受けた無線局は日本の総務省である。　　　　　　　　　　　　　　**正答：1**

問題74 次の記述は、遭難の呼出し及び通報について述べたものである。国際電気通信連合憲章の規定に照らし、□□□内に入れるべき字句を下の番号から選べ。

　無線通信の局は、遭難の呼出し及び通報を、□□□、絶対的優先順位において受信し、同様にこの通報に応答し、及び直ちに必要な措置をとる義務を負う。

1 自国の領海で発せられた場合には
2 公海で発せられた場合には
3 自国の領海及び公海で発せられた場合には
4 いずれから発せられたかを問わず

解説 遭難の呼出し及び通報は「いずれから発せられたかを問わず」絶対的優先順位を有する。　　　　　　　　　　　　　　　　　　　　　　**正答：4**

一海特

問題 75 船舶局における遭難警報又は遭難呼出しの送信は、誰の命令によって行うか、無線通信規則の規定に照らし、正しいものを次のうちから選べ。

1 船舶局を有する船舶の責任者の命令によってのみ行う。
2 できる限り、船舶局の責任者の命令によって行う。
3 船舶局の責任者の命令によって行う。
4 できる限り、船舶局を有する船舶の責任者の命令によって行う。

解説 「船舶局を有する船舶の責任者の命令によってのみ」行う。　　　正答：**1**

問題 76 無線通信規則に規定している無線電話の遭難信号はどれか。次のうちから選べ。

1 MAYDAY
2 DISTRESS
3 PAN PAN
4 SECURITE

解説 遭難呼出しの「MAYDAY（メーデー）」は、呼出しの前に「3回」送信する。　　　正答：**1**

問題 77 156.8MHz の周波数で遭難呼出しを行う際に、遭難信号MAYDAY は何回送信しなければならないか。無線通信規則の規定に照らし、次のうちから選べ。

1 1回
2 2回
3 3回
4 4回

解説 遭難呼出しの「MAYDAY」は、呼出しの前に「3回」送信する。　　正答：**3**

直前仕上げ・合格キーワード ～一海特 法規～

- ・無線局：無線設備及び無線設備の操作を行う者の総体

- ・A3E：A は振幅変調で両側波帯、3 はアナログ信号の単一チャネル、E は電話

- ・J3E：J は振幅変調で抑圧搬送波、3 はアナログ信号の単一チャネル、E は電話

- ・レーダーの条件：重要なもの機能に障害を与えないこと。± 10 パーセント以内の電源電圧の変動でも動作すること

- ・50 ワット以下の無線電話で 25,010 kHz 以上の周波数を使用するもの：船舶局の当該無線設備の通信操作

- ・無線従事者、主任無線従事者を選任・解任したとき：遅滞なく届ける

- ・無線局を運用する場合：免許状に記載された事項に限る

- ・相手局を呼び出すとき：自局の発射しようとする周波数、その他必要な周波数を聴守する

- ・同一電波通報送信で省略できる事項：相手局の呼出名称、こちらは、自局の呼出名称各 1 回

- ・機器の調整のための通信を求められたとき：支障のない限り応じる

- ・遭難・緊急通信に使用できる周波数：156.8 MHz

- ・遭難呼出し及び遭難通報の送信：応答があるまで、必要な間隔をおいて反復する

- ・安全通信を受信したときの措置：自局に関係のないことを確認するまで受信する

- ・無線局に備え付ける書類：正確な時計、無線業務日誌（保存期間は 2 年間）

- ・船舶局の免許状：主たる送信装置のある場所に掲げておく

- ・通信状態：無線業務日誌に記載する

- ・時計の照合：毎日 1 回以上、中央標準時又は協定世界時に照合する

- ・臨時に電波の発止の停止：電波の質が総務省令に適合してないと認められるとき

- ・電波法に違反した無線局を認めたとき、遭難通信・緊急通信を行ったとき：総務大臣に報告

- ・臨時検査：電波の質が総務省令に適合していないとき

- ・遭難警報又は遭難呼出しの送信：船舶の責任者の命令によってのみ行う

- ・無線通信規則に違反する無線局を認めたとき：違反を認めた無線局の属する国の主管庁に報告

- ・遭難呼出し及び通報：いずれから発せられたかを問わず、絶対的優先順位において受信する

▶電気回路

問題 1　次の記述において□□内に入れるべき字句の正しい組合せを下の番号から選べ。なお、同じ記号の□□内には同じ字句が入るものとする。

　磁界の中に置かれた導体に電流を流すと、 A が生ずる。このときの、磁界の方向、電流の方向及び A の方向の関係を表す方法に B の法則がある。

	A	B
1	電力	ビオ・サバール
2	電磁力	フレミングの左手
3	起電力	アンペアの右ネジ
4	電磁力	フレミングの右手

解説　「フレミングの左手の法則」は、電流と「電磁力」の関係を示し、モーターなどの動作原理である。　　　　　　　　　　　　　　　　正答：**2**

問題 2　次の記述は、交流電流について述べたものである。誤っているのはどれか。

1　導線の抵抗が大きくなるほど、交流電流は流れにくくなる。
2　コイルのインダクタンスが大きくなるほど、交流電流は流れにくくなる。
3　コンデンサの静電容量が大きくなるほど、交流電流は流れにくくなる。
4　導線の断面積が小さくなるほど、交流電流は流れにくくなる。

解説　「静電容量が大きい」とリアクタンス（抵抗分）が小さくなり、「電流はよく流れる」。　　　　　　　　　　　　　　　　　　　正答：**3**

問題 3 次の記述は、交流電流について述べたものである。誤っているのはどれか。

1 導線の抵抗が小さくなるほど、交流電流は流れやすくなる。
2 コイルのインダクタンスが大きくなるほど交流電流は流れやすくなる。
3 コンデンサの静電容量が大きくなるほど交流電流は流れやすくなる。
4 導線の断面積が大きくなるほど、交流電流は流れやすくなる。

解説 「インダクタンスが大きい」とリアクタンス（抵抗分）が大きくなり、「電流は流れにくくなる」。　　　　　　　　　　　　　　　　　　　　　正答：**2**

一海特

問題 4 次の記述の　　内に入れるべき字句の組合せで、正しいのはどれか。

コンデンサの静電容量の大きさは、絶縁物の種類によって異なるが、両金属板の向かいあっている面積が　A　ほど、また、間隔が　B　ほど大きくなる。

	A	B
1	大きい	広い
2	大きい	狭い
3	小さい	広い
4	小さい	狭い

解説 コンデンサの静電容量は2つの金属の表面積の大きさに「比例」し、距離に「反比例」する。したがって、向いあっている面積が「大きい」ほど、間隔が「狭い」ほど、静電容量が大きくなる。　　　　　　　　　　　　　　　　　正答：**2**

問題 5 図に示す電気回路において、電源電圧 E の大きさを4倍にすると、抵抗 R で消費される電力は、何倍になるか。次のうちから選べ。

1　2倍

2　4倍

3　8倍

4　16倍

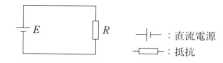

—｜├— ：直流電源

—◻— ：抵抗

解説 流れる電流を I〔A〕、電圧を E〔V〕、抵抗を R〔Ω〕とすると、電力 P〔W〕は、次式で表される。

$$P = E \times I = E \times \frac{E}{R} = \frac{E^2}{R}$$

E の値を4倍にすると、$P = \dfrac{(4E)^2}{R} = 4^2 \times \dfrac{E^2}{R}$

すなわち、$4^2 = 16$ となり、「16倍」となる。

正答：**4**

問題 6 図に示す電気回路において、電源電圧 E の大きさを4分の1倍（1/4倍）にすると、抵抗 R で消費される電力は、何倍になるか。次のうちから選べ。

1　1/2倍

2　1/4倍

3　1/8倍

4　1/16倍

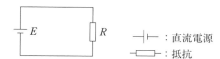

—｜├— ：直流電源

—◻— ：抵抗

解説 流れる電流を I〔A〕、電圧を E〔V〕、抵抗を R〔Ω〕とすると、電力 P〔W〕は、次式で表される。

$$P = E \times I = E \times \frac{E}{R} = \frac{E^2}{R}$$

E の値を1/4倍にすると、$P = \dfrac{(E/4)^2}{R} = \left(\dfrac{1}{4}\right)^2 \times \dfrac{E^2}{R}$

すなわち、$\left(\dfrac{1}{4}\right)^2 = \dfrac{1}{16}$ となり、「1/16倍」となる。

正答：**4**

問題7 図に示す電気回路において、抵抗Rの値の大きさを2分の1倍（1/2倍）にすると、この抵抗で消費される電力は、何倍になるか。次のうちから選べ。

1 1/4倍
2 1/2倍
3 2倍
4 4倍

⊢⊢：直流電源
⊏⊐：抵抗

解説 流れる電流をI〔A〕、電圧をE〔V〕、抵抗をR〔Ω〕とすると、電力P〔W〕は、次式で表される。

$$P = E \times I = E \times \frac{E}{R} = \frac{E^2}{R}$$

Rの値を1/2倍にすると、

$$P = \frac{E^2}{\dfrac{R}{2}} = E^2 \times \frac{2}{R} = 2 \times \frac{E^2}{R}$$

となるので、「2倍」となる。

正答：**3**

▶電子回路

問題8 次の記述の ☐ 内に当てはまる字句の組合せで、正しいのはどれか。

半導体は周囲の温度の上昇によって、内部の抵抗は ☐A☐ し、流れる電流は ☐B☐ する。

	A	B
1	減少	減少
2	減少	増加
3	増加	減少
4	増加	増加

解説 半導体の周囲温度が上がると抵抗は「減少」して、電流は抵抗に反比例して「増加」する。

正答：**2**

問題 9 図に示す電界効果トランジスタ (FET) の図記号において、電極 a の名称はどれか。

1 ドレイン
2 ゲート
3 ソース
4 ベース

解説 右下から右回りに見て「ソゲド」と覚える。ソは「ソース」、ゲは「ゲート」、ドは「ドレイン」。a は「ドレイン」。　　　　　　　　正答：**1**

問題 10 図に示す電界効果トランジスタ (FET) の図記号において、電極 a の名称はどれか。

1 ゲート
2 ソース
3 ドレイン
4 ベース

解説 右下から右回りに見て「ソゲド」と覚える。ソは「ソース」、ゲは「ゲート」、ドは「ドレイン」。a は「ソース」。　　　　　　　　正答：**2**

問題 11 図に示す電界効果トランジスタ (FET) の図記号において、電極 a の名称はどれか。

1 ゲート
2 ソース
3 ドレイン
4 ベース

解説 右下から右回りに見て「ソゲド」と覚える。ソは「ソース」、ゲは「ゲート」、ドは「ドレイン」。a は「ゲート」。　　　　　　　　正答：**1**

問題 12　図に示す電界効果トランジスタ (FET) の図記号において、次に挙げた電極名の組合せのうち、正しいのはどれか。

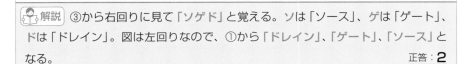

	①	②	③
1	ドレイン	ソース	ゲート
2	ドレイン	ゲート	ソース
3	ゲート	ソース	ドレイン
4	ソース	ドレイン	ゲート

解説　③から右回りに見て「ソゲド」と覚える。ソは「ソース」、ゲは「ゲート」、ドは「ドレイン」。図は左回りなので、①から「ドレイン」、「ゲート」、「ソース」となる。

正答：**2**

問題 13　電界効果トランジスタ (FET) の電極と、一般の接合形トランジスタの電極との組合せで、その働きが対応しているのは、次のうちどれか。

1	ドレイン	ベース
2	ソース	ベース
3	ドレイン	エミッタ
4	ソース	エミッタ

解説　電界効果トランジスタの電極は「ソゲド」、トランジスタの電極は「エベコ」と覚える。電界効果トランジスタのソースがトランジスタのエミッタに対応している。

正答：**4**

一海特

問題 14 図は、振幅が一定の搬送波を信号波で振幅変調したときの変調波の波形である。変調度が 60〔%〕のときの A の振幅は、ほぼ幾らか。

1 17〔V〕
2 20〔V〕
3 26〔V〕
4 40〔V〕

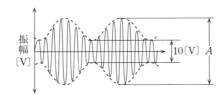

解説 変調度 M を 60〔%〕、波形の最小値を 10〔V〕とすると波形の最大値 A〔V〕は、

$$60 = \frac{A-10}{A+10} \times 100 \qquad 0.6 = \frac{A-10}{A+10}$$

$$0.6(A+10) = A-10 \qquad 0.6A+6 = A-10$$

$$0.4A = 16$$

$$A = 40〔V〕$$

となる。

正答：**4**

問題 15 図は、振幅が一定の搬送波を単一正弦波で変調したときの変調波の波形である。変調度が 60〔%〕のときの A は、ほぼ幾らか。

1 8〔V〕
2 14〔V〕
3 20〔V〕
4 48〔V〕

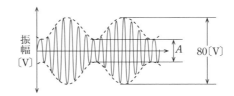

解説 変調度 M を 60〔%〕、波形の最大値を 80〔V〕とすると波形の最小値 A〔V〕は、

$$60 = \frac{80-A}{80+A} \times 100 \qquad 0.6 = \frac{80-A}{80+A}$$

$$0.6(80+A) = 80-A \qquad 48+0.6A = 80-A \qquad 1.6A = 32$$

$$A = 20〔V〕$$

となる。

正答：**3**

問題 16 振幅が 140〔V〕の搬送波を単一正弦波で変調度 70〔%〕の振幅変調を行うと、変調波の振幅の最大値 A は幾らになるか。

1　98〔V〕

2　196〔V〕

3　238〔V〕

4　280〔V〕

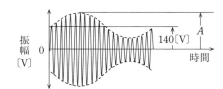

解説 信号波の最大値を $A-140$〔V〕、搬送波の最大値を 140〔V〕、変調度 M を 70〔%〕とすると、振幅の最大値 A〔V〕は、

$$70=\frac{A-140}{140}\times100 \qquad 0.7=\frac{A-140}{140}$$

$$0.7\times140=A-140 \qquad 98=A-140$$

$$A=238〔V〕$$

となる。

正答：**3**

一海特

問題 17 図は、振幅が一定の搬送波を単一正弦波で振幅変調したときの変調波の波形である。変調度は幾らか。

1　20.0〔%〕

2　33.3〔%〕

3　50.0〔%〕

4　66.7〔%〕

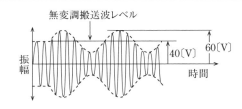

解説 信号波の最大値は、60〔V〕－40〔V〕＝20〔V〕となる。図から搬送波の最大値は 40〔V〕なので、変調度 M は、

$$M=\frac{20}{40}\times100=50〔%〕$$

となる。

正答：**3**

▶無線通信装置

問題 18 AM（A3E）通信方式と比較したときのFM（F3E）通信方式の一般的な特徴として、誤っているのはどれか。

1　受信機の信号対雑音比が極めて良い。
2　占有周波数帯幅が狭いので多くの無線局に周波数の割り当てができる。
3　受信電界が多少変動しても受信出力は変わらない。
4　同一周波数の妨害波があっても希望波が妨害波より若干強ければ受信できる。

解説　FMでは音声信号の大きさにより周波数の幅を変化させるので、占有周波数帯幅が「広い」。　　　　　正答：**2**

問題 19 AM（A3E）通信方式と比較したときのFM（F3E）通信方式の一般的な特徴で、誤っているのはどれか。

1　受信電界が多少変動しても受信出力は変わらない。
2　受信電界がある値以下になると、信号対雑音比が急激に悪くなる。
3　占有周波数帯幅が狭い。
4　受信機の信号対雑音比が良い。

解説　FMでは音声信号の大きさにより周波数の幅を変化させるので、占有周波数帯幅が「広い」。　　　　　正答：**3**

問題 20 AM通信方式と比べたときのFM通信方式の特徴で、正しいのは次のうちどれか。

1　選択性フェージングを受けにくい。　　2　占有周波数帯幅が広い。
3　搬送波を抑圧している。　　　　　　　4　雑音の影響を受けやすい。

解説　FMでは音声信号の大きさにより周波数の幅を変化させるので、占有周波数帯幅が「広い」。　　　　　正答：**2**

問題 21 次の記述の□□内に入れるべき字句の組合せで、正しいのはどれか。

　SSB方式では、DSB方式に比べて占有周波数帯幅が □A□ ので選択性フェージングの影響が □B□ 。

	A	B
1	広い	小さい
2	狭い	小さい
3	広い	大きい
4	狭い	大きい

解説 SSB電波の占有周波数帯幅は、DSB電波の約1/2でDSBより「狭い」。選択性フェージングの影響が「小さい」。　　　正答：2

問題 22 DSB（A3E）通信方式と比べたときのSSB（J3E）通信方式の特徴についての説明で、誤っているのはどれか。

1　受信帯幅が約2分の1（1/2）になるので、雑音が増大する。
2　送信出力は、信号入力が加わったときしか送出されない。
3　選択性フェージングの影響を受けることが少ない。
4　占有周波数帯幅が狭い。

解説 受信帯幅が約2分の1になるので、雑音は「減少」する。　　　正答：1

問題 23 FM（F3E）通信方式の一般的な特徴で、誤っているのは次のうちどれか。

1　SSB（J3E）通信方式と比較して、占有周波数帯幅が広い。
2　搬送波を抑圧している。
3　同一周波数の妨害があっても、希望波が妨害波より強ければ受信できる。
4　受信電界がある値以下になると、信号対雑音比が急激に悪くなる。

解説 FMには「搬送波があり」、周波数を変化させて信号を伝える。　　　正答：2

問題 24 間接FM方式のFM (F3E) 送信機において、周波数偏移を大きくする方法として、適切なのは次のうちどれか。

1 変調器と次段との結合を疎にする。
2 緩衝増幅器の増幅度を小さくする。
3 水晶発振器の発振周波数を高くする。
4 周波数逓倍器の逓倍数を大きくする。

解説 逓倍とは元の周波数を整数倍すること。周波数偏移を大きくするには「逓倍数を大きく」すればよい。 　　　　　　　　　　　　　　　　　　　　　正答：**4**

問題 25 間接FM方式のFM (F3E) 送信機において、変調波を得るには、下図の ▢ 内に何を設ければよいか。

1 振幅変調器
2 位相変調器
3 周波数変調器
4 平衡変調器

水晶発振器 → ▢ → 周波数逓倍器 → 変調出力
音声信号入力 → IDC回路 ↑

解説 間接FM送信機には「位相変調器」が使用される。 　　　　　　　　正答：**2**

問題 26 図は、直接FM (F3E) 送信装置の構成例を示したものである。 ▢ 内に入れるべき名称の組合せで、正しいのは次のうちどれか。

	A	B
1	周波数変調器	低周波増幅器
2	周波数変調器	電力増幅器
3	平衡変調器	電力増幅器
4	平衡変調器	低周波増幅器

IDC回路 → A → 周波数混合器 → B → アンテナ
音声信号入力
周波数シンセサイザ

解説 周波数変調波は「周波数変調器」で得られ、「電力増幅器」で必要な電力まで増幅する。 　　　　　　　　　　　　　　　　　　　　　　正答：**2**

問題27 図は、周波数シンセサイザの構成例を示したものである。☐☐内に入れるべき名称の組合せで、正しいのは次のうちどれか。

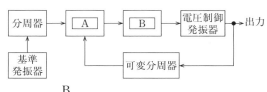

	A	B
1	位相比較器	高域フィルタ（HPF）
2	位相比較器	低域フィルタ（LPF）
3	IDC	低域フィルタ（LPF）
4	IDC	高域フィルタ（HPF）

🔖解説 「位相比較器」は分周器の出力と可変分周器の出力周波数を比較し、「低域フィルタ」は電圧制御発振器用の電圧を取り出す。　　　　正答：**2**

問題28 次の記述は、受信機の性能のうち何について述べたものか。

　送信された信号を受信し、受信機出力側で元の信号がどれだけ忠実に再現できるかという能力を表す。

1　選択度
2　忠実度
3　安定度
4　感度

🔖解説 どれだけ忠実に＝「忠実度」である。　　　　正答：**2**

問題 29 SSB (J3E) 送受信装置において、送話中電波が発射されているかどうかを、送話時の発声音の強弱にしたがって判別する方法で、最も適切なものはどれか。

1 送受信装置のメータ切替つまみを「出力」にし、指針が振れるかを確認する。
2 送受信装置の電源表示灯が明滅するかを確認する。
3 送受信装置のメータ切替つまみを「電源」にし、指針が振れるかを確認する。
4 送受信装置の受話音が変化するかを確認する。

解説 SSB では送話したときだけ「出力」があるので、出力メータの「指針の振れ」を見ればよい。 正答：**1**

問題 30 スーパヘテロダイン受信機において、A3E 用と J3E 用を比較したとき、J3E 用にのみ必要とするものは、次のうちどれか。

1 検波器
2 AGC
3 局部発振器
4 クラリファイヤ

解説 「クラリファイヤ」は、受信周波数の微調整に用いる。 正答：**4**

問題 31 SSB (J3E) 受信機において、SSB 変調波から音声信号を得るためには、図の空欄の部分に何を設ければよいか。

1 中間周波増幅器
2 クラリファイヤ
3 帯域フィルタ（BPF）
4 検波器

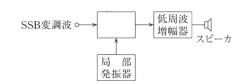

解説 SSB 変調波から信号を取り出すために「検波器」と局部発振器が必要になる。

正答：**4**

問題 32 FM送受信機において、PRESS TO TALK ボタンを押したのに電波が発射されなかった。この場合、点検しなくてよいのはどれか。

1 ANT コネクタ
2 VOLUME つまみ
3 POWER スイッチ
4 MIC コード

解説 PRESS TO TALK ボタンは「送信時」に使用する。「VOLUME つまみ」は「受信時」に使用するので、送信に関係しない。音量調節つまみのこと。　正答：**2**

問題 33 FM (F3E) 送受信機において、プレストークボタンを押したのに電波が発射されなかった。この場合、点検しなくてよいのはどれか。

1 給電線の接続端子
2 マイクコード
3 電源スイッチ
4 音量調節つまみ

解説 プレストークボタンは送信に関する要素なので、受信機の機能である「音量調整つまみ」は点検しなくてよい。　正答：**4**

問題 34 FM (F3E) 送受信機において、送信操作に必要なものは、次のうちどれか。

1 スピーカスイッチ
2 音量調節つまみ
3 プレストークボタン
4 スケルチ調整つまみ

解説 「プレストークボタン」は、マイクに付属しているもので送信と受信の切り換えに使用する。　正答：**3**

一海特

問題 35 次の記述の□□内に入れるべき字句の組合せで、正しいのはどれか。

SSB (J3E) 送受信機において、受信音がひずむときは、□A□つまみを左右に回し、最も□B□の良い状態とする。なお、調整しにくい場合は、相手局からトーン信号を送出してもらい、自局の□C□を「受信」として、両者のビートを取り調整する。

	A	B	C
1	クラリファイヤ	明りょう度	トーンスイッチ
2	クラリファイヤ	感度	AGC スイッチ
3	感度調整	感度	トーンスイッチ
4	感度調整	明りょう度	AGC スイッチ

解説 クラリファイヤ (Clarifier) は、受信周波数のずれを補正し「明りょう度」を高くする。　　　　　　　　　　　　　　　　　　　　　正答：1

問題 36 次の記述の□□内に入れるべき字句の組合せで、正しいのはどれか。

SSB (J3E) 送受信機において、受信周波数がずれて受信音がひずむときは、□A□つまみを左右に回し、最も□B□の良い状態とする。

	A	B
1	クラリファイヤ	明りょう度
2	クラリファイヤ	感度
3	感度調整	感度
4	感度調整	明りょう度

解説 クラリファイヤ (Clarifier) は、受信周波数のずれを補正し「明りょう度」を高くする。　　　　　　　　　　　　　　　　　　　　　正答：1

問題 37 SSB (J3E) 受信機において、クラリファイヤを調整するのは、次のどのようなときか。

1 受信中入力が強くて聞きにくいとき。
2 受信中音声が小さくて聞きにくいとき。
3 受信中周波数がずれ、音声がひずんで聞きにくいとき。
4 受信中雑音が多くて聞きにくいとき。

解説 クラリファイヤ (Clarifier) つまみを回して、「受信周波数のずれ (音声のひずみ)」を調整して聞きやすくする。　　　　　　　　　　　　　　　　正答：**3**

一海特

問題 38 SSB方式の同期調整に必要なものの組合せで、正しいのはどれか。

	送信機	受信機
1	スピーチクリッパ	スケルチ
2	スピーチクリッパ	クラリファイヤ
3	トーン発振器	スケルチ
4	トーン発振器	クラリファイヤ

解説 トーン発振器は SSB送信機と受信機双方に設けられており、同期調整を行う場合、送信機側では低周波発振器である「トーン発振器」を使用する。受信機側にあるトーン発振器を動作させ、その信号を基準に「クラリファイヤ」を調整して同期をとる。　　　　　　　　　　　　　　　　　　　　　正答：**4**

問題39 次の記述の□□内に入れるべき字句の組合せで、正しいのはどれか。

FM（F3E）電波の受信中、相手局からの送話が □A□ とき、受信機から雑音が出たら □B□ 調整つまみを回して、雑音が急に消える限界点の位置に調整する。

	A	B
1	有る	音量
2	無い	音量
3	有る	スケルチ
4	無い	スケルチ

🔧解説 相手局からの送話が「無い」ときは、FM受信機では耳障りな雑音を消すために「スケルチ」を調整する。　　　　　　　　　　　　　　　　　　　正答：**4**

問題40 FM（F3E）受信機において、受信電波が無いときに、スピーカから出る大きな雑音を消すために用いる回路はどれか。

1	AGC回路	2	振幅制限回路
3	周波数弁別回路	4	スケルチ回路

🔧解説 相手局からの送話が「無い」ときは、FM受信機では耳障りな雑音を消すために「スケルチ」を調整する。　　　　　　　　　　　　　　　　　　　正答：**4**

問題41 無線受信機のスピーカから大きな雑音が出ているとき、これが外来雑音によるものかどうか確かめる方法で最も適切なものはどれか。

1　アンテナ端子とアース端子間を高抵抗でつなぐ。
2　アンテナ端子とスピーカ端子間を高抵抗でつなぐ。
3　アンテナ端子とアース端子間を導線でつなぐ。
4　アンテナ端子とスピーカ端子間を導線でつなぐ。

🔧解説 「アンテナとアースを導線でつなぐ」と、外部雑音信号はショートされてなくなるので外部雑音か内部雑音かの区別ができる。　　　　　　　　　正答：**3**

▶レーダー

問題42 次の記述の___内に入れるべき字句の組合せで、正しいのはどれか。

　レーダーのパルス変調器は、0.1 ～ 1〔μs〕の間だけ持続する高圧を発生し、この期間だけ A を動作させ B 帯の信号を発振させる。

　　A　　　　　　　B
1　進行波管　　　マイクロ波（SHF）
2　マグネトロン　短波（HF）
3　マグネトロン　マイクロ波（SHF）
4　進行波管　　　極超短波（UHF）

解説 「マイクロ波（SHF）帯」は「3 ～ 30〔GHz〕」の周波数の電波で、「マグネトロン」で発振する。　　　　正答：**3**

問題43 レーダーの距離分解能を良くする方法として正しいのはどれか。

　　　パルス幅　　　映像の輝点の大きさ　　測定距離レンジ
1　広くする　　小さくする　　　　大きくする
2　広くする　　大きくする　　　　小さくする
3　狭くする　　小さくする　　　　小さくする
4　狭くする　　小さくする　　　　大きくする

解説 パルス幅を「狭くする」と距離分解能は小さくなり高性能となる。また、輝点を大きくすると像がぼやけ、測定距離レンジを大きくすると誤差が大きくなるので、輝点を「小さく」し、測定距離レンジを「小さく」する。　正答：**3**

一海特

問題 44 レーダーの距離分解能を良くする方法の組合せとして、正しいのはどれか。

	パルス幅	測定距離レンジ
1	狭くする	小さくする
2	狭くする	大きくする
3	広くする	大きくする
4	広くする	小さくする

解説 距離分解能を良くするには、パルス幅を「狭く」、測定距離レンジを「小さく」する。　　　　　　　　　　　　　　　　　　　　　　　　　　　　　正答：**1**

問題 45 レーダーの距離分解能を良くする方法として、正しいのは次のうちどれか。

1 アンテナの水平面内指向性を鋭くする。
2 パルス繰返し周波数を低くする。
3 パルス幅を狭くする。
4 受信機の感度をよくする。

解説 距離分解能を良くするには、パルス幅を「狭く」する。　　　　　正答：**3**

問題 46 船舶用のレーダーアンテナの特性として、特に必要としないものは、次のどれか。

1 サイドローブは、できるだけ抑制すること。
2 水平面内のビーム幅は、できるだけ狭いこと。
3 垂直面内のビーム幅は、できるだけ広いこと。
4 周波数帯域は、できるだけ広いこと。

解説 「周波数帯域」は関係がない。　　　　　　　　　　　　　　　　正答：**4**

問題 47 船舶用のレーダーアンテナの特性として、特に必要としないものは、次のどれか。

1 サイドローブは、できるだけ抑制すること。
2 水平面内のビーム幅は、できるだけ狭いこと。
3 必要な利得が得られること。
4 垂直面内のビーム幅は、できるだけ狭いこと。

解説 垂直面内のビーム幅は、「できるだけ広い」ことを必要とする。　　**正答：4**

問題 48 自船から同一方位線上で二つの物標が離れてあるとき、0.2〔μs〕のパルス幅のレーダーで、この二つの物標が識別できる最小距離は、次のうちどれか。

1 15〔m〕　　2 30〔m〕　　3 60〔m〕　　4 75〔m〕

解説 電波の速度を $c=3\times10^8$〔m/s〕、パルス幅を $\tau=0.2\times10^{-6}$〔s〕とすると、最小距離 L〔m〕は、次式で求められる。

$$L=\frac{c\times\tau}{2}=\frac{3\times10^8\times0.2\times10^{-6}}{2}=\frac{0.6\times10^2}{2}=\frac{60}{2}$$
$$=30〔m〕$$

正答：2

問題 49 レーダーにおいて、距離レンジを例えば3海里から6海里へと切り換えたとき、レーダーの機能の一部が連動して切り換えられる。次に挙げた機能のうち、通常切り換わらないものはどれか。

1 パルス幅　　　　　　2 中間周波増幅器の帯域幅
3 アンテナビーム幅　　4 パルス繰返し周波数

解説 「アンテナビーム幅」は関係がない。　　**正答：3**

問題 50 レーダー受信機において、最も影響の大きい雑音は、次のうちどれか。

1 空電による雑音　　2 電気器具による雑音
3 電動機による雑音　　4 受信機の内部雑音

解説 一般に「受信機の内部雑音」が最も影響が大きい。　　**正答：4**

問題 51 船舶用レーダーにおいて、図に示すような偽像が現れた。主な原因は、次のうちどれか。

1 鏡現象による。
2 サイドローブによる。
3 二次反射による。
4 自船と他船との多重反射による。

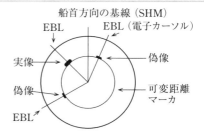

船首方向の基線（SHM）
EBL　　　EBL（電子カーソル）
実像　　　　　　　　偽像
偽像　　　　　　　　可変距離マーカ
EBL

解説 「サイドローブ」はアンテナの放射特性で、「偽像」はサイドローブの影響によるもの。　　　　　　　　　　　　　　　　　　　　　　　　　　　正答：**2**

問題 52 船舶用レーダーのパネル面において、波浪による反射のため物標の識別が困難なとき、操作する部分で最も適切なものはどれか。

1 STC スイッチ
2 FTC つまみ
3 感度つまみ
4 同調つまみ

解説 波浪による反射や海面反射を防ぎ、物標を探知しやすくするために「STCスイッチ」を操作する。STC は海面反射抑制回路とも呼ばれる。　　　正答：**1**

問題 53 船舶用レーダーのパネル面において、近距離からの海面反射のため物標の識別が困難なとき、操作するつまみで最も適切なものは、次のうちどれか。

1 感度つまみ
2 同調つまみ
3 STC スイッチ
4 FTC つまみ

解説 波浪による反射や海面反射を防ぎ、物標を探知しやすくするために「STCスイッチ」を操作する。STC は海面反射抑制回路とも呼ばれる。　　　正答：**3**

問題 54　船舶用レーダーにおいて、FTC つまみを調整する必要があるのは、次のうちどれか。

1　雨や雪による反射のため、物標の識別が困難なとき。
2　映像が暗いため、物標の識別が困難なとき。
3　指示器の中心付近が明るすぎて、物標の識別が困難なとき。
4　掃引線が見えないため、物標の識別が困難なとき。

解説　雨や雪からの反射波を防ぐために「FTC つまみ」を調整する。FTC は雨雪反射抑制回路とも呼ばれる。　　　　　正答：1

▶衛星通信

問題 55　次の記述は、衛星通信について述べたものである。正しいのはどれか。

1　現在の通信衛星は、ほとんどが円形極軌道衛星である。
2　衛星局の太陽電池の機能が停止する食は、夏至及び冬至期に発生する。
3　地球局から衛星への通信回線をアップリンクという。
4　使用周波数は高くなるほど、降雨による影響が少なくなる。

解説　地球から衛星への回線は上を向いているので「アップリンク」。　正答：3

問題 56　次の記述は、衛星通信について述べたものである。正しいのはどれか。

1　現在の静止衛星通信に用いられる衛星は、ほとんどが円形極軌道衛星である。
2　多元接続が困難なので、柔軟な回線設定ができない。
3　使用周波数が高くなるほど、降雨による影響が少なくなる。
4　静止衛星の太陽電池の機能が停止する食は、春分及び秋分の時期に発生する。

解説　静止衛星の太陽電池の充電機能が停止する食は、「春分及び秋分」の時期に発生する。　　　　正答：4

問題57 静止衛星通信について、誤っているのはどれか。

1　使用周波数が高くなるほど、降雨による影響が少なくなる。

2　衛星を見通せる2点間の通信は、常時行うことができる。

3　衛星の太陽電池の機能が停止する食は、春分及び秋分の時期に発生する。

4　多元接続が可能なので、柔軟な回線設定ができる。

解説　周波数が高い電波は波長が短いので、降雨による影響を「大きく」受ける。

正答：**1**

問題58 静止衛星通信について、誤っているのはどれか。

1　衛星を見通せる2点間の通信は、常時行うことができる。

2　現在の静止衛星通信に用いられる衛星は、ほとんどが極軌道衛星である。

3　使用周波数が高くなるほど、降雨による影響が大きくなる。

4　多元接続が可能なので、多数の船舶地球局が同時に通信できる。

解説　極軌道衛星は地球の極の上空を通過する衛星で「静止衛星ではない」。

正答：**2**

問題59 次の記述は、インマルサット衛星通信システムについて述べたものである。誤っているのはどれか。

1　システムは、3大洋上に配置された静止衛星によって、ほぼ地球上の全ての海域で利用できる。

2　宇宙局と船舶地球局間の使用周波数は、1.5〔GHz〕帯と1.6〔GHz〕帯である。

3　船舶地球局は、船舶が移動するため全方向性（無指向性）アンテナのみを使用する。

4　船舶は、海岸地球局を経由して陸上と通信を行うことができる。

解説　インマルサット衛星通信システムでは「鋭い指向性を持つ」アンテナを使用し、全方向性（無指向性）アンテナは使用しない。

正答：**3**

問題60 インマルサット衛星通信システムについての次の記述のうち、正しいのはどれか。

1 このシステムは、船舶相互間の通信を主な目的としたシステムである。
2 宇宙局と船舶地球局間の使用周波数は、4〔GHz〕帯と6〔GHz〕帯である。
3 船舶地球局は、船舶が移動するため全方向性（無指向性）アンテナのみを使用する。
4 システムは、3大洋上に配置された静止衛星によって、ほぼ地球上の全ての海域で利用できる。

解説 「太平洋」、「インド洋」、「大西洋」の上空に打ち上げられている。　正答：**4**

一海特

問題61 次の記述は、GPS（Global Positioning System）の概要について述べたものである。□内に入れるべき字句の正しい組合せを下の番号から選べ。

GPSでは、地上からの高度が約20,000〔km〕の異なる6つの軌道上に衛星が配置され、各衛星は、一周約 A 時間で周回している。また、測位に使用している周波数は、 B 帯である。

```
     A    B
1   24   長波（LF）
2   24   極超短波（UHF）
3   12   長波（LF）
4   12   極超短波（UHF）
```

解説 GPS衛星は、地球一周約「12」時間で周回する準同期衛星である。測位に使用している周波数は、「極超短波（UHF）」帯である。また、地上からの高度は「約20,000〔km〕」である。　正答：**4**

問題62 次の記述は、GPS（Global Positioning System）の概要について述べたものである。◯◯内に入れるべき字句の正しい組合せを下の番号から選べ。

GPSでは、地上からの高度が約 A 〔km〕の異なる6つの軌道上に衛星が配置され、各衛星は、一周約12時間で周回している。また、測位に使用している周波数は、 B 帯である。

	A	B		A	B
1	36,000	極超短波（UHF）	2	36,000	短波（HF）
3	20,000	極超短波（UHF）	4	20,000	短波（HF）

解説 GPSでは、地上からの高度が約「20,000」〔km〕の異なる6つの軌道上に衛星が配置され、測位に使用している周波数は、「極超短波（UHF）」帯である。
正答：**3**

問題63 次の記述は、船舶自動識別装置（AIS）の概要について述べたものである。◯◯内に入れるべき字句の正しい組合せを下の番号から選べ。

AISを搭載した船舶は、識別信号（船名）、位置、針路、船速などの情報を A 帯の電波を使って自動的に送信する。また、AISにより受信される他の船舶の位置情報は、自船からの B としてAISの表示器に表示することができる。

	A	B		A	B
1	超短波（VHF）	方位、距離	2	超短波（VHF）	12個の輝点列
3	短波（HF）	方位、距離	4	短波（HF）	12個の輝点列

解説 AIS（Automatic Identification System）は、船舶の識別信号、位置、針路、船速等及びその他の安全に関する情報を自動的に「超短波（VHF）」帯の電波で送受信し、船舶局相互間及び船舶局と陸上局の航行援助施設等との間で情報交換を行うシステムである。AISにより受信される他の船舶の位置情報は、自船からの「方位、距離」として表示器に表示される。
正答：**1**

問題 64 次の記述は、船舶自動識別装置（AIS）の概要について述べたものである。誤っているものを下の番号から選べ。

1　AIS搭載船舶は、識別信号（船名）、位置、針路、船速などの情報を送信する。
2　AISにより受信される他の船舶の位置情報は、自船からの方位、距離として AIS の表示器に表示することができる。
3　通信に使用している周波数は、短波（HF）帯である。
4　電波は、自動的に送信される。

解説　AIS の通信に使用している周波数は、「超短波（VHF）帯」である。　正答：**3**

▶ 電　源

問題 65 図は、半導体ダイオードを用いた半波整流回路である。この回路に流れる電流 i の方向と出力電圧の極性との組合せで、正しいのはどれか。

	電流 i の方向	出力電圧の極性
1	ⓑ	ⓒ
2	ⓐ	ⓒ
3	ⓐ	ⓓ
4	ⓑ	ⓓ

（極性）
ⓒ　ⓓ
（＋）（−）
（−）（＋）

R：抵抗

解説　図のダイオードの向きで、電流 i は「左から右に向かい」、上側の端子が「＋極」。　正答：**1**

問題 66 電池の記述で、誤っているのはどれか。

1　蓄電池は、化学エネルギーを電気エネルギーとして取り出す。
2　鉛蓄電池は、一次電池である。
3　容量を大きくするには、電池を並列に接続する。
4　リチウムイオン蓄電池は、ニッケルカドミウム蓄電池と異なり、メモリー効果がないので継ぎ足し充電が可能である。

解説　鉛蓄電池は充電のできる「二次電池」である。　正答：**2**

一海特

問題 67 次の記述の □ 内に入れるべき字句の組合せで、正しいのはどれか。

　一般に、充放電が可能な □A□ 電池の一つに □B□ があり、ニッケルカドミウム蓄電池に比べて、自己放電が少なく、メモリー効果がない等の特徴がある。

	A	B
1	一次	リチウムイオン蓄電池
2	一次	マンガン乾電池
3	二次	リチウムイオン蓄電池
4	二次	マンガン乾電池

解説 充電できる電池を「二次電池」といい、「リチウムイオン蓄電池」はメモリー効果がない。　　　　　　　　　　　　　　　　　　正答：**3**

問題 68 1個12〔V〕、30〔Ah〕の蓄電池を3個並列に接続した場合の合成電圧及び合成容量の組合せで、正しいのはどれか。次のうちから選べ。

	合成電圧	合成容量
1	12〔V〕	30〔Ah〕
2	36〔V〕	30〔Ah〕
3	12〔V〕	90〔Ah〕
4	36〔V〕	90〔Ah〕

解説 1個の電圧が E〔V〕、容量が I〔Ah〕の電池を n 個並列に接続すると、
　　　合成電圧＝E〔V〕
　　　合成容量＝$I×n$〔Ah〕
となる。よって、
　　　合成電圧＝12〔V〕
　　　合成容量＝30×3＝90〔Ah〕
となる。　　　　　　　　　　　　　　　　　　正答：**3**

問題69 端子電圧6〔V〕、容量（10時間率）30〔Ah〕の充電済みの鉛蓄電池に、電流が3〔A〕流れる負荷を接続して使用したとき、この蓄電池は、通常何時間まで連続使用できるか。

1　5時間

2　10時間

3　15時間

4　20時間

解説 使用可能時間 h〔時間〕は、

$$h = \frac{電池の容量〔Ah〕}{使用する電流 I〔A〕}$$

となる。よって、

$$h = \frac{30}{3} = 10 〔時間〕$$

となる。　　　　　　　　　　　　　　　　　　　　　　正答：**2**

問題70 鉛蓄電池の充電終了を示す状態で正しいのはどれか。

1　極板が白くなった。

2　電解液が透明になった。

3　1つのセルの端子電圧が2.8〔V〕になった。

4　電解液の比重が1.12になった。

解説 鉛蓄電池の定格電圧は1セル当たり2.0〔V〕、充電終了電圧はそれより「高くなる」。　　　　　　　　　　　　　　　　　正答：**3**

▶空中線（アンテナ）

問題 71 次の記述の□□□内に入れるべき字句の組合せで、正しいのはどれか。

使用する電波の波長が、アンテナの A 波長より長い場合は、アンテナ回路に直列に B を入れ、アンテナの C な長さを長くしてアンテナを共振させる。

	A	B	C
1	固有	延長コイル	電気的
2	励振	延長コイル	幾何学的
3	励振	短縮コンデンサ	幾何学的
4	固有	短縮コンデンサ	電気的

解説 電波の波長がアンテナの「固有」波長より長いときは、アンテナ長が短いので、「延長コイル」を直列に入れて「電気的」な長さを長くする。　　　　正答：**1**

問題 72 次の記述の□□□内に入れるべき字句の組合せで、正しいのはどれか。

使用する電波の波長が、アンテナの A 波長より短いときは、アンテナ回路に直列に B を入れ、アンテナの C な長さを短くしてアンテナを共振させる。

	A	B	C
1	励振	短縮コンデンサ	幾何学的
2	励振	延長コイル	幾何学的
3	固有	延長コイル	電気的
4	固有	短縮コンデンサ	電気的

解説 電波の波長がアンテナの「固有」波長より短いときは、アンテナ長が長いので、「短縮コンデンサ」を直列に入れて「電気的」な長さを短くする。　　　　正答：**4**

▶電波伝搬

問題73 次の記述の□□内に入れるべき字句の組合せで、正しいのはどれか。

電波が電離層を突き抜けるときの減衰は、周波数が高いほど、□A□、反射するときの減衰は、周波数が高いほど□B□なる。

	A	B
1	小さく	小さく
2	小さく	大きく
3	大きく	小さく
4	大きく	大きく

解説 周波数が高いほど電波は電離層を突き抜け、減衰は「小さい」。反射では周波数が高いほど減衰は「大きい」。　　　　　正答：**2**

問題74 超短波（VHF）帯において、通信可能な距離を延ばすための方法として、誤っているのはどれか。

1 アンテナの高さを高くする。
2 利得の高いアンテナを用いる。
3 鋭い指向性のアンテナを用いる。
4 アンテナの放射角度を高角度にする。

解説 放射角を「高く」するとは、アンテナを上空に向けることであり、通信距離が「短く」なる。　　　　　正答：**4**

一海特

問題 75 次の図は、電波の伝わり方を示したものである。 A 及び B の周波数帯の組合せで、正しいのはどれか。

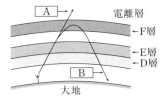

	A	B
1	超短波（VHF）	短波（HF）
2	短波（HF）	超短波（VHF）
3	超短波（VHF）	中波（MF）
4	短波（HF）	中波（MF）

解説 電離層を突き抜けるのは「超短波」で、反射されるのは「短波」。　正答：**1**

問題 76 短波（HF）帯の電波の伝わり方で、誤っているのはどれか。

1 波長の長い電波は電離層を突き抜け、波長の短い電波は反射する。
2 遠距離で受信できても、近距離で受信できない地帯がある。
3 波長の短い電波ほど、電離層を突き抜けるときの減衰が少ない。
4 波長の短い電波ほど、電離層で反射されるときの減衰が多い。

解説 波長が「長い（周波数が低い）と電離層で反射」され、「短いと電離層を突き抜ける」。　正答：**1**

▶ 測　定

問題 77 負荷にかかる電圧を測定するときの電圧計Vのつなぎ方で、正しいのはどれか。

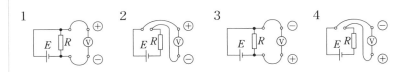

解説 電圧計は負荷Rと「並列」に接続する。電池の図記号から＋極は「上側」である。　正答：**1**

問題78 負荷Rに流れる電流を測定するときの電流計Aのつなぎ方で、正しいのはどれか。

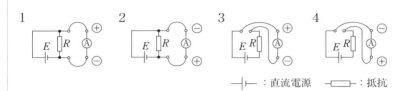

—|├─：直流電源　──▭──：抵抗

解説 電流計は負荷Rと「直列」に接続する。その際、電池の図記号の＋極に「電流計の＋」を接続する。　　　　　　　　　　　　　　　　　　正答：**3**

問題79 アナログ方式の回路計（テスタ）で直流抵抗を測定するときの準備の手順で正しいのはどれか。

1　0〔Ω〕調整をする→測定レンジを選ぶ→テストリード（テスト棒）を短絡する。

2　測定レンジを選ぶ→テストリード（テスト棒）を短絡する→0〔Ω〕調整をする。

3　テストリード（テスト棒）を短絡する→0〔Ω〕調整する→測定レンジを選ぶ。

4　測定レンジを選ぶ→0〔Ω〕調整する→テストリード（テスト棒）を短絡する。

解説 抵抗測定の前には、「測定レンジ」を選んでから2本のテストリード（テスト棒）を「短絡（ショート）」して「ゼロ点調整」を行う。　　　　　　正答：**2**

問題80 アナログ方式の回路計（テスタ）を使用して、密閉型ヒューズが断線しているかどうかを確かめるには、テスタの切替レンジはどの位置にすればよいか。

1　OHMS　　　　　　2　AC VOLTS

3　DC VOLTS　　　　4　DC MILLI AMPERES

解説 「OHMS」とは「抵抗計」のこと。導通計とも呼ばれ、ヒューズの導通又は断線を調べることができる。　　　　　　　　　　　　　　　　　　正答：**1**

一海特

問題 81 次の記述の □ 内に入れるべき字句の組合せで、正しいのはどれか。

アナログ方式の回路計 (テスタ) を用いて交流電圧を測定しようとするときは、切替つまみを測定しようとする電圧の値より、やや □A□ の値の □B□ レンジにする。

	A	B
1	大きめ	DC VOLTS
2	小さめ	DC VOLTS
3	大きめ	AC VOLTS
4	小さめ	AC VOLTS

> **解説** つまみは「大きめ」にセットする。「AC」は Alternating Current の略で、交流のこと。 　　　　　　　　　　　　　　　　　　　　　　　　　　正答：**3**

問題 82 図に示す回路において、電圧及び電流を測定するには、ab及びcdの各端子間に計器をどのように接続すればよいか。下記の組合せのうち、正しいものを選べ。

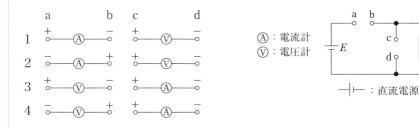

> **解説** 電流計は負荷と「直列」に接続するので a-b 間、電圧計は「並列」に接続するので c-d 間につなぐ。＋、－の向きに注意する。a と c が＋側。 　　　　　正答：**1**

直前仕上げ・合格キーワード ~一海特 無線工学~

- **FM電波**：周波数変調。信号波の大きさにより周波数が変化。占有帯周波数帯幅が広い

- **DSB**：振幅変調で両側波帯、搬送波を持つ。SSB の電波より占有周波数帯幅が約2倍

- **FM**：AM より占有周波数帯幅が広い

- **忠実度**：元の信号がどれだけ忠実に再現できるかの能力

- **SSB の復調**：検波器と局部発振器を必要とする

- **SSB送信機で電波が発射されているかどうかの確認**：出力メータの振れを見る

- **(スピーチ) クラリファイヤ**：受信音を明りょうにする

- **FM の復調**：周波数弁別器を必要とする

- **FM送信機**：IDC、位相変調器が使われる。周波数逓倍器で必要とする周波数偏移を得る

- **FM受信機**：振幅制限器、周波数弁別器、スケルチ回路が使われる

- **スケルチ**：受信電波のないとき雑音を消す

- **レーダー**：マグネトロンを使用してマイクロ波を発振する

- **船舶用レーダー**：アンテナのサイドローブにより偽像が生じる

- **波浪などによる反射を防止**：STC を操作する

- **雨や雪による反射を防止**：FTC を操作する

- **通信衛星**：静止衛星で、地上から衛星に向けた回線をアップリンク、逆はダウンリンク

- **太陽電池の機能が停止する食**：春分及び秋分の時期に発生する

- **電源装置**：整流回路と平滑回路がある

- **使用する電波の波長がアンテナの固有波長より長い場合**：直列に延長コイルを挿入

- **使用する電波の波長がアンテナの固有波長より短い場合**：直列に短縮コンデンサを挿入

- **電離層の反射・突き抜け**：短波帯の電波は電離層で反射され、超短波帯の電波は突き抜ける

- **電離層突き抜け時の減衰**：周波数が高いほど小、反射するときは周波数が高いほど大

- **テスタで測定できるもの**：直流電圧と電流、交流電圧そして抵抗値

- **回路の電流と電圧を測定する場合**：電流計は回路と直列に、電圧計は並列に接続する

一海特

令和5年2月出題　正答→「＊印」

QUESTION 1
Port City, this is Harumi Maru. When will my berth be available?

＊1　The berth will be cleared at 0900 hours local time.

　2　The doctor is now available. He will fly to you by helicopter.

　3　Two tugs will be available soon. Wait there few more minutes.

　4　The ice-breaker is out of port. It will be available in two hours.

- -

QUESTION 2
Port City, this is Miura Maru. I heard the quarantine anchorage was congested. How long should I wait?

　1　You should leave the quarantine anchorage soon.

　2　You should not anchor there. You are blocking the fairway.

＊3　It is not so congested now. I can let you proceed there shortly.

　4　The quarantine office is located next to the harbor master's office.

- -

QUESTION3
Tokyo Maru, this is Coast Guard Radio. You reported that you had gone aground. What is the condition of your vessel now?

　1　I see the large vessel is sinking in front of me.

　2　We expect to repair the vessel at the next port of call.

　3　We are navigating with care so as not to run aground.

＊4　It is badly damaged and the water is now flooding into the ship.

- -

QUESTION 4
Tokai Maru, this is Coast Guard Radio. We hear you have been engaged in the search and rescue operation for several hours now. Have you found anything?

　1　No. She has not found her engagement ring yet.

　2　No. I did not know there was an accident in our vicinity.

＊3　No, not yet. Can you update the position of the ship in distress?

　4　Thank you. I will keep away from the drifting logs in this area.

- -

QUESTION 5
Port City, this is Nagoya Maru. We are arriving at your port behind schedule and want to make up time. Do you have any speed restrictions on the fairway?

　1　Yes, you have permission to proceed without a pilot.

　2　Yes, you have to explain why you are behind schedule.

　3　Yes, you have to speed up and arrive here on schedule.

＊4　Yes, you are required to reduce speed to under 10 knots.

令和 5 年 6 月出題　正答→「＊印」

QUESTION 1
Tokai Maru, this is the headquarters of ABC company. When will you finish loading all the containers?

1　The containers are well loaded on board.
2　The gantry cranes are working very smoothly.
＊3　We can finish by noon tomorrow if there is no rain.
4　We will complete bunkering by 1100 hours local time.

QUESTION 2
Miura Maru, this is Port Control. A large vessel is leaving the port now. You must stay away from the approach channel until the vessel has left the port.

1　I understand. I will navigate carefully in the approach channel.
2　Understood. I will slow down in the approach channel.
3　Understood. I will pass through the approach channel at full speed.
＊4　I understand. I will keep clear of the approach channel for now and enter the channel later.

QUESTION 3
Coast Guard Radio, this is Nagoya Maru. I am now ready to go to the ship in distress. What is the ship's position now?

1　Our position is in Kushiro City.
＊2　The ship is drifting 50 nautical miles southeast of Cape Nosappu.
3　The ship has gone aground but should be floatable when the tide is high.
4　The ship is on fire and has requested fire-fighting assistance.

QUESTION 4
Port City, this is Kyushu Maru. I expect to reach your port at 1500 hours local time. Where is my anchorage?

1　You can anchor at 1500 hours local time.
2　You have permission to anchor until a pilot arrives.
＊3　Your anchor position is 230 degrees, one mile from the breakwater lighthouse.
4　You must heave up your anchor because you are in the wrong position.

QUESTION 5
Misaki Maru, this is the headquarters of ABC company. I am informed that you have collided with a cargo ship and suffered minor damage to the bow. What is the damage to the other ship?

1　It is dragging its anchor.
2　It does not carry any cargo.
3　It is navigating with caution.
＊4　It has been damaged slightly above the waterline.

令和5年10月出題　正答→「＊印」

QUESTION 1

Kanto Maru, this is Coast Guard Radio. I understand you have collided with a fishing boat. What is your damage?

1　The fishing boat has severe damage and is in danger of sinking.
2　I am in touch with the fishing boat and it has reported no damage.
＊3　I have slight damage at the bow but am not in any danger of sinking.
4　I have damaged the fishing boat slightly but it is not in any danger of sinking.

QUESTION 2

Tokyo Maru, this is the headquarters of ABC company. You are approaching a typhoon. Will your arrival be delayed?

1　We will report any change in the typhoon's course.
＊2　We will change course but should be in port on time.
3　The approach channel from the port is very crowded. We will be late getting out of the bay.
4　The pilot boat is now approaching. A pilot will be helpful, especially with such a low tide.

QUESTION 3

Nagoya Maru, this is Coast Guard Radio. You have requested tugboats because your propeller is broken. How many tugs do you need?

1　I need a pilot boat.
＊2　I need two tugboats.
3　I need the bunkering ship.
4　I need the firefighting boat.

QUESTION 4

Kyushu Maru, this is the fishery inspection vessel. You are in the closed fishing area. You must not fish in this area.

1　I will fish in this area even in heavy weather.
2　I will fish in this area. Please proceed to the next fishing zone.
＊3　I am not fishing in this area. I am now moving to another fishing ground.
4　I have completed the day's planned catch. I will fish here again tomorrow.

QUESTION 5

Misaki Maru, this is Coast Guard Radio. You requested a helicopter for an injured crew member. Tell us the details of the crew member's condition.

1　He is seasick in bed.
2　He got a minor burn while cooking.
3　He caught a cold and has a slight fever.
＊4　He fell into the hold and broke his left leg. He cannot move.

漁船や沿海を航行する内航船の船舶局・小規模海岸局に必要

二海特・問題（第二級海上特殊無線技士）

法規と無線工学

操作範囲：
一　船舶に施設する無線設備（船舶地球局及び航空局の無線設備
　を除く。）並びに海岸局及び船舶のための無線航行の無線設
　備で次に掲げるものの国内通信のための通信操作（モールス符
　号による通信操作を除く。）並びにこれらの無線設備（レーダー
　及び多重無線設備を除く。）の外部の転換装置で電波の質に影
　響を及ぼさないものの技術操作
　イ　空中線電力 10 ワット以下の無線設備で 1,606.5 kHz から
　　 4,000 kHz までの周波数の電波を使用するもの
　ロ　空中線電力 50 ワット以下の無線設備で 25,010 kHz 以上の
　　 周波数の電波を使用するもの
二　レーダー級海上特殊無線技士の操作の範囲に属する操作

試験科目：
　イ　無線工学
　　　無線設備の取扱方法（空中線系及び無線機器の機能の概念
　を含む。）
　ロ　法規
　　　電波法及びこれに基づく命令（電気通信事業法及びこれに
　基づく命令の関係規定を含む。）の簡略な概要

法規の試験問題は、

電波法の目的／定義／無線局の免許／無線設備／無線従事者／運用／業務書類／監督から、合計「12問」出題されます。

無線工学の問題は、

電気回路／電子回路／無線通信装置／レーダー／衛星通信／電源／空中線（アンテナ）／電波伝搬／測定から、合計「12問」出題されます。

法規および無線工学ともに出題の程度は「簡略な概要」であり、ごく簡単な問題となっていて、第二級海上特殊無線技士の試験には「国際法規」は出題されません。

なお、出題される問題では一部の字句の変更があったり、計算問題では数値の変更があったり、問題は同じでも選択肢の順番の入れ替えがあったり、また問題そのものが変更になったりすることもありますので注意してください。

■ 法規のポイント

第二級海上特殊無線技士の操作範囲は次のよう規定されています。

一　船舶に施設する無線設備（船舶地球局及び航空局の無線設備を除く。）並びに海岸局及び船舶のための無線航行の無線設備で次に掲げるものの国内通信のための通信操作（モールス符号による通信操作を除く。）並びにこれらの無線設備（レーダー及び多重無線設備を除く。）の外部の転換装置で電波の質に影響を及ぼさないものの技術操作

イ　空中線電力10ワット以下の無線設備で1,606.5kHzから4,000kHzまでの周波数の電波を使用するもの

ロ　空中線電力50ワット以下の無線設備で25,010kHz以上の周波数の電波を使用するもの

二　レーダー級海上特殊無線技士の操作の範囲に属する操作

この従事範囲は、しっかり覚えておきましょう。

☆レーダーの機能や船舶に施設する無線設備、備え付けておかなければならない時計、業務日誌、遭難通信、緊急通信、そして安全通信についての呼出しや応答など

☆156.8MHzの周波数の電波の使用は、出題頻度が多くなっています。

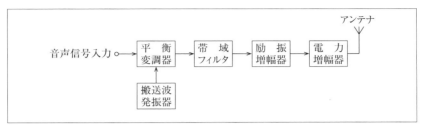

SSB 送信機の構成

■ 無線工学のポイント

　無線工学の問題は、基礎的なことは他の資格と同様なものが出題されますが、第二級海上特殊無線技士では第一級海上特殊無線技士と同じように「レーダー」について多くの問題が出題されていますので、

☆レーダーの指示器の種類、そして最小探知距離、最大探知距離、方位分解能や距離分解能など

☆FM送受信機についての基本的な構成や機能など

☆SSB送受信機についての基本的な構成や機能など

を勉強して理解しておくことが重要です。

　その他の問題としては、ごく初歩的なものが多く出題されます。計算問題は四則演算だけで解くことができますので、少し計算問題の勉強をすれば正答を得ることができます。

　特に、上図に示したSSB（J3E）送信機の基本的な構成などについては、よく覚えておきましょう。

　問題文ではアルファベットによる略語が使われていますので、これらの英語を覚えておくと意味がわかるものがあります。

　AGC：Automatic Gain Control の略で、自動利得調整

　AM：Amplitude Modulation の略で、振幅変調

　DSB：Double Sideband の略で、振幅変調の両側波帯

　FM：Frequency Modulation の略で、周波数変調

　FTC：Fast Time Constant の略で、雨雪反射抑制回路

　STC：Sensitivity Time Control の略で、海面反射抑制回路

などは、よく出てきますからぜひ覚えておいてください。この英語の表記を理解しておくだけで、正答が得られるものもあります。

二 海 特

▶電波法の目的

問題1 次の記述は、電波法の目的に関する電波法の規定である。 ☐ 内に入れるべき字句を下の番号から選べ。

この法律は、電波の公平かつ ☐ な利用を確保することによって、公共の福祉を増進することを目的とする。

1 有効
2 合理的
3 適正
4 能率的

解説 重要であるので全文を覚えてこう。枠内には「能率的」が入る。 　　正答：**4**

▶定 義

問題2 次の記述は、電波法に規定する「無線局」の定義である。 ☐ 内に入れるべき字句を下の番号から選べ。

「無線局」とは、無線設備及び ☐ の総体をいう。ただし、受信のみを目的とするものを含まない。

1 無線設備の操作を行う者
2 無線設備の管理を行う者
3 無線設備の操作の監督を行う者
4 無線従事者

解説 無線局は「無線設備」及び「無線設備の操作を行う者」の総体をいう。

正答：**1**

▶ 無線局の免許

問題3 次に掲げる事項のうち、総務大臣が海上移動業務の無線局の免許の申請の審査をする際に審査する事項に該当しないものはどれか。次のうちから選べ。

1　周波数の割当てが可能であること。
2　工事設計が電波法第3章（無線設備）に定める技術基準に適合すること。
3　総務省令で定める無線局（基幹放送局を除く。）の開設の根本的基準に合致すること。
4　その無線局の業務を維持するに足りる経理的基礎及び技術的能力があること。

解説　「経理的基礎及び技術的能力」は、審査の対象外である。　　　　正答：**4**

問題4 無線設備の変更の工事の許可を受けた免許人が、変更後許可に係る無線設備を運用するためには、総務省令で定める場合を除き、どのようなことが必要か、正しいものを次のうちから選べ。

1　当該工事の結果が許可の内容に適合している旨を届け出なければならない。
2　あらかじめ運用の許可を得なければならない。
3　運用開始の期日を届け出なければならない。
4　検査を受け、当該工事の結果が許可の内容に適合していると認められなければならない。

解説　無線設備の変更の工事は「申請事項」で、検査を受け「適合」してから運用する。　　　　正答：**4**

二海特

問題 5 無線局の免許人は、無線設備の変更の工事をしようとするときは、総務省令で定める場合を除き、どうしなければならないか。次のうちから選べ。

1 あらかじめ総務大臣の許可を受ける。
2 あらかじめ総務大臣にその旨を届け出る。
3 総務大臣に無線設備の変更の工事の予定期日を届け出る。
4 あらかじめ総務大臣の指示を受ける。

解説 無線設備の変更の工事は「申請事項」で、あらかじめ申請して総務大臣の「許可」を受ける。 正答：**1**

問題 6 無線局の免許人は、電波の型式及び周波数の指定の変更を受けようとするときは、どうしなければならないか。次のうちから選べ。

1 総務大臣に免許状を提出し、訂正を受ける。
2 電波の型式及び周波数の指定の変更を総務大臣に届け出る。
3 電波の型式及び周波数の指定の変更を総務大臣に申請する。
4 あらかじめ総務大臣の指示を受ける。

解説 指定の変更を受けようとするときは、総務大臣に「申請」する。 正答：**3**

問題 7 無線局の免許人が無線設備の設置場所を変更しようとするときは、どうしなければならないか。次のうちから選べ。

1 あらかじめ総務大臣の指示を受ける。
2 あらかじめ総務大臣の許可を受ける。
3 遅滞なく、その旨を総務大臣に届け出る。
4 変更の期日を総務大臣に届け出る。

解説 無線設備の設置場所の変更は「申請事項」で、あらかじめ総務大臣の「許可」を受ける。 正答：**2**

問題 8　無線局の免許人が混信を除去するために電波の型式及び周波数の指定の変更を受けようとするときは、どうしなければならないか。次のうちから選べ。

1　総務大臣に免許状を提出し、訂正を受ける。
2　その旨を総務大臣に申請する。
3　その旨を総務大臣に届け出る。
4　あらかじめ総務大臣の指示を受ける。

解説　電波の型式、周波数の指定の変更はあらかじめ「申請」して許可を受ける。

正答：**2**

問題 9　総務省令で定める場合を除き、免許人が変更検査を受ける場合は、次のどれか。

1　許可を受けて無線設備の変更の工事をしたとき。
2　電波の型式又は周波数の指定の変更を受けたとき。
3　臨時に電波の発射の停止を命じられたとき。
4　期間を定めて周波数又は空中線電力を制限されたとき。

解説　無線設備の変更の工事の許可は「申請事項」で、「無線設備の変更の工事をした」ときは変更検査を受ける。

正答：**1**

問題 10　船舶局（義務船舶局を除く。）の免許の有効期間は、次のどれか。

1　3年　　　2　5年　　　3　10年　　　4　無期限

解説　一部を除き、免許の有効期間は「5年」である。義務船舶局は「無期限」。

正答：**2**

問題11 無線局の免許がその効力を失ったときに免許人であった者は、その免許状をどうしなければならないか。次のうちから選べ。

1　直ちに廃棄しなければならない。
2　3箇月以内に総務大臣に返納しなければならない。
3　1箇月以内に総務大臣に返納しなければならない。
4　2年間保管しなければならない。

解説　免許がその効力を失ったら「1箇月以内」に総務大臣に返納する。　正答：**3**

▶無線設備

問題12 次の記述は、電波の質について述べたものである。電波法の規定に照らし、□□内に入れるべき字句を下の番号から選べ。

　送信設備に使用する電波の周波数の偏差及び□□、高調波の強度等電波の質は、総務省令で定めるところに適合するものでなければならない。

1　変調度　　　2　総合周波数特性　　　3　信号対雑音比　　　4　幅

解説　電波の質は「周波数の偏差」及び「幅」、「高調波の強度等」をいう。　正答：**4**

問題13 次の記述は、電波の質について述べたものである。電波法の規定に照らし、□□内に入れるべき字句を下の番号から選べ。

　送信設備に使用する電波の□□電波の質は、総務省令で定めるところに適合するものでなければならない。

1　周波数の偏差及び安定度等
2　周波数の偏差及び幅、高調波の強度等
3　周波数の偏差、空中線電力の偏差等
4　周波数の偏差及び幅、空中線電力の偏差等

解説　電波の質は「周波数の偏差及び幅、高調波の強度等」をいう。　正答：**2**

問題 14 次の記述は、電波の質について述べたものである。電波法の規定に照らし、□内に入れるべき字句を下の番号から選べ。

送信設備に使用する電波の□、高調波の強度等電波の質は、総務省令で定めるところに適合するものでなければならない。

1 周波数の安定度　　2 空中線電力の偏差
3 変調度　　　　　　4 周波数の偏差及び幅

解説 電波の質は「周波数の偏差及び幅」、「高調波の強度等」をいう。　正答：4

問題 15 次の記述は、電波の質について述べたものである。電波法の規定に照らし、□内に入れるべき字句を下の番号から選べ。

送信設備に使用する電波の周波数の偏差及び幅、□電波の質は、総務省令で定めるところに適合するものでなければならない。

1 変調度等　　　　　2 空中線電力の偏差等
3 信号対雑音比等　　4 高調波の強度等

解説 電波の質は「周波数の偏差」及び「幅」、「高調波の強度等」をいう。正答：4

問題 16 電波の型式を表示する記号で、電波の主搬送波の変調の型式が振幅変調であって抑圧搬送波による単側波帯のもの、主搬送波を変調する信号の性質がアナログ信号である単一チャネルのもの及び伝送情報の型式が電話（音響の放送を含む。）のものは、次のどれか。

1 A3E　　2 R3F　　3 F3F　　4 J3E

解説 Jは「振幅変調の抑圧搬送波で単側波帯」、3は「アナログ信号の単一チャネル」、Eは「電話」を表すので、「J3E」である。　正答：4

問題 17 単一チャネルのアナログ信号で振幅変調した両側波帯の電話 (音響の放送を含む。) の電波の型式を表示する記号は、次のうちどれか。

1　A3E　　　2　A3F　　　3　F3F　　　4　J3E

🔖解説 A は「振幅変調で両側波帯」、3 は「アナログ信号の単一チャネル」、E は「電話」を表すので、「A3E」である。 　　　　　　　　正答：**1**

問題 18 電波の主搬送波の変調の型式が角度変調で周波数変調のもの、主搬送波を変調する信号の性質がアナログである単一チャネルのものであって、伝送情報の型式が電話 (音響の放送を含む。) の電波の型式を表す記号はどれか。次のうちから選べ。

1　J3E　　　2　F3E　　　3　A3E　　　4　F1B

🔖解説 F は「周波数変調」、3 は「アナログ信号の単一チャネル」、E は「電話」を表すので、「F3E」である。 　　　　　　　　正答：**2**

問題 19 電波の主搬送波の変調の型式が角度変調で周波数変調のもの、主搬送波を変調する信号の性質がデジタル信号である 2 以上のチャネルのものであって、伝送情報の型式が電話 (音響の放送を含む。) の電波の型式を表す記号はどれか。次のうちから選べ。

1　F8E　　　2　F2B　　　3　A3E　　　4　F7E

🔖解説 F は「周波数変調」、7 は「デジタル信号の 2 以上のチャネル」、E は「電話」を表すので、「F7E」である。 　　　　　　　　正答：**4**

問題 20 次の記述は、電波法施行規則に規定する「レーダー」の定義である。□□内に入れるべき字句を下の番号から選べ。

レーダーとは、決定しようとする位置から反射され、又は再発射される無線信号と□□との比較を基礎とする無線測位の設備をいう。

1 基準信号　　　2 標識信号　　　3 同期信号　　　4 応答信号

解説 レーダーは、反射された信号と「基準信号」とを比較して位置を決定する。

正答：**1**

問題 21 船舶に設置する無線航行のためのレーダー（総務大臣が告示するものを除く。）は、何分以内に完全に動作するものでなければならないか、正しいものを次のうちから選べ。

1 1分以内　　　2 2分以内　　　3 4分以内　　　4 5分以内

解説 「4分以内」に完全に動作するもの、と規定されている。

正答：**3**

問題 22 次の記述は、船舶に施設する無線設備について述べたものである。無線設備規則の規定に照らし、□□内に入れるべき字句を下の番号から選べ。

船舶の航海船橋に通常設置する無線設備には、その筐体の見やすい箇所に、当該設備の発する磁界が□□に障害を与えない最小の距離を明示しなければならない。

1 自動操舵装置の機能　　　　　　2 他の電気的設備の動作
3 自動レーダープロッティング機能　　4 磁気羅針儀の機能

解説 「磁気羅針儀（磁気コンパスのこと）の機能」に障害を与えない最小の距離を明示する。

正答：**4**

▶無線従事者

問題 23 第二級海上特殊無線技士の資格を有する者が、1,606.5 kHz から 4,000 kHz までの周波数の電波を使用する船舶局の無線電話で国内通信のための通信操作を行うことができるのは、空中線電力何ワットまでか、正しいものを次のうちから選べ。

| 1　5ワット | 2　10ワット | 3　30ワット | 4　50ワット |

🐟解説 中短波帯「1,606.5 〜 4,000 kHz まで」の出力は「10 ワット」以下である。

正答：**2**

問題 24 第二級海上特殊無線技士の資格を有する者が、空中線電力 10 ワット以下の船舶局の無線電話で国内通信のための通信操作を行うことができるのは、電波の周波数がどの範囲のものか、正しいものを次のうちから選べ。

1　1,606.5kHz 以下
2　1,606.5kHz から 4,000kHz まで
3　4,000kHz から 21,000kHz まで
4　21,000kHz から 25,010kHz まで

🐟解説 中短波帯「1,606.5 〜 4,000kHz まで」の出力は「10 ワット」以下である。

正答：**2**

問題 25 第二級海上特殊無線技士の資格を有する者が、25,010 kHz 以上の周波数の電波を使用する船舶局の無線電話で国内通信のための通信操作を行うことができるのは空中線電力何ワットまでか、正しいものを次のうちから選べ。

| 1　5ワット | 2　10ワット | 3　50ワット | 4　100ワット |

🐟解説 「25,010 kHz 以上」の出力は「50 ワット」以下である。

正答：**3**

問題 26 第二級海上特殊無線技士の資格を有する者が、空中線電力50ワット以下の船舶局の無線電話で国内通信のための通信操作を行うことができるのは、何kHz以上の周波数の電波か。正しいものを次のうちから選べ。

1　20,000kHz　　2　25,010kHz　　3　30,000kHz　　4　35,010kHz

解説　「25,010kHz以上」の出力は「50ワット以下」である。　　正答：**2**

問題 27 無線局の免許人又は登録人は、無線従事者又は主任無線従事者を選任又は解任したときは、電波法の規定によりどのような手続をとらなければならないか、正しいものを次のうちから選べ。

1　10日以内にその旨を報告する。
2　2週間以内にその旨を報告する。
3　1箇月以内にその旨を届け出る。
4　遅滞なく、その旨を届け出る。

解説　選任・解任は「遅滞なく」届け出る。　　正答：**4**

問題 28 無線局の免許人は、無線従事者を選任し、又は解任したときは、どうしなければならないか。次のうちから選べ。

1　1箇月以内にその旨を総務大臣に報告する。
2　遅滞なく、その旨を総務大臣に届け出る。
3　速やかに総務大臣の承認を受ける。
4　2週間以内にその旨を総務大臣に届け出る。

解説　選任・解任は「遅滞なく」総務大臣に届け出る。　　正答：**2**

二海特

問題 29

無線従事者がその免許証の訂正を受けなければならないのは、どの場合か、正しいものを次のうちから選べ。

1　住所を変更したとき。
2　氏名に変更を生じたとき。
3　本籍の都道府県を変更したとき。
4　他の無線従事者の資格の免許を受けたとき。

解説　「氏名に変更」を生じたら、訂正を受ける。　　　　正答：**2**

問題 30

無線従事者は、免許証を失ったためにその再交付を受けた後、失った免許証を発見したときはどうしなければならないか。次のうちから選べ。

1　速やかに発見した免許証を廃棄する。
2　発見した日から 10 日以内に発見した免許証を総務大臣に返納する。
3　発見した日から 10 日以内にその旨を総務大臣に届け出る。
4　発見した日から 10 日以内に再交付を受けた免許証を総務大臣に返納する。

解説　発見した日から「10 日以内」に「発見した免許証」を返納する。　正答：**2**

問題 31

次に掲げる者のうち、無線従事者の免許が与えられないことがある者はどれか。次のうちから選べ。

1　刑法に規定する罪を犯し罰金以上の刑に処せられ、その執行を終わり、又はその執行を受けることがなくなった日から 2 年を経過しない者
2　電波法の規定に違反し、3 箇月以内の期間を定めて無線通信の業務に従事することを停止され、その停止の期間の満了の日から 2 年を経過しない者
3　無線従事者の免許を取り消され、取消しの日から 2 年を経過しない者
4　日本の国籍を有しない者

解説　無線従事者の免許を取り消され「2 年」を経過しない者。　正答：**3**

▶運　用

問題32 次の記述は、秘密の保護に関する電波法の規定である。□□□内に入れるべき字句を下の番号から選べ。

　何人も法律に別段の定めがある場合を除くほか、□□□に対して行われる無線通信を傍受してその存在若しくは内容を漏らし、又はこれを窃用してはならない。

1　すべての無線局
2　すべての相手方
3　特定の相手方
4　通信の相手方

> 🔖解説　重要であるので全文を覚える。「特定の相手方」、「存在」、「内容」、「漏らし」、「窃用」がキーワード。枠内には、「特定の相手方」が入る。□□□の場所が異なるものも出題されている。　　　　　　　　　　　　　　　　正答：**3**

問題33 次の記述は、秘密の保護について述べたものである。電波法の規定に照らし、□□□内に入れるべき字句を下の番号から選べ。

　何人も法律に別段の定めがある場合を除くほか、□□□を傍受してその存在若しくは内容を漏らし、又はこれを窃用してはならない。

1　総務省令で定める周波数を使用して行われる無線通信
2　特定の相手方に対して行われる無線通信
3　特定の相手方に対して暗語により行われる無線通信
4　総務省令で定める周波数により行われる暗語を使用する無線通信

> 🔖解説　重要であるので全文を覚える。「特定の相手方」、「存在」、「内容」、「漏らし」、「窃用」がキーワード。枠内には、「特定の相手方に対して行われる無線通信」が入る。　　　　　　　　　　　　　　　　正答：**2**

問題 34 無線局を運用する場合において、無線設備の設置場所は、遭難通信を行う場合を除き、次のどれに記載されたところによらなければならないか。正しいものを次のうちから選べ。

1　免許状　　2　免許証　　3　無線局事項書　　4　無線局免許申請書

解説　無線局を運用する場合は「免許状」に記載された事項によらなければならない。

正答：**1**

問題 35 一般通信方法における無線通信の原則として無線局運用規則に定める事項に該当しているものは、次のうちどれか。

1　無線通信は、正確に行うものとし、通信上の誤りを知ったときは、直ちに訂正しなければならない。
2　無線通信は有線通信を利用することができないときに限り行うものとする。
3　無線通信を行う場合においては、略符号以外の用語を使用してはならない。
4　無線通信は長時間継続して行ってはならない。

解説　無線通信は「正確」に行い、誤りを知ったときは「直ちに訂正」する。

正答：**1**

問題 36 一般通信方法における無線通信の原則として無線局運用規則に定める事項に該当しているものは、次のうちどれか。

1　必要のない無線通信は、これを行ってはならない。
2　無線通信は、有線通信を利用することができないときに限り行うものとする。
3　無線通信は、長時間行ってはならない。
4　無線通信を行う場合においては、略符号以外の用語を使用してはならない。

解説　「必要のない通信は行ってはならない」と規定されている。

正答：**1**

問題 37 一般通信方法における無線通信の原則として無線局運用規則に規定されていないものはどれか。次のうちから選べ。

1 無線通信は、正確に行うものとし、通信上の誤りを知ったときは、通報終了後一括して訂正しなければならない。
2 必要のない無線通信は、これを行ってはならない。
3 無線通信に使用する用語は、できる限り簡潔でなければならない。
4 無線通信を行うときは、自局の識別信号を付して、その出所を明らかにしなければならない。

🔍解説 通信上の誤りは、終了後一括ではなく「直ちに訂正」する。　　正答：**1**

問題 38 次の記述は、一般通信方法における無線通信の原則について述べたものである。無線局運用規則の規定に照らし、□□□内に入れるべき字句を下の番号から選べ。

無線通信は正確に行うものとし、通信上の誤りを知ったときは、□□□

1 直ちに訂正しなければならない。
2 始めから更に送信しなければならない。
3 適宜に通報の訂正を行わなければならない。
4 通報の送信後訂正箇所を通知しなければならない。

🔍解説 通信上の誤りは「直ちに訂正」する。　　正答：**1**

問題39 一般通信方法における無線通信の原則として無線局運用規則に規定されているのは、次のどれか。

1 無線通信は、長時間継続して行ってはならない。
2 無線通信は、有線通信を利用することができないときに限り行うものとする。
3 無線通信を行う場合においては、略符号以外の用語を使用してはならない。
4 無線通信に使用する用語は、できる限り簡潔でなければならない。

解説 使用する用語は、できる限り「簡潔」でなければならない。 　　正答：**4**

問題40 無線局運用規則の規定に照らし、一般通信方法における無線通信の原則として定める事項に該当しないものは、次のうちどれか。

1 無線通信は、正確に行うものとし、通信上の誤りを知ったときは、直ちに訂正しなければならない。
2 必要のない無線通信は、これを行ってはならない。
3 無線通信に使用する用語は、できる限り簡潔でなければならない。
4 無線通信は、迅速に行うものとし、できる限り速い通信速度で行わなければならない。

解説 選択肢4の規定はない。 　　正答：**4**

問題 41 無線局が相手局を呼び出そうとするときに、遭難通信等を行う場合を除き、電波を発射する前に聴守しなければならない電波の周波数はどれか。次のうちから選べ。

1 自局の発射しようとする電波の周波数その他必要と認める周波数
2 自局に指定されているすべての周波数
3 他の既に行われている通信に使用されている周波数であって、最も感度の良いもの
4 自局の付近にある無線局において使用する電波の周波数

解説 「自局の発射しようとする周波数」、「その他必要と認める周波数」を聴守する。

正答：**1**

問題 42 無線局は、自局の呼出しが他の既に行われている通信に混信を与える旨の通知を受けたときは、どうしなければならないか。次のうちから選べ。

1 空中線電力をなるべく小さくして注意しながら呼出しを行う。
2 直ちにその呼出しを中止する。
3 中止の要求があるまで呼出しを反復する。
4 混信の度合いが強いときに限り、直ちにその呼出しを中止する。

解説 混信を与えたら、「直ちにその呼出しを中止」する。

正答：**2**

問題 43 無線電話通信において、自局に対する呼出しを受信した場合に、呼出局の呼出名称が不確実であるときは、無線局運用規則の規定では応答事項のうち相手局の呼出名称の代わりに、次のどれを使用して直ちに応答しなければならないか。次のうちから選べ。

1 反復願います
2 貴局名は何ですか
3 誰かこちらを呼びましたか
4 再びこちらを呼んでください

解説 「誰かこちらを呼びましたか」を使って応答する。

正答：**3**

二海特

問題 44 次の記述は、通報の送信に関する無線局運用規則の規定である。□□内に入れるべき字句を下の番号から選べ。

無線電話通信における通報の送信は、□□行わなければならない。

1 内容を確認し、一字ずつ区切って発音して

2 語辞を区切り、かつ、明りょうに発音して

3 明りょうに、かつ、速やかに発音して

4 単語を一語ごとに繰り返して

解説 「語辞を区切り、かつ、明りょうに発音して」行う。　　　　正答：**2**

問題 45 電波法の規定により、無線局がなるべく擬似空中線回路を使用しなければならないのは、次のどの場合か。

1 工事設計書に記載した空中線を使用できないとき。

2 無線設備の機器の試験を行うために運用するとき。

3 他の無線局の通信に混信を与えるおそれがあるとき。

4 物件に損傷を与えるおそれがあるとき。

解説 擬似空中線はダミーのアンテナのことで、「試験」又は「調整」を行うときに使用する。ダミー・ロードとも呼ばれる。　　　　正答：**2**

問題 46 無線局がなるべく擬似空中線回路を使用しなければならないのはどの場合か。次のうちから選べ。

1 工事設計書に記載した空中線を使用できないとき。
2 他の無線局の通信に混信を与えるおそれがあるとき。
3 総務大臣の行う無線局の検査のために運用するとき。
4 無線設備の機器の試験又は調整を行うために運用するとき。

解説 擬似空中線はダミーのアンテナのことで、「試験」又は「調整」を行うときに使用する。ダミー・ロードとも呼ばれる。　　　　　　　　　　　正答：**4**

問題 47 無線電話通信において、応答に際して直ちに通報を受信しようとするとき、応答事項の次に送信する略語は、次のどれか。

1 OK
2 了解
3 どうぞ
4 送信してください

解説 応答事項に続いて「どうぞ」を送信する。　　　　　　　　　　　正答：**3**

問題 48 無線電話通信において、応答に際して直ちに通報を受信することができない事由があるときに応答事項の次に送信することになっている事項はどれか。次のうちから選べ。

1 「どうぞ」及び分で表す概略の待つべき時間
2 「どうぞ」及び通報を受信することができない理由
3 「お待ちください」及び分で表す概略の待つべき時間
4 「お待ちください」

解説 「お待ちください」＋「分で表す概略の待つべき時間」がキーワード。
正答：**3**

二海特

問題 49 無線電話通信において、応答に際し 10 分（海上移動業務の無線局と通信する航空機局に係る場合は 5 分）以上経過しなければ通報を受信することができない事由があるとき、応答事項の次に送信することになっている事項は、次のどれか。

1 「お待ちください」及び呼出しを再開すべき時刻

2 「どうぞ」及び通報を受信することができない理由

3 「お待ちください」及び分で表す概略の待つべき時間

4 「どうぞ」及び分で表す概略の待つべき時間

解説 「お待ちください」＋「分で表す概略の待つべき時間」がキーワード。

正答：**3**

問題 50 次の記述は、無線電話通信における通報の送信について述べたものである。無線局運用規則の規定に照らし、□内に入れるべき字句を下の番号から選べ。

通報の送信は、次に掲げる事項を順次送信して行うものとする。

① 相手局の呼出名称　　　□

② こちらは　　　　　　　1回

③ 自局の呼出名称　　　　1回

④ 通報

⑤ どうぞ　　　　　　　　1回

1 2回

2 4回

3 1回

4 3回以下

解説 通報を送信するときは、すべて「1 回」である。

正答：**3**

問題 51 無線電話通信における遭難通信の通報の送信速度は、どのようなものでなければならないか。次のうちから選べ。

1　できるだけ速いもの
2　緊急の度合いに応じたもの
3　送信者の技量に応じたもの
4　受信者が筆記できる程度のもの

🔖 解説 「受信者が筆記できる」速度で送信する。　　　　　　　　正答：**4**

問題 52 無線局が電波を発射して行う無線電話の機器の試験中、しばしば確かめなければならないことはどれか。次のうちから選べ。

1　他の無線局から停止の要求がないかどうか。
2　空中線電力が許容値を超えていないかどうか。
3　「本日は晴天なり」の連続及び自局の呼出名称の送信が5秒間を超えていないかどうか。
4　その電波の周波数の許容偏差が許容値を超えていないかどうか。

🔖 解説 機器の試験中は、「他の無線局から停止の要求」がないか、しばしば確かめる。　　　　　　　　正答：**1**

問題 53 無線電話の機器の試験中、しばしば自局の発射しようとする電波の周波数その他必要と認める電波の周波数により聴守を行わなければならないのは、何を確かめるためか。正しいものを次のうちから選べ。

1　空中線電力が許容値を超えていないかどうか。
2　周波数の偏差が許容値を超えていないかどうか。
3　他の無線局から停止の要求がないかどうか。
4　受信機が最良の感度に調整されているかどうか。

🔖 解説 機器の試験中は、「他の無線局から停止の要求」がないか、しばしば確かめる。　　　　　　　　正答：**3**

二海特

問題54 船舶局は、他の船舶局から無線設備の機器の調整のための通信を求められたときは、どのようにしなければならないか、正しいものを次のうちから選べ。

1　緊急通信に次ぐ優先順位をもってこれに応ずる。

2　支障のない限り、これに応じる。

3　直ちに応ずる。

4　一切の通信を中止して、これに応ずる。

解説　機器の調整の通信を求められたら、「支障のない限り応じる」。　　正答：**2**

問題55 156.8MHzの周波数の電波を使用することができるのはどの場合か。次のうちから選べ。

1　漁業通信を行う場合

2　呼出し又は応答を行う場合

3　港務に関する通報を送信する場合

4　電波の規正に関する通信を行う場合

解説　156.8MHzは、国際的に定められた遭難通信や緊急通信等のための周波数で、遭難通信等を行う場合のほか、「呼出し」又は「応答」に使用される。　正答：**2**

問題56 156.8MHzの周波数の電波が使用できるのは、次のうちのどれか。

1　漁業通信を行う場合

2　緊急通信（医事通報に係るものにあっては、緊急呼出しに限る。）を行う場合

3　港務に関する通信を行う場合

4　電波の規正に関する通信を行う場合

解説　156.8MHzは、国際的に定められた「遭難通信や緊急通信」等のための周波数。　　正答：**2**

問題 57 156.8MHz の周波数の電波を使用することができないのはどの場合か。次のうちから選べ。

1　遭難通信を行う場合
2　安全通信（安全呼出しを除く。）を行う場合
3　緊急通信（医事通報に係るものにあっては、緊急呼出しに限る。）を行う場合
4　呼出し又は応答を行う場合

解説　「156.8 MHz」は、国際的に定められた遭難通信や緊急通信等のための周波数で、「安全通信」には使用できない。　　　　　　　正答：**2**

問題 58 遭難通信を行う場合を除き、その使用は、できる限り短時間とし、かつ、1 分以上にわたってはならない周波数の電波はどれか。次のうちから選べ。

1　156.525MHz　　2　156.8MHz　　3　2,187.5kHz　　4　27,524kHz

解説　遭難通信や緊急通信等のための周波数は、できる限り短時間で、1 分以上にわたってはならず「156.8MHz」が国際的に定められている。　　正答：**2**

問題 59 入港中の船舶の船舶局の運用が認められないのはどの場合か。次のうちから選べ。

1　総合通信局長（沖縄総合通信事務所長を含む。）が行う無線局の検査に際してその運用を必要とする場合
2　中短波帯（1,606.5kHz から 4,000 kHz までの周波数帯をいう。）の周波数の電波を使用して通報を他の船舶局に送信する場合
3　無線通信によらなければ他に陸上との連絡手段がない場合であって、急を要する通報を海岸局に送信する場合
4　26.175MHz を超え 470MHz 以下の周波数の電波により通信を行う場合

解説　入港中の船舶局の運用は選択肢 1、3、4 しか認められていない。正答：**2**

二海特

問題 60 船舶局の無線電話による遭難呼出しは、どの事項を順次送信して行うか、無線局運用規則の規定に照らし、正しいものを次のうちから選べ。

1　(1) メーデー（又は「遭難」）　　2回
　　(2) こちらは　　　　　　　　　1回
　　(3) 遭難船舶局の呼出名称　　　2回

2　(1) メーデー（又は「遭難」）　　3回
　　(2) こちらは　　　　　　　　　1回
　　(3) 遭難船舶局の呼出名称　　　2回

3　(1) メーデー（又は「遭難」）　　3回
　　(2) こちらは　　　　　　　　　1回
　　(3) 遭難船舶局の呼出名称　　　3回

4　(1) メーデー（又は「遭難」）　　3回
　　(2) こちらは　　　　　　　　　1回
　　(3) 遭難船舶局の呼出名称　　　1回

 解説 呼出回数は「3-1-3」と覚えよう。　　　　　　　正答：**3**

問題 61 船舶局が無線電話通信において遭難通報を送信する場合の送信事項に該当しないものはどれか。次のうちから選べ。

1　「メーデー」又は「遭難」
2　遭難した船舶の乗客及び乗組員の氏名
3　遭難した船舶の名称又は識別
4　遭難した船舶の位置、遭難の種類及び状況並びに必要とする救助の種類その他救助のため必要な事項

 解説 選択肢 2 の規定はない。　　　　　　　　　　　正答：**2**

問題62 船舶局の遭難呼出し及び遭難通報の送信は、海岸局又は他の船舶局から応答があるまでどうしなければならないか。次のうちから選べ。

1　応答があるまで、必要な間隔をおいて反復しなければならない。
2　他の無線局に妨害を与えるおそれがある場合を除き、反復しなければならない。
3　少なくとも3分間は、反復しなければならない。
4　少なくとも5回は、反復しなければならない。

解説　「応答があるまで」必要な間隔をおいて反復する。　　　　正答：**1**

問題63 次の記述は、無線電話通信における遭難呼出しの方法について述べたものである。無線局運用規則の規定に照らし、□□□内に入れるべき字句を下の番号から選べ。

　遭難呼出しは、次に掲げる事項を順次送信して行うものとする。
(1) メーデー（又は「遭難」）　　　3回
(2) こちらは　　　　　　　　　　1回
(3) 遭難船舶局の呼出名称　　　　□□□

1　1回
2　2回
3　3回
4　4回

解説　メーデー及び遭難船舶局の呼出名称は、ともに「3回」と覚えよう。
正答：**3**

二海特

問題 64 船舶局が無線電話による緊急信号を受信したときは、遭難通信を行う場合を除き、少なくとも何分間継続してその緊急通信を受信しなければならないか、正しいものを次のうちから選べ。

1 2分間

2 3分間

3 5分間

4 10分間

解説 緊急信号を受信したときは、遭難通信を行う場合を除き、少なくとも「3分間」継続して受信する。 正答：**2**

問題 65 緊急通信を行うことができる場合について、電波法では、どう規定されているか。正しいものを次のうちから選べ。

1 船舶又は航空機が重大かつ急迫の危険に陥るおそれがある場合その他緊急の事態が発生した場合

2 地震、台風、洪水、津波、雪害、火災等が発生した場合

3 船舶又は航空機の航行に対する重大な危険を予防するために必要な場合

4 船舶又は航空機が重大かつ急迫の危険に陥った場合

解説 「船舶又は航空機が重大かつ急迫の危険に陥るおそれ」がある場合には緊急通信を行うことができる。選択肢4は遭難通信の説明。 正答：**1**

問題66 緊急通信は、どのような場合に行うことができるか。電波法の規定に照らし、次のうちから選べ。

1　船舶又は航空機が重大かつ急迫の危険に陥るおそれがある場合その他緊急の事態が発生した場合
2　地震、台風、洪水、津波、雪害、火災等が発生した場合
3　船舶又は航空機の航行に対する重大な危険を予防するために必要な通信を行う場合
4　船舶又は航空機が重大かつ急迫の危険に陥った場合

解説　「船舶又は航空機が重大かつ急迫の危険に陥るおそれ」がある場合には緊急通信を行うことができる。選択肢4は遭難通信の説明。　　正答：**1**

問題67 船舶局の無線電話による安全呼出しは、呼出事項の前に「セキュリテ」又は「警報」を何回送信して行うことになっているか、正しいものを次のうちから選べ。

1　1回　　　2　2回　　　3　3回　　　4　5回

解説　「セキュリテ」又は「警報」を「3回」前置する。　　正答：**3**

問題68 船舶局は、安全信号を受信したときは、どうしなければならないか。次のうちから選べ。

1　その通信が自局に関係がないものであってもその安全通信が終了するまで受信する。
2　その通信が自局に関係のないことを確認するまでその安全通信を受信する。
3　できる限りその安全通信が終了するまで受信する。
4　少なくとも2分間はその安全通信を受信する。

解説　安全信号を受信したら、「自局に関係ないことを確認」するまで受信する。　　正答：**2**

▶業務書類

問題**69** 次の記述は、時計、業務書類等の備付けに関する電波法の規定である。□□□内に入れるべき字句を下の番号から選べ。

　無線局には、正確な時計及び□□□その他総務省令で定める書類を備え付けておかなければならない。

1　免許人の氏名又は名称を証する書類
2　免許証
3　無線業務日誌
4　無線局事項書

解説　「正確な時計」及び「無線業務日誌」は、備付け書類である。　　　正答：**3**

問題**70** 次の記述は、業務書類等の備付けについて述べたものである。電波法の規定に照らし、□□□内に入れるべき字句を下の番号から選べ。

　無線局には、□□□及び無線業務日誌、その他総務省令で定める書類を備え付けておかなければならない。ただし、総務省令で定める無線局については、これらの全部又は一部の備付けを省略することができる。

1　無線局の免許の申請書の写し
2　無線設備等の点検実施報告書の写し
3　免許人の氏名又は名称を証する書類
4　正確な時計

解説　「正確な時計」及び「無線業務日誌」は、備付け書類である。　　　正答：**4**

問題 71 無線局に備え付けておかなければならない時計は、その時刻をどのように照合しておかなければならないか、正しいものを次のうちから選べ。

1 毎月1回以上協定世界時に照合する。
2 毎週1回以上中央標準時に照合する。
3 毎日1回以上中央標準時又は協定世界時に照合する。
4 運用開始前に中央標準時又は協定世界時に照合する。

解説 「毎日1回以上」中央標準時 (JCST) 又は協定世界時 (UTC) に照合する。

正答：**3**

問題 72 無線業務日誌の保存期間は、電波法施行規則では、使用を終わった日からどれほどの期間と定められているか、正しいものを次のうちから選べ。

1 1年間
2 2年間
3 3年間
4 その無線局の免許の有効期間満了の日から1年間

解説 無線業務日誌は、使用を終わった日から「2年間」保存する。 正答：**2**

問題 73 船舶局の免許状は、掲示を困難とするものを除き、どの箇所に掲げておかなければならないか。次のうちから選べ。

1 主たる送信装置のある場所の見やすい箇所
2 受信装置のある場所の見やすい箇所
3 航海船橋の適宜な箇所
4 船内の適宜な箇所

解説 「船舶局」の免許状は「主たる送信装置のある場所の見やすい箇所」に掲げておく。

正答：**1**

二海特

問題74 無線従事者は、その業務に従事しているときは、免許証をどのように していなければならないか。次のうちから選べ。

1　航海船橋に備え付ける。
2　携帯する。
3　無線局に備え付ける。
4　主たる送信装置のある場所の見やすい箇所に掲げる。

解説　業務に従事中は無線従事者免許証を「携帯」する。　　　正答：**2**

▶ 監　督

問題75 総務大臣が無線局に対して臨時に電波の発射の停止を命ずることがで きるのはどの場合か。次のうちから選べ。

1　免許状等に記載された空中線電力の範囲を超えて無線局を運用していると 認めるとき。
2　運用の停止の命令を受けている無線局を運用していると認めるとき。
3　無線局の発射する電波が他の無線局の通信に混信を与えていると認めるとき。
4　無線局の発射する電波の質が総務省令で定めるものに適合していないと認 めるとき。

解説　「臨時に電波の発射の停止」は、「電波の質が適合していない」場合。

正答：**4**

問題 76 免許人は、無線局の検査の結果について総合通信局長（沖縄総合通信事務所長を含む。以下同じ。）から指示を受け相当な措置をしたときは、どうしなければならないか。次のうちから選べ。

1　その指示及び措置の内容を無線業務日誌に記載するとともに総合通信局長に報告する。
2　その措置の内容を免許状の余白に記載する。
3　その旨を無線検査職員に連絡し、再度検査を受ける。
4　その措置の内容を総合通信局長に報告する。

解説　その措置の内容を「総合通信局長に報告」する。　　　正答：**4**

問題 77 無線局の免許人は、その船舶局が遭難通信を行ったときは、どうしなければならないか。次のうちから選べ。

1　総務省令で定める手続により、総務大臣に報告する。
2　その通信の記録を作成し、1年間これを保存する。
3　速やかに海上保安庁の海岸局に通知する。
4　総務大臣に届け出て、無線局の検査を受ける。

解説　遭難通信を行ったら「総務大臣に報告」する。　　　正答：**1**

問題 78 無線局の免許人は、その船舶局が緊急通信を行ったときは、どうしなければならないか。次のうちから選べ。

1　速やかに海上保安庁の海岸局に通知する。
2　その通信の記録を作成し、1年間これを保存する。
3　総務省令で定める手続により、総務大臣に報告する。
4　船舶の所有者に通報する。

解説　緊急通信を行ったら「総務大臣に報告」する。　　　正答：**3**

問題79 船舶局が安全通信を行ったとき、電波法の規定により免許人がとらなければならない措置は、次のどれか。

1 遅滞なく国土交通大臣に報告する。
2 速やかに所属海岸局長に通知する。
3 総務省令で定める手続により総務大臣に報告する。
4 総務大臣に届け出るとともに無線検査簿に記載する。

解説 安全通信を行ったら「総務大臣に報告」する。 　　　正答：**3**

問題80 無線局の免許人は、電波法又は電波法に基づく命令の規定に違反して運用した無線局を認めたときは、どうしなければならないか。次のうちから選べ。

1 総務省令で定める手続により、総務大臣に報告する。
2 その無線局の免許人にその旨を通知する。
3 その無線局に電波の発射の停止を要求する。
4 その無線局の免許人を告発する。

解説 違反して運用した無線局を認めたら「総務大臣に報告」する。 　　　正答：**1**

問題81 総務大臣が無線局の免許を取り消すことができるのは、免許人（包括免許人を除く。）が正当な理由がないのに無線局の運用を引き続き何月以上休止したときか。次のうちから選べ。

1 3月　　　2 1月　　　3 6月　　　4 2月

解説 正当な理由がないのに「6月」以上運用を休止すると、「免許の取消し」。問題文の「6月」とは6箇月のこと。 　　　正答：**3**

問題 82 無線局の免許人が電波法又は電波法に基づく命令に違反したときに総務大臣が行うことができる処分はどれか。次のうちから選べ。

1　無線局の運用の停止
2　通信の相手方又は通信事項の制限
3　電波の型式の制限
4　再免許の拒否

 解説　「電波法令」に違反したら「無線局の運用の停止」を命じられる。　　正答：**1**

問題 83 無線局の免許人が電波法若しくは電波法に基づく命令又はこれらに基づく処分に違反したときに総務大臣が行うことがある処分はどれか。次のうちから選べ。

1　期間を定めて使用する電波の型式を制限する。
2　再免許を拒否する。
3　期間を定めて空中線電力を制限する。
4　期間を定めて通信の相手方又は通信事項を制限する。

 解説　制限事項には「空中線電力」のほかに「運用許容時間」と「周波数」がある。
正答：**3**

問題 84 総務大臣から無線従事者がその免許を取り消されることがあるのはどの場合か。次のうちから選べ。

1　電波法若しくは電波法に基づく命令又はこれらに基づく処分に違反したとき。
2　5年以上無線設備の操作を行わなかったとき。
3　刑法に規定する罪を犯し、罰金以上の刑に処せられたとき。
4　日本の国籍を有しない者となったとき。

 解説　「電波法令に違反」したら「免許の取消し」。選択肢3、4は電波法令の対象ではない。
正答：**1**

二海特

問題 85 総務大臣から無線従事者がその免許を取り消されることがあるのはどの場合か。次のうちから選べ。

1　電波法に違反したとき。
2　免許証を失ったとき。
3　日本の国籍を有しない者となったとき。
4　引き続き5年以上無線設備の操作を行わなかったとき。

解説 「電波法に違反」したら「免許の取消し」。　　　　　　　　正答：**1**

問題 86 無線従事者が電波法に基づく命令又はこれに基づく処分に違反したときに総務大臣から受けることがある処分は、次のどれか。

1　6箇月間無線設備の操作範囲を制限される。
2　1年間無線局の運用の停止を命じられる。
3　6箇月間業務に従事することを停止される。
4　無線従事者の免許を取り消される。

解説 「電波法令に違反」すると「無線従事者の免許の取消し」。　　正答：**4**

問題 87 無線従事者が総務大臣から3箇月以内の期間を定めて無線通信の業務に従事することを停止されることがあるのはどの場合か。次のうちから選べ。

1　電気通信事業法に違反したとき。
2　無線局の運用を休止したとき。
3　免許証を失ったとき。
4　電波法に違反したとき。

解説 「電波法に違反」に違反したら「3箇月」以内の期間、業務の従事を停止される。　　　　　　　　正答：**4**

問題88 無線従事者が電波法又は電波法に基づく命令に違反したときに総務大臣から受けることがある処分はどれか。次のうちから選べ。

1　無線従事者の免許の取消し
2　期間を定めて行う無線設備の操作範囲の制限
3　その業務に従事する無線局の運用の停止
4　6箇月間の業務に従事することの停止

解説 電波法令に違反したときは「無線従事者の免許の取消し」の処分を受けることがある。　　　　　　　　　　　　　　　　　正答：**1**

▶電気回路

問題1　次の記述で、正しいのはどれか。

1　導線の抵抗が小さくなるほど、交流電流は流れにくくなる。

2　導線の断面積が大きくなるほど、交流電流は流れにくくなる。

3　コイルのインダクタンスが大きくなるほど、交流電流は流れにくくなる。

4　コンデンサの静電容量が大きくなるほど、交流電流は流れにくくなる。

解説　コイルのインダクタンスが大きくなるとリアクタンスが「大きく」なり、電流は「流れにくい」。　　　　　　　　　　　　　　　正答：**3**

問題2　図に示す回路の端子ab間の合成抵抗の値として、正しいのは次のうちどれか。

1　8〔kΩ〕

2　12〔kΩ〕

3　18〔kΩ〕

4　36〔kΩ〕

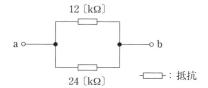

解説　12〔kΩ〕と24〔kΩ〕の並列接続の合成抵抗は、

$$\frac{12 \times 24}{12 + 24} = \frac{288}{36} = 8 〔kΩ〕$$

となる。　　　　　　　　　　　　　　　　　　　　　　正答：**1**

問題 3 図に示す回路の端子ab間の合成静電容量は幾らになるか。

1　 5〔μF〕

2　10〔μF〕

3　15〔μF〕

4　40〔μF〕

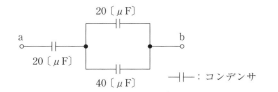

—∥—：コンデンサ

解説 20〔μF〕と40〔μF〕の並列接続の合成静電容量は、

　　20+40=60〔μF〕

となる。

　20〔μF〕と60〔μF〕の直列接続の合成静電容量は、

$$\frac{20×60}{20+60} = \frac{1,200}{80} = 15〔μF〕$$

となる。

正答：**3**

問題 4 図に示す電気回路の電源電圧 E の大きさを3倍にすると、抵抗 R によって消費される電力は、もとの何倍になるか。

1　3倍

2　6倍

3　9倍

4　12倍

—∣⊦—：直流電源

—⊏⊐—：抵抗

解説 流れる電流を I〔A〕、電圧を E〔V〕、抵抗を R〔Ω〕とすると、電力 P〔W〕は、次式で表される。

$$P=E×I=E×\frac{E}{R} = \frac{E^2}{R}$$

　E の値を3倍にすると、

$$P=\frac{(3E)^2}{R}=3^2×\frac{E^2}{R}$$

すなわち、$3^2=9$ となり、「9倍」となる。

正答：**3**

二海特

問題5 図の電気回路において、電源電圧Eの大きさを2分の1倍（1/2倍）にすると、抵抗Rで消費される電力は何倍になるか。

1　1/2倍
2　1/4倍
3　1/8倍
4　1/16倍

—|├— ：直流電源
—◻— ：抵抗

解説 流れる電流をI〔A〕、電圧をE〔V〕、抵抗をR〔Ω〕とすると、電力P〔W〕は、次式で表される。

$$P = E \times I = E \times \frac{E}{R} = \frac{E^2}{R}$$

Eの値を1/2倍にすると、$P = \dfrac{(E/2)^2}{R} = \left(\dfrac{1}{2}\right)^2 \times \dfrac{E^2}{R}$

すなわち、$\left(\dfrac{1}{2}\right)^2 = \dfrac{1}{4}$ となり、「1/4倍」となる。　　　　正答：**2**

問題6 図に示す電気回路において、抵抗Rの値の大きさを2倍にすると、この抵抗で消費される電力は、何倍になるか。

1　2倍
2　4倍
3　1/2倍
4　1/4倍

—|├— ：直流電源
—◻— ：抵抗

解説 流れる電流をI〔A〕、電圧をE〔V〕、抵抗をR〔Ω〕とすると、電力P〔W〕は、次式で表される。

$$P = E \times I = E \times \frac{E}{R} = \frac{E^2}{R}$$

Rの値を2倍にすると、$P = \dfrac{E^2}{R \times 2} = \dfrac{1}{2} \times \dfrac{E^2}{R}$

となるので、「1/2倍」となる。　　　　正答：**3**

問題7 図に示す電気回路において、抵抗Rの値の大きさを2分の1倍（1/2倍）にすると、この抵抗で消費される電力は、何倍になるか。

1　2倍
2　4倍
3　1/2倍
4　1/4倍

⊣⊢：直流電源
⊏═▭⊐：抵抗

解説　流れる電流をI〔A〕、電圧をE〔V〕、抵抗をR〔Ω〕とすると、電力P〔W〕は、次式で表される。

$$P=E×I=E×\frac{E}{R}=\frac{E^2}{R}$$

Rの値を1/2倍にすると、

$$P=\frac{E^2}{\frac{R}{2}}=E^2×\frac{2}{R}=2×\frac{E^2}{R}$$

となるので、「2倍」となる。

正答：**1**

問題8 抵抗負荷の消費電力が120〔W〕のとき、負荷に流れる電流は5〔A〕であった。このときの負荷の両端の電圧の値で、正しいのは次のうちどれか。

1　4.8〔V〕　　　2　24.0〔V〕　　　3　55.0〔V〕　　　4　60.0〔V〕

解説　電圧をE〔V〕、電流をI〔A〕とすると、電力P〔W〕は、次式で表される。

$$P=E×I$$

上式を変形し、Eについて解くと、

$$E=\frac{P}{I}=\frac{120}{5}=24〔V〕$$

となる。

正答：**2**

二海特

▶電子回路

問題 9 　半導体を用いた電子部品の温度が上昇すると、一般にその部品に起こる変化として、正しいのはどれか。次のうちから選べ。

1　半導体の抵抗が増加し、電流が減少する。
2　半導体の抵抗が増加し、電流が増加する。
3　半導体の抵抗が減少し、電流が減少する。
4　半導体の抵抗が減少し、電流が増加する。

解説　半導体部品の温度が上がると抵抗が「減少」し、電流が「増加」する。

正答：**4**

問題 10 　トランジスタの一般的な特徴で、誤っているのは次のうちどれか。

1　小型、軽量である。
2　機械的に丈夫で寿命が長い。
3　熱に強く、温度が変化しても特性が変わらない。
4　低電圧で動作し、電力消費が少ない。

解説　熱に「弱く」、温度が変化すると特性が「変わる」。

正答：**3**

問題 11 　次の記述の□□内に入れるべき字句の組合せで、正しいのはどれか。

　NPN形トランジスタをA級増幅器として使う場合、通常、ベース・エミッタ間のPN接合面には、□A□方向電圧を、コレクタ・ベース間のPN接合面には□B□方向電圧を加える。

	A	B		A	B
1	順	順	2	逆	逆
3	逆	順	4	順	逆

解説　ベース・エミッタ間には「順方向」の電圧、コレクタ・ベース間には「逆方向」の電圧を加える。

正答：**4**

問題 12 図に示すNPN形トランジスタの図記号において、次に挙げた電極名の組合せのうち、正しいのはどれか。

	A	B	C
1	ベース	コレクタ	エミッタ
2	エミッタ	コレクタ	ベース
3	ベース	エミッタ	コレクタ
4	コレクタ	ベース	エミッタ

解説 Cから右回りに「エベコ」と覚える。図はAから始まっているので「ベコエ」に直すと、Aは「ベース」、Bは「コレクタ」、Cは「エミッタ」。 正答：**1**

問題 13 図に示すNPNトランジスタの図記号において、電極aの名称は、次のうちどれか。

1 コレクタ
2 ゲート
3 ソース
4 エミッタ

解説 aから右回りに「エベコ」と覚える。エは「エミッタ」、べは「ベース」、コは「コレクタ」なので、aは「エミッタ」。 正答：**4**

問題 14 図に示すトランジスタの図記号において、電極aの名称は次のうちどれか。

1 ドレイン
2 ゲート
3 コレクタ
4 エミッタ

解説 図の右下から右回りに「エベコ」と覚える。エは「エミッタ」、べは「ベース」、コは「コレクタ」なので、aは「コレクタ」。 正答：**3**

一海特

問題 15 図に示す電界効果トランジスタ (FET) の図記号において、電極 a の名称は次のうちどれか。

1 ドレイン
2 ゲート
3 コレクタ
4 ソース

解説 図の右下から右回りに「ソゲド」と覚える。ソは「ソース」、ゲは「ゲート」、ドは「ドレイン」なので、a は「ゲート」。　　　　正答：**2**

問題 16 図に示す電界効果トランジスタ (FET) の図記号において、電極 a の名称はどれか。

1 ドレイン
2 コレクタ
3 ゲート
4 ソース

解説 図の右下から右回りに「ソゲド」と覚える。ソは「ソース」、ゲは「ゲート」、ドは「ドレイン」なので、a は「ドレイン」。　　　　正答：**1**

問題 17 図に示す電界効果トランジスタ (FET) の電極の名称の組合せで正しいのはどれか。

	A	B	C
1	ゲート	ドレイン	ソース
2	ソース	ドレイン	ゲート
3	ゲート	ソース	ドレイン
4	ドレイン	ソース	ゲート

解説 C・A・B を「ソ・ゲ・ド」と覚える。　　　　正答：**1**

問題 18 図は、振幅が 20〔V〕の搬送波を単一正弦波で振幅変調したときの波形である。変調度は幾らか。

1　20.0〔%〕

2　33.3〔%〕

3　50.0〔%〕

4　66.7〔%〕

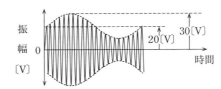

解説　信号波の最大値は、30〔V〕− 20〔V〕= 10〔V〕となる。搬送波の最大値を 20〔V〕とすると、変調度 M は、

$$M = \frac{10}{20} \times 100 = 50 \, 〔%〕$$

となる。

正答：**3**

問題 19 図は、振幅が一定の搬送波を単一正弦波で振幅変調したときの変調波の波形である。変調度は幾らか。

1　50〔%〕

2　60〔%〕

3　75〔%〕

4　80〔%〕

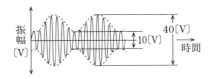

解説　変調波の波形の最大値を 40〔V〕、波形の最小値を 10〔V〕とすると、変調度 M〔%〕は、

$$M = \frac{40-10}{40+10} \times 100$$

$$= \frac{30}{50} \times 100 = 0.6 \times 100 = 60 \, 〔%〕$$

となる。

正答：**2**

二海特

問題 20 図は、単一正弦波で振幅変調した波形をオシロスコープで測定したものである。変調度は幾らか。

1　25〔%〕

2　40〔%〕

3　60〔%〕

4　75〔%〕

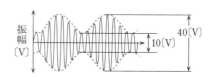

🔖解説　変調波の波形の最大値を 40〔V〕、波形の最小値を 10〔V〕とすると、変調度 M〔%〕は、

$$M = \frac{40-10}{40+10} \times 100$$

$$= \frac{30}{50} \times 100 = 0.6 \times 100 = 60 〔\%〕 \quad となる。$$

正答：**3**

問題 21 図は、振幅が 120〔V〕の搬送波とそれを単一正弦波で振幅変調した波形をオシロスコープで測定したものである。変調度が 70〔%〕のとき、A の値は幾らになるか。

1　84〔V〕

2　102〔V〕

3　168〔V〕

4　204〔V〕

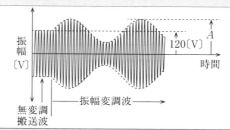

🔖解説　信号波の最大値を $A-120$〔V〕、搬送波の最大値を 120〔V〕、変調度 M を 70〔%〕とすると、振幅の最大値 A〔V〕は、

$$70 = \frac{A-120}{120} \times 100$$

$$0.7 = \frac{A-120}{120}$$

$$84 = A - 120$$

$$A = 204 〔V〕 \quad となる。$$

正答：**4**

問題 22 振幅が 120〔V〕の搬送波を、単一信号波で、変調率 70〔%〕の振幅変調を行うと、変調波の振幅の最大値は幾らになるか。

1　84〔V〕　　　　2　102〔V〕　　　　3　168〔V〕　　　　4　204〔V〕

解説　信号波の最大値を $A-120$〔V〕、搬送波の最大値を 120〔V〕、変調度 M を 70〔%〕とすると、振幅の最大値 A〔V〕は、

$$70 = \frac{A-120}{120} \times 100$$

$$0.7 = \frac{A-120}{120}$$

$$84 = A-120$$

$$A = 204 〔V〕$$

となる。　　　　　　　　　　　　　　　　　　　　　　　　　　　　　　正答：**4**

問題 23 B級増幅と比べたときの A級増幅の特徴の組合せで、正しいのは次のうちどれか。

	ひずみ	効率		ひずみ	効率
1	多い	良い	2	多い	悪い
3	少ない	良い	4	少ない	悪い

解説　A級増幅は常に電流が流れているため、効率は「悪い」がひずみの「少ない」増幅ができる。　　　　　　　　　　　　　　　　　　　正答：**4**

問題 24 A級増幅と比べたときの B級増幅の特徴の組合せで、正しいのは次のうちどれか。

	ひずみ	効率		ひずみ	効率
1	多い	良い	2	多い	悪い
3	少ない	良い	4	少ない	悪い

解説　B級増幅はひずみは「多い」が効率の「良い」増幅ができる。前問は A級増幅の特徴、本問は B級増幅の特徴であることに注意。　　　　　　正答：**1**

二海特

問題 25 次の記述は、個別の部品を組み合わせた回路と比べたときの、集積回路 (IC) の一般的特徴について述べたものである。誤っているのはどれか。

1 複雑な電子回路が小型化できる。

2 IC内部の配線が短く、高周波特性の良い回路が得られる。

3 個別の部品を組み合わせた回路に比べて信頼性が高い。

4 大容量、かつ高速な信号処理回路が作れない。

解説 選択肢 1、2、3 は正しい記述。 IC は大容量、かつ高速な信号処理回路が「作れる」ので、選択肢 4 は誤り。 正答：**4**

▶ 無線通信装置

問題 26 図は、無線電話の振幅変調波の周波数成分の分布を示したものである。これに対応する電波の型式はどれか。ただし、点線部分は、電波が出ていないものとする。

1 J3E

2 A3E

3 R3E

4 H3E

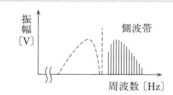

解説 搬送波が「抑圧」されている「単側波帯」は「J3E」で表示される。 正答：**1**

問題 27 周波数 f_C の搬送波を周波数 f_S の信号波で、振幅変調 (DSB) を行ったときの占有周波数帯幅は、次のうちどれか。

1 $2f_C$　　2 $2f_S$　　3 f_C+f_S　　4 f_C-f_S

解説 DSB では上下に側波帯が存在するので、占有周波数帯幅は f_S の「2 倍」となる。 正答：**2**

問題 28 周波数 f_C の搬送波を周波数 f_S の信号波で、振幅変調（DSB）を行ったときの占有周波数帯幅と上側波の周波数の組合せで、正しいのはどれか。

	占有周波数帯幅	上側波の周波数
1	f_S	$f_C - f_S$
2	$2f_S$	$f_C - f_S$
3	f_S	$f_C + f_S$
4	$2f_S$	$f_C + f_S$

🔊解説 DSB なので占有周波数帯幅は「$2f_S$」であり、上側波であるから「$f_C + f_S$」となる。　　　　　　　　　　　　　　　　　　　　　　　　　　　　正答：**4**

問題 29 図は、SSB 波を発生させるための回路構成である。出力に現れる周波数成分は、次のうちどれか。

1　$f_C - f_S$
2　$f_C + f_S$
3　$f_C \pm f_S$
4　$f_C + 2f_S$

信号波 f_S → 平衡変調器 → 帯域フィルタ（上側波帯通過用）→ 出力
局部発振器　搬送波：f_C

🔊解説 帯域フィルタは、図中に「上側波帯通過用」と記載があるので、出力の周波数は「$f_C + f_S$」となる。　　　　　　　　　　　　　　　　　　　　　　　正答：**2**

問題 30 図は、SSB（J3E）送信機の構成例を示したものである。空欄の部分の名称の組合せで正しいのはどれか。

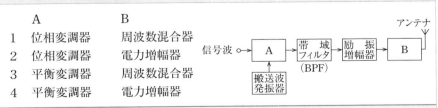

	A	B
1	位相変調器	周波数混合器
2	位相変調器	電力増幅器
3	平衡変調器	周波数混合器
4	平衡変調器	電力増幅器

信号波 → A → 帯域フィルタ（BPF）→ 励振増幅器 → B → アンテナ
搬送波発振器

🔊解説 「平衡変調器」で搬送波を除去し、「電力増幅器」で必要な電力まで増幅する。　　　　　　　　　　　　　　　　　　　　　　　　　　　　　　　正答：**4**

二海特

問題 31 SSB (J3E) 受信機において、SSB変調波から音声信号を得るために、図の空欄の部分に何を設けるのは、次のうちどれか。

1　中間周波増幅器
2　検波器
3　帯域フィルタ
4　クラリファイヤ

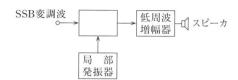

解説 SSB変調波から信号を取り出すために「検波器」と局部発振器が必要になる。

正答：**2**

問題 32 SSB (J3E) 送信機と DSB (A3E) 送信機のそれぞれの構成各部をくらべたとき、その動作が著しく異なっているのは、次のうちどれか。

1　変調部
2　発振部
3　緩衝増幅部
4　励振増幅部

解説 SSB では「変調部」に「平衡変調器」が用いられ、搬送波が除去される。

正答：**1**

問題 33 SSB (J3E) 送受信装置において、送話中電波が発射されているかどうかを知る方法で、正しいのはどれか。

1　送話音の強弱にしたがって、電源表示灯が明滅するかを確認する。
2　送話音の強弱にしたがって、「出力」に切り替えたメータが振れるかを確認する。
3　送話音の強弱にしたがって、「電源」に切り替えたメータが振れるかを確認する。
4　送話音の強弱にしたがって、受信音が変化するかを確認する。

解説 SSB では送話したときだけ「出力」があるので、出力メータの「指針の振れ」を見ればよい。

正答：**2**

問題 34 DSB (A3E) 送受信機において、送信操作に必要なのは、次のうちどれか。

1 プレストークボタン　　2 スケルチ調整つまみ
3 音量調整つまみ　　　　4 感度調整つまみ

解説 「プレストークボタン」はマイクに付属しているもので、送信と受信の切り換えに使用する。　　　　　　　　　　　　　　　　　　　　　　　正答：**1**

問題 35 DSB (A3E) 送受信機のプレストークボタンを押したが、電波が発射されなかった。この場合点検しなくてよいのは、次のうちどれか。

1 給電線の接続端子　　2 感度調整つまみ
3 電源スイッチ　　　　4 マイクコード

解説 「感度調整つまみ」は受信機の機能で、送信とは関係ない。　　正答：**2**

問題 36 FM (F3E) 送受信機において、プレストークボタンを押したのに電波が放射されなかった。このとき点検しなくてよいのは、次のうちどれか。

1 制御切替器　　　　2 電源スイッチ
3 マイクコード　　　4 音量調整つまみ

解説 「音量調節つまみ」は受信機の機能で、送信とは関係ない。　　正答：**4**

問題 37 単信方式の FM (F3E) 送受信機において、プレストークボタンを押して送信しているときの状態の説明で、正しいのはどれか。

1 スピーカから雑音が出ず、受信音も聞こえない。
2 スピーカから雑音が出ていないが、受信音は聞こえる。
3 スピーカから雑音が出ているが、受信音は聞こえない。
4 スピーカから雑音が出ており、受信音も聞こえる。

解説 送信状態のときには「スピーカから雑音は出ない」、「受信音が聞こえない」のが正常である。　　　　　　　　　　　　　　　　　　　　　　　正答：**1**

二海特

問題 38 間接FM方式の FM（F3E）送信機において、周波数偏移を大きくする方法として、適切なのはどれか。

1　送信機の出力を大きくする。
2　緩衝増幅器の増幅度を小さくする。
3　周波数逓倍器の逓倍数を大きくする。
4　変調器と次段との結合を疎にする。

解説　「逓倍数を大きく」した分、周波数偏移が大きくなる。逓倍とは、元の周波数を整数倍すること。　　　　　　　　　　　　　　　　　正答：**3**

問題 39 FM（F3E）送信機において、大きな音声信号が加わっても一定の周波数偏移内に収めるためには、次のうちどれを用いればよいか。

1　IDC回路
2　AGC回路
3　音声増幅器
4　緩衝増幅器

解説　「IDC」は Instantaneous Deviation Control の略で、大きな信号の入力を規定値内に制限する。　　　　　　　　　　　　　　　　正答：**1**

問題 40 図は、直接FM（F3E）送信装置の構成例を示したものである。□ 内に入れるべき名称の組合せで、正しいのは次のうちどれか。

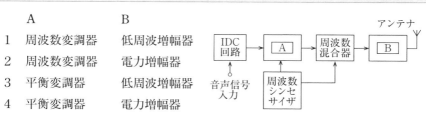

	A	B
1	周波数変調器	低周波増幅器
2	周波数変調器	電力増幅器
3	平衡変調器	低周波増幅器
4	平衡変調器	電力増幅器

解説　周波数変調は「周波数変調器」で得られ、「電力増幅器」で必要な電力まで増幅する。　　　　　　　　　　　　　　　　　　　　　　正答：**2**

問題 41 図は、周波数シンセサイザの構成例を示したものである。□□内に入れるべき名称の組合せで、正しいのは次のうちどれか。

	A	B
1	位相比較器	低域フィルタ（LPF）
2	位相比較器	高域フィルタ（HPF）
3	IDC	低域フィルタ（LPF）
4	IDC	高域フィルタ（HPF）

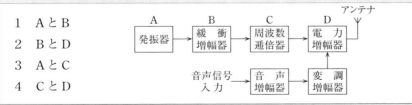

解説 「位相比較器」は分周器の出力と可変分周器の出力周波数を比較し、「低域フィルタ」は電圧制御発振器用の電圧を取り出す。　　　　　正答：**1**

問題 42 無線送受信機の制御器（コントロールパネル）は、次のどのような目的で使用されるか。

1　送受信機周辺の電気的雑音による障害を避けるため。
2　電源電圧の変動を避けるため。
3　送信と受信の切替えを容易に行うため。
4　送受信機を離れたところから操作するため。

解説 制御器は Remote Control のことで、送受信機を「離れた」ところからリモコン制御する。　　　　　正答：**4**

問題 43 図に示す構成の送信機において、アンテナから放射される電波の周波数を決定する段の組合せは、次のうちどれか。

1　AとB
2　BとD
3　AとC
4　CとD

A 発振器　B 緩衝増幅器　C 周波数逓倍器　D 電力増幅器　音声信号入力　音声増幅器　変調増幅器　アンテナ

解説 「発振器」で発振した周波数を「周波数逓倍器」で所要の周波数にする。　　　　　正答：**3**

問題44 図は、SSB（J3E）方式無線電話送信機の原理的な構成例を示したものである。空欄の部分の名称の組合せで、正しいのはどれか。

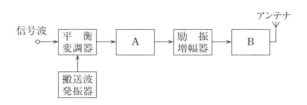

	A	B
1	緩衝増幅器	周波数逓倍器
2	緩衝増幅器	電力増幅器
3	帯域フィルタ（BPF）	電力増幅器
4	帯域フィルタ（BPF）	周波数逓倍器

解説 Aの「帯域フィルタ」で上側又は下側の側波帯を取り出し、Bの「電力増幅器」で必要な電力まで増幅する。　　　　　　　　　　　正答：**3**

問題45 図は、SSB（J3E）送信機の原理的な構成例を示したものである。空欄の部分の名称の組合せで正しいのはどれか。

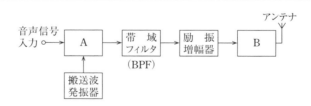

	A	B
1	位相変調器	周波数混合器
2	位相変調器	電力増幅器
3	平衡変調器	周波数混合器
4	平衡変調器	電力増幅器

解説 Aの「平衡変調器」で搬送波を除去し、Bの「電力増幅器」で必要な電力まで増幅する。　　　　　　　　　　　正答：**4**

問題 46 次の記述は、受信機の性能のうち何について述べたものか。

　周波数及び強さが一定の電波を受信しているとき、受信機の再調整を行わず、長時間にわたって一定の出力を得ることができる能力を表す。

1　安定度　　　2　忠実度　　　3　選択度　　　4　感度

🔖解説 再調整を行わず長時間にわたって＝「安定度」である。　　　正答：**1**

問題 47 次の記述は、受信機の性能のうち何について述べたものか。

　多数の異なる周波数の電波の中から、混信を受けないで、目的とする電波を選び出すことができる能力を表す。

1　選択度　　　2　感度　　　3　忠実度　　　4　安定度

🔖解説 選び出すことができる能力＝「選択度」である。　　　正答：**1**

二海特

問題 48 受信機の性能についての説明で、正しいのはどれか。

1　感度は、どれだけ強い電波まで受信できるかの能力を表す。
2　選択度は、多数の異なる周波数の電波の中から、混信を受けないで、目的とする電波を選び出すことができるかの能力を表す。
3　忠実度は、受信すべき信号が受信機の入力側で、どれだけ忠実に再現できるかの能力を表す。
4　安定度は、周波数及び強さが一定の電波を受信したとき、再調整をすることによって、どれだけ長時間にわたって、一定の出力が得られるかの能力を表す。

🔖解説 選択度＝「選び出すことができる能力」を表す。　　　正答：**2**

問題 49 次の記述は、スーパヘテロダイン受信機の AGC の働きについて述べたものである。正しいのはどれか。

1 選択度を良くし、近接周波数の混信を除去する。
2 受信電波が無くなったときに生じる大きな雑音を消す。
3 受信電波の強さが変動しても、受信出力をほぼ一定にする。
4 受信電波の周波数の変化を振幅の変化に直し、信号を取り出す。

解説 AGC は Automatic Gain Control の略で、自動利得調整のこと。受信電波の強さが変動しても、出力を「一定」にする。 正答：**3**

問題 50 SSB (J3E) 受信機において、クラリファイヤを調整するのは、どのようなときか。

1 受信周波数がずれ、音声がひずんで聞きにくいとき。
2 受信中、雑音が多くて聞きにくいとき。
3 受信中、音声が小さくて聞きにくいとき。
4 受信中、入力が強くて聞きにくいとき。

解説 クラリファイヤ (Clarifier) つまみを調整して、「受信周波数のずれを補正し、聞きやすくする」。 正答：**1**

問題 51 SSB (J3E) 受信機において、クラリファイヤを設ける目的はどれか。

1 受信雑音を軽減する。
2 受信強度の変動を防止する。
3 受信周波数がずれ、音声がひずんで聞きにくいとき、明りょう度を良くする。
4 受信周波数目盛を較正する。

解説 クラリファイヤは、受信周波数のずれを補正し「明りょう度」を良くする。「スピーチクラリファイヤ」と呼ぶこともある。 正答：**3**

問題52 次の記述の□□内に入れるべき字句の組合せで、正しいのはどれか。

　SSB（J3E）送受信機において、受信音がひずむときは、 A つまみをわずか左右に回し、最も B の良い状態とする。なお、調整しにくいときは、相手局からトーン信号を送出してもらい、自局の C を「受信」として、両者のビートを取り調整する。

	A	B	C
1	クラリファイヤ	明りょう度	トーンスイッチ
2	クラリファイヤ	感度	AGCスイッチ
3	感度調整	感度	トーンスイッチ
4	感度調整	明りょう度	AGCスイッチ

解説　「（スピーチ）クラリファイヤ」を調整して、音の「明りょう度」を上げる。

正答：**1**

一海特

問題53 次の記述の□□内に入れるべき字句の組合せで、正しいのはどれか。

　無線電話装置において、受信電波の中から音声信号を取り出すことを A という。FM（F3E）電波の場合、この役目をするのは B である。

	A	B
1	変調	周波数弁別器
2	変調	2乗検波器
3	復調	周波数弁別器
4	復調	直線検波器

解説　「「復調」は元に戻すことで、「検波」ともいい、FMでは「周波数弁別器」を使用する。

正答：**3**

問題 54 図は、FM（F3E）受信機の構成の一部を示したものである。空欄の部分の名称の組合せで、正しいのは次のうちどれか。

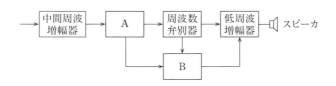

	A	B
1	振幅制限器	AGC回路
2	周波数変換器	スケルチ回路
3	周波数変換器	AGC回路
4	振幅制限器	スケルチ回路

解説 「振幅制限器」で雑音となるAM成分を除去し、「スケルチ回路」で受信時の不要な雑音を消去する。　　　　　　　　　　　　　　　　　　　正答：**4**

問題 55 無線受信機のスピーカから大きな雑音が出ているとき、これが外来雑音によるものかどうか確かめる方法で、最も適切なものはどれか。

1　アンテナ端子とアース端子間を高抵抗でつなぐ。
2　アンテナ端子とアース端子間を導線でつなぐ。
3　アンテナ端子とスピーカ端子間を高抵抗でつなぐ。
4　アンテナ端子とスピーカ端子間を導線でつなぐ。

解説 「アンテナとアースを導線でつなぐ」と、外部雑音信号はショートされてなくなるので、外部雑音か内部雑音かの区別ができる。　　　　　　　正答：**2**

▶レーダー

問題56 次の記述は、レーダー装置の機能について述べたものである。誤っているのはどれか。

1 航行中の船舶等を探知し、方位や距離が測定できる。
2 物標を探知し、移動体か静止しているか、判別ができる。
3 物標が小物体でも、最小探知距離内にあれば、識別ができる。
4 物標が小形木船や、氷塊等のときは探知が困難である。

解説 物標が「小さすぎる」と反射波が弱く、識別することは「困難」である。

正答：**3**

問題57 レーダー受信機において、最も影響の大きい雑音は、次のうちどれか。

1 空電による雑音
2 電気器具による雑音
3 電動機による雑音
4 受信機内部の雑音

解説 「受信機の内部で発生する雑音」の影響が最も大きい。

正答：**4**

問題58 レーダーの最小探知距離に最も影響を与える要素は、次のうちどれか。

1 パルスの幅
2 送信周波数
3 空中線のビーム幅
4 パルス繰返し周波数

解説 最小探知距離に最も影響するのは「パルスの幅」である。

正答：**1**

問題 59 レーダーで最大探知距離を大きくする方法として、誤っているのは次のうちどれか。

1 アンテナの利得を大きくし、その設置位置を高くする。
2 送信電力を大きくする。
3 パルス幅を狭くし、パルスの繰返し周波数を高くする。
4 受信機の感度を良くする。

解説 パルス幅を狭くすると、反射波からのエネルギーが小さくなるので最大探知距離は「小さく」なる。また、パルスの繰返し周波数を「低く」したほうが最大探知距離は大きくなる。 正答：**3**

問題 60 レーダーの最大探知距離を大きくするための条件で、誤っているのは次のうちどれか。

1 パルスの繰返し周波数を高くする。
2 受信機の感度を良くする。
3 空中線の高さを高くする。
4 送信電力を大きくする。

解説 パルスの繰返し周波数を「低く」したほうが最大探知距離は大きくなる。 正答：**1**

問題 61 レーダーから等距離にあって、近接した物標が判別できる限界の能力を表すものはどれか。

1 最小探知距離
2 最大探知距離
3 距離分解能
4 方位分解能

解説 等距離の近接した物標を見分ける能力は「方位分解能」である。 正答：**4**

問題 62 レーダーから同一方位にあって、近接した2物標を区別できる限界の能力を表すものはどれか。

1 最小探知距離
2 最大探知距離
3 距離分解能
4 方位分解能

解説 同一方位において、わずかに距離が異なる2つの物標を識別する能力を「距離分解能」という。

正答：**3**

問題 63 レーダーにおいて、距離レンジを例えば3海里から6海里へと切り替えたとき、レーダーの機能の一部が連動して切り替わる機構のものがある。次に挙げた機能のうち、通常切り替わらないものはどれか。

1 パルス幅
2 アンテナビーム幅
3 アンテナ回転速度
4 パルス繰返し周波数

解説 「アンテナビーム幅」は、常に「一定」である。

正答：**2**

問題 64 船舶用レーダーで、船体のローリングにより物標を見失わないようにするため、どのような対策がとられているか。

1 パルス幅を広くする。
2 アンテナの水平ビーム幅を広くする。
3 アンテナの垂直ビーム幅を広くする。
4 アンテナの取付け位置を低くする。

解説 ローリングは船体が左右に揺れることで、垂直ビーム幅を「広く」すると広い範囲が見える。

正答：**3**

二海特

問題 65　PPI方式のレーダー装置で、偽像がスコープ面に現れることがあるが、次のうち偽像が現れる原因と関係がないものは、次のうちどれか。

1　自船の煙突やマストよりレーダー装置の位置が低い。
2　アンテナ指向特性にサイドローブがある。
3　付近にスコールをもつ大気団がある。
4　自船と平行して大型船が航行している。

🔖解説　「スコール」は雨であるから、偽像とはならない。　　　　正答：**3**

問題 66　船舶用レーダーにおいて、図に示すような偽像が現れた。主な原因は、次のうちどれか。

1　アンテナのサイドローブによる。
2　自船と他船との多重反射による。
3　鏡現象による。
4　二次反射による。

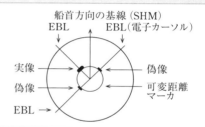

🔖解説　「サイドローブ」はアンテナの放射特性で、「偽像」はサイドローブの影響によるもの。　　　　正答：**1**

問題 67　船舶用レーダーの映像において、図のように多数の斑点が現れ変化する現象は、どのようなときに生ずると考えられるか。

1　送電線が近くにあるとき。
2　海岸線が近くにあるとき。
3　他のレーダーによる干渉があるとき。
4　位置変化の速いものが近くにあるとき。

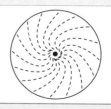

🔖解説　「他のレーダーによる干渉があるとき」に図のような多数の斑点が現れる。　　　　正答：**3**

無線工学

問題68 船舶用レーダーにおいて、FTCつまみを調整する必要があるのは、次のうちどれか。

1 雨や雪による反射のため、物標の識別が困難なとき。
2 影像が暗いため、物標の識別が困難なとき。
3 画面の中心付近が明るいため、物標の識別が困難なとき。
4 掃引線が見えないため、物標の識別が困難なとき。

解説 「雨や雪からの反射波を防ぐ」ために「FTCつまみ」を調整する。FTCは雨雪反射抑制回路とも呼ばれる。　　　　　　　　　　　正答：**1**

問題69 船舶用レーダーのパネル面において、雨による反射波のため物標の識別が困難な場合、操作する部分で最も適切なのはどれか。

1 FTCつまみ　　2 STCつまみ
3 感度つまみ　　4 同調つまみ

解説 雨や雪による反射のため、物標の識別が困難なときは「FTC」つまみを操作する。　　　　　　　　　　　正答：**1**

問題70 船舶用レーダーにおいて、STCつまみを調整する必要があるのは、次のうちどれか。

1 雨や雪による反射のため、物標の識別が困難なとき。
2 映像が暗いため、物標の識別が困難なとき。
3 レーダー近傍の物標からの反射波が強いため画面の中心付近が過度に明るくなり、物標の識別が困難なとき。
4 掃引線が見えないため、物標の識別が困難なとき。

解説 「画面の中心付近が過度に明るい」ときは「STCつまみ」で調整する（＝「STC (Sensitivity Time Control)」）。　　　　　　　　　正答：**3**

問題71 船舶用レーダーのパネル面において、近距離からの海面反射のため物標の識別が困難なとき、操作するつまみで最も適切なものは、次のうちどれか。

1　感度調整つまみ　　　2　同調つまみ
3　FTC つまみ　　　　4　STC つまみ

解説　波浪による反射や海面反射で物標の識別が困難なときは「STC つまみ」で調整する。STC は海面反射抑制回路とも呼ばれる。　　　　　正答：**4**

問題72 船舶用レーダーのパネル面において、波浪による反射のため物標の識別が困難なとき、操作するつまみで最も適切なものは、次のうちどれか。

1　感度調整つまみ　　　2　同調つまみ
3　STC つまみ　　　　4　FTC つまみ

解説　波浪による反射や海面反射で物標の識別が困難なときは「STC つまみ」で調整する。STC は海面反射抑制回路とも呼ばれる。　　　　　正答：**3**

問題73 次の記述の　　　内に入れるべき字句の組合せで、正しいのはどれか。

　レーダーの映像は、画面の中心付近では　A　に現れるが、端の方になるにしたがって　B　に映るようになる。これは、電波の　C　の広がりによるためである。

	A	B	C
1	線状	点状	ビーム
2	点状	線状	ビーム
3	点状	線状	パルス幅
4	線状	点状	パルス幅

解説　映像が「点状」から「線状」になり、「ビーム」の広がりで精度が悪くなる。

正答：**2**

問題74 レーダーの画面に図のような捜索救助用レーダートランスポンダ (SART) の信号が表示された。SART の位置はどこか。

1 A
2 B
3 C
4 D

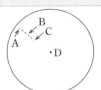

🔧解説 SART は Search And Rescue Transponder の略で、捜索救助にあたる船舶や航空機のレーダー電波を受信すると自動的に応答し、遭難者の方位と距離を知らせる。捜索船 (D) から見て点列の 1 点目が遭難者の位置になるので、SART の位置は「C」となる。　　　　　　　　　　　　　　　　　　正答：**3**

問題75 レーダー画面上に、図に示すような12個の輝点列が現れた。これは何か。

1 大型船の多重反射による偽像
2 小型船舶用レフレクタからの反射
3 アンテナ回転機構の故障
4 捜索救助用レーダートランスポンダ (SART) からの信号

自船の位置 →

🔧解説 「SART」はレーダー画面上で 12 個の輝点列で表示され、遭難者の方位と位置を知らせる。　　　　　　　　　　　　　　　　　　　　　　　正答：**4**

▶衛星通信

問題76 次の記述は、GPS（全世界測位システム）等について述べたものである。誤っているのは次のうちどれか。

1 GPSでは、地上からの高度が約 20,000〔km〕の異なる6つの軌道上に衛星が配置されている。
2 各衛星は、一周約12時間で周回している。
3 ディファレンシャル GPS という方式を用いることにより、GPS測位精度を上げることができる。
4 測位に使用している周波数は、長波（LF）帯である。

🔧解説 測位に使用している周波数は、「極超短波（UHF）」帯である。　　正答：**4**

二海特

問題 77 次の記述は、GPS（Global Positioning System）等について述べたものである。誤っているのは次のうちどれか。

1 GPSでは、地上からの高度が約 20,000〔km〕の異なる 6 つの軌道上に衛星が配置されている。

2 測位に使用している周波数は、極超短波（UHF）帯である。

3 各衛星は、一周約 24 時間で周回している。

4 ディファレンシャル GPS という方式を用いることにより、GPS測位精度を上げることができる。

解説 各衛星は、一周「約 12 時間」で周回している。　　　正答：**3**

問題 78 次の記述は、GPS（Global Positioning System）の概要について述べたものである。□内に入れるべき字句の正しい組合せを下の番号から選べ。

GPS では、地上からの高度が約 20,000〔km〕の異なる 6 つの軌道上に衛星が配置され、各衛星は、一周約 A 時間で周回している。また、測位に使用している周波数は、 B 帯である

	A	B
1	12	長波（LF）
2	12	極超短波（UHF）
3	24	長波（LF）
4	24	極超短波（UHF）

解説 GPS 衛星は、地球一周約「12」時間で周回する準同期衛星である。測位に使用している周波数は、「極超短波（UHF）」帯である。また、地上からの高度は「約 20,000〔km〕」である。　　　正答：**2**

問題 79 次の記述は、船舶自動識別装置（AIS）の概要について述べたものである。誤っているものを下の番号から選べ。

1 AIS搭載船舶は、識別信号（船名）、位置、針路、船速などの情報を送信する。
2 AISにより受信される他の船舶の位置情報は、自船からの方位、距離としてAISの表示器に表示することができる。
3 通信に使用している周波数は、短波（HF）帯である。
4 電波は、自動的に送信される。

解説 AISの通信に使用している周波数は、「超短波（VHF）帯」である。　正答：**3**

問題 80 次の記述は、船舶自動識別装置（AIS）の概要について述べたものである。　　内に入れるべき字句の正しい組合せを下の番号から選べ。

AISを搭載した船舶は、識別信号（船名）、位置、針路、船速などの情報を A 帯の電波を使って自動的に送信する。また、AISにより受信される他の船舶の位置情報は、自船からの B としてAISの表示器に表示することができる。

	A	B
1	短波（HF）	方位、距離
2	短波（HF）	12個の輝点列
3	超短波（VHF）	12個の輝点列
4	超短波（VHF）	方位、距離

解説 AIS（Automatic Identification System）は、船舶の識別信号、位置、針路、船速等及びその他の安全に関する情報を自動的に「超短波（VHF）」帯の電波で送受信し、船舶局相互間及び船舶局と陸上局の航行援助施設等との間で情報交換を行うシステムである。AISにより受信される他の船舶の位置情報は、自船からの「方位、距離」として表示器に表示される。　正答：**4**

▶電 源

問題81 次の記述の[　　]内に入れるべき字句の組合せで、正しいのはどれか。

交流電源から直流を得る場合は、変圧器により所要の電圧にした後、[　A　]を経て[　B　]でできるだけ完全な直流にする。

	A	B
1	整流回路	平滑回路
2	変調回路	平滑回路
3	平滑回路	整流回路
4	平滑回路	変調回路

📖解説 「整流回路」で直流にして、「平滑回路」でより完全な直流にする。　正答：**1**

問題82 図に示す整流回路の名称とa点に現れる整流電圧の極性との組合せで、正しいのは次のうちどれか。

	名称	a点の極性
1	半波整流回路	正
2	半波整流回路	負
3	全波整流回路	正
4	全波整流回路	負

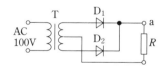

📖解説 整流用のダイオードが2個あるので「全波（両波）整流回路」と呼ばれ、電流はダイオードの左から右に向かって流れるので、aの端子は「＋（正）極性」となる。

正答：**3**

問題 83 図の電源回路の入力に交流を加えたとき、出力及び出力端子の極性との組合せで、正しいのは次のうちどれか。

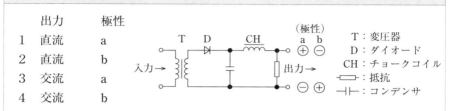

	出力	極性
1	直流	a
2	直流	b
3	交流	a
4	交流	b

T：変圧器
D：ダイオード
CH：チョークコイル
⎓ 抵抗
⊣⊢ コンデンサ

🔖解説 この回路は整流回路で、上側の出力端子には「＋の極性の直流電圧」が、下の出力端子には「－の極性の直流電圧」が現れる。 　　正答：**1**

問題 84 次の記述の 内に入れるべき字句の組合せで、正しいのはどれか。

　一般に、充放電が可能な A 電池の一つに B があり、ニッケルカドミウム蓄電池に比べて、自己放電が少なく、メモリー効果がない等の特徴がある。

	A	B		A	B
1	一次	リチウムイオン蓄電池	2	二次	マンガン乾電池
3	一次	マンガン乾電池	4	二次	リチウムイオン蓄電池

🔖解説 充放電が可能な電池を「二次電池」と呼び、「リチウムイオン蓄電池」はメモリー効果がない。 　　正答：**4**

問題 85 次の記述の 内に入れるべき字句の組合せで、正しいのはどれか。

　一般に、充放電が可能な A 電池の一つに B 蓄電池があり、過充電や過放電に強い特長がある。

	A	B		A	B
1	一次	アルカリ	2	二次	マンガン
3	一次	マンガン	4	二次	アルカリ

🔖解説 充放電が可能な電池を「二次電池」と呼び、「アルカリ蓄電池」は二次電池である。 　　正答：**4**

問題 86 1個6〔V〕、30〔Ah〕の蓄電池を3個直列に接続したときの合成電圧及び合成容量の組合せで、正しいのはどれか。

	合成電圧	合成容量
1	6〔V〕	30〔Ah〕
2	6〔V〕	90〔Ah〕
3	18〔V〕	30〔Ah〕
4	18〔V〕	90〔Ah〕

🔖解説 1個の電圧がE〔V〕、容量がI〔Ah〕の電池をn個直列に接続すると、
合成電圧＝$E×n$〔V〕
合成容量＝I〔Ah〕
となる。よって、
合成電圧＝6×3＝18〔V〕
合成容量＝30〔Ah〕
となる。

正答：**3**

問題 87 12〔V〕、60〔Ah〕の蓄電池を2個並列に接続したとき、合成電圧及び合成容量の組合せで、正しいものは次のうちどれか。

	合成電圧	合成容量
1	12〔V〕	60〔Ah〕
2	12〔V〕	120〔Ah〕
3	24〔V〕	60〔Ah〕
4	24〔V〕	120〔Ah〕

🔖解説 1個の電圧がE〔V〕、容量がI〔Ah〕の電池をn個並列に接続すると、
合成電圧＝E〔V〕
合成容量＝$I×n$〔Ah〕
となる。よって、
合成電圧＝12〔V〕
合成容量＝60×2＝120〔Ah〕
となる。

正答：**2**

問題88 端子電圧6〔V〕、容量（10時間率）60〔Ah〕の充電済みの鉛蓄電池に、動作時に3〔A〕の電流が流れる装置を接続して連続動作させた。通常、何時間まで動作をさせることができるか。

1 10時間
2 20時間
3 30時間
4 60時間

解説 使用可能時間h〔時間〕は、

$$h = \frac{電池の容量〔Ah〕}{使用する電流〔A〕}$$

となる。よって、

$$h = \frac{60}{3} = 20 〔時間〕$$

となる。

正答：**2**

▶空中線（アンテナ）

問題89 垂直半波長ダイポールアンテナから放射される電波の偏波と、水平面指向特性についての組合せで、正しいのはどれか。

	偏波	指向特性
1	垂直	指向性を持つ
2	垂直	全方向性（無指向性）
3	水平	全方向性（無指向性）
4	水平	指向性を持つ

解説 垂直アンテナの偏波は「垂直」で、水平面内の指向特性は「無指向性」である。

正答：**2**

二海特

問題 90 1/4 波長垂直接地アンテナの記述で、誤っているのは次のうちどれか。

1　電流分布は先端で零、基部で最大となる。
2　指向性は、水平面内では全方向性（無指向性）である。
3　固有周波数の奇数倍の周波数にも同調する。
4　接地抵抗が大きいほど効率が良い。

🔖解説　接地抵抗が大きいと損失が増えるため、効率は「悪く」なる。　　正答：**4**

問題 91 使用するアンテナにおいて、延長コイルを必要とするのは、次のうちどれか。

1　使用する電波の波長がアンテナの固有波長に等しいとき。
2　使用する電波の周波数がアンテナの固有周波数より高いとき。
3　使用する電波の波長がアンテナの固有波長より短いとき。
4　使用する電波の周波数がアンテナの固有周波数より低いとき。

🔖解説　「周波数が低い」と波長は長くなるので、延長コイルを入れて電気的長さを揃える。　　正答：**4**

問題 92 使用するアンテナにおいて、短縮コンデンサを必要とするのは、次のうちどれか。

1　使用する電波の波長がアンテナの固有波長に等しいとき。
2　使用する電波の波長がアンテナの固有波長より長いとき。
3　使用する電波の周波数がアンテナの固有周波数より高いとき。
4　使用する電波の周波数がアンテナの固有周波数より低いとき。

🔖解説　「周波数が高い」と波長は短くなるので、短縮コンデンサを入れて電気的長さを揃える。　　正答：**3**

問題93 次の記述の□□内に入れるべき字句の組合せで、正しいのはどれか。

スリーブアンテナは、一般に□A□偏波で使用し、このときの□B□面内の指向性は、全方向性（無指向性）である。

	A	B		A	B
1	垂直	垂直	2	垂直	水平
3	水平	垂直	4	水平	水平

解説 スリーブアンテナは「垂直」偏波で使用し、「水平」面は無指向性。　正答：**2**

問題94 次の記述の□□内に入れるべき字句の組合せで、正しいのは次のうちどれか。

ブラウンアンテナは、一般に□A□偏波で使用し、このときの□B□面内の指向性は、全方向性（無指向性）である。

	A	B		A	B
1	垂直	垂直	2	垂直	水平
3	水平	垂直	4	水平	水平

解説 アンテナエレメントが地上に対して垂直なら「垂直」偏波となり、「水平」面内の指向性（アンテナを真上から見たとき）は無指向性になる。　正答：**2**

▶電波伝搬

問題95 次の記述の□□内に入れるべき字句の組合せで、正しいのはどれか。

電離層は、一般にD層、E層、F層からなり、このうち高さが最も高いのは□A□層で、他の層に比べて□B□周波数の電波を反射する。

	A	B		A	B
1	D	高い	2	F	低い
3	D	低い	4	F	高い

解説 電離層の高さは地表から見てD層、E層、F層となる。F層は、「高い」周波数の電波を反射する。短波帯の電波は「F層」で反射される。　正答：**4**

問題 96 短波において、電波が電離層を最も突き抜けやすいのは、次のうちどれか。

1　周波数が低く、電離層の電子密度が小さい場合。
2　周波数が高く、電離層の電子密度が小さい場合。
3　周波数が低く、電離層の電子密度が大きい場合。
4　周波数が高く、電離層の電子密度が大きい場合。

解説　周波数が「高く」、電離層の電子密度が「小さい」と電波は電離層を突き抜けやすい。　　　　　　　　　　　　　　　　　　　　　　　　正答：**2**

問題 97 次の記述の◻︎内に入れるべき字句の組合せで、正しいのは次のうちどれか。

電波が電離層を突き抜けるときの減衰は、周波数が高いほど◻︎A◻︎、反射するときの減衰は、周波数が高いほど◻︎B◻︎なる。

	A	B
1	大きく	大きく
2	大きく	小さく
3	小さく	小さく
4	小さく	大きく

解説　突き抜けるときの減衰は周波数が高いほど「小さく」、反射するときの減衰は周波数が高いほど「大きい」。　　　　　　　　　　　　　　　正答：**4**

問題 98 短波（HF）帯の電波の伝わり方で、誤っているのは次のうちどれか。

1　波長の長い電波は電離層を突き抜け、波長の短い電波は反射する。
2　遠距離で受信できても、近距離で受信できない地帯がある。
3　波長の短い電波ほど、電離層を突き抜けるときの減衰が少ない。
4　波長の短い電波ほど、電離層で反射されるときの減衰が多い。

解説　波長の長い（周波数の低い）電波は電離層を「突き抜けず」、波長の短い電波は「突き抜ける」。　　　　　　　　　　　　　　　　　　正答：**1**

問題99 次の記述は、超短波（VHF）帯の電波の伝わり方について述べたものである。正しいのはどれか。

1 通信には、一般に減衰の少ない地表波が利用される。
2 通常、電離層で反射される。
3 光に似た性質で、直進する。
4 伝搬途中の地形や建物の影響を受けない。

解説 VHF帯の周波数の電波は「直進する」。　　　　　　　正答：**3**

▶ 測　定

問題100 負荷 R にかかる直流電圧を測定するときの電圧計のつなぎ方で、正しいのは次のうちどれか。

解説 電圧計は負荷 R と「並列」に接続する。電池の図記号から＋極は「上側」である。　　　　　　　正答：**2**

問題101 抵抗 R に流れる直流電流を測定するときの電流計Aのつなぎ方で、正しいのは次のうちどれか。

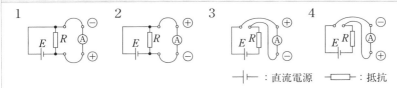

─┤├─：直流電源　─┤▭├─：抵抗

解説 電流計は抵抗 R と「直列」に接続する。電池の図記号から＋極は「上側」である。　　　　　　　正答：**3**

二海特

問題102 次の記述の[　　]内に入れるべき字句の組合せで、正しいのはどれか。

1個2〔V〕の蓄電池3個を図のように接続したとき、ab間の電圧を測定するには、最大目盛が[　A　]の直流電圧計の[　B　]につなぐ。

a ○———┤├─┤├─┤├─○ b

	A	B
1	10〔V〕	⊕端子を a、⊖端子を b
2	10〔V〕	⊕端子を b、⊖端子を a
3	5〔V〕	⊕端子を a、⊖端子を b
4	5〔V〕	⊕端子を b、⊖端子を a

解説 図の回路は直列接続である。2〔V〕の電池が3本で6〔V〕となるので、最大目盛「10〔V〕」の直流電圧計を使用し、「⊕端子を a」につなぐ。　　　　正答：**1**

問題103 次の記述は、アナログ方式の回路計（テスタ）で直流電圧を測定するとき、通常、測定前に行う操作について述べたものである。適当でないものはどれか。

1　メータの指針のゼロ点を確かめる。
2　測定する電圧に応じた、適当な測定レンジを選ぶ。
3　電圧値が予測できないときは、最大の測定レンジにしておく。
4　測定前の操作の中で、最初にテストリード（テスト棒）を測定しようとする箇所に触れる。

解説 測定箇所にテストリード（テスト棒）を接触させるのは「最後の操作」である。　　　　正答：**4**

問題 104 アナログ方式の回路計（テスタ）を用いて密閉型ヒューズ単体の断線を確かめるには、どの測定レンジを選べばよいか。

1　DC VOLTS
2　AC VOLTS
3　OHMS
4　DC MILLI AMPERES

解説　「OHMS」は「抵抗計」のこと。導通計とも呼ばれ、ヒューズの導通（断線）がわかる。　　　　　正答：**3**

問題 105 アナログ方式の回路計（テスタ）を使用して、乾電池の端子電圧を測定するには、どの測定レンジを選べばよいか。

1　OHMS
2　AC VOLTS
3　DC VOLTS
4　DC MILLI AMPERES

解説　DCはDirect Currentの略で、「直流」のこと。乾電池は「直流」なので、「DC VOLTS」の位置にセットする。　　　　　正答：**3**

問題 106 一般に使用されているアナログ方式の回路計（テスタ）で、直接測定できないものは、次のうちどれか。

1　直流電流
2　交流電圧
3　高周波電流
4　抵抗

解説　測定できるのは直流（電圧と電流）、交流電圧、そして抵抗で、「高周波電流」は測定「できない」。　　　　　正答：**3**

直前仕上げ・合格キーワード ～二海特～

☆法　規

- 電波法の目的：電波の公平かつ能率的な利用を確保する
- 無線局：無線設備及び無線設備の操作を行う者の総体
- 電波の質：周波数の偏差及び幅、高調波の強度等
- 無線従事者、主任無線従事者を選任・解任したとき：遅滞なく届ける
- 遭難通信の通信速度：受信者が筆記できる程度
- 遭難・緊急通信に使用できる周波数：156.8MHz
- 遭難呼出し及び遭難通報の送信：応答があるまで、必要な間隔をおいて反復する
- 緊急通信：船舶又は航空機が重大かつ急迫の危険に陥るおそれがある場合
- 安全呼出しに使用する語と回数：セキュリテ又は警報、3回前置する
- 安全通信を受信したときの措置：自局に関係のないことを確認するまで受信する
- 無線局に備え付ける書類：正確な時計、無線業務日誌
- 船舶局の免許状：主たる送信装置のある場所の見やすい箇所に掲げる
- 無線従事者免許証：業務に従事中は携帯する

☆無線工学

- J3Eの電波：上下どちらか一つの側波帯で、搬送波はない
- SSB送信機：平衡変調器と帯域フィルタがある
- R3Eの電波：上下どちらか一つの側波帯と低減された搬送波
- DSB：振幅変調で両側波帯、搬送波を持つ。SSBの電波より占有周波数帯幅が約2倍
- AGC：受信出力を一定にする
- FM送信機：IDC、位相変調器が使われる。周波数逓倍器で必要とする周波数偏移を得る
- FM受信機：振幅制限器、周波数弁別器、スケルチ回路が使われる
- レーダーの方位分解能：近接した二つの物標を見分ける能力
- レーダーの最大探知距離と最小探知距離：パルスの幅と繰り返し周波数に影響を受ける。パルス幅が広く、繰り返し周波数を低くすれば最大探知距離は大きくなる
- 雨や雪による反射を防止：FTCつまみを操作する
- 波浪などによる反射を防止：STCつまみを操作する
- 電源装置：整流回路と平滑回路がある
- 二次電池：アルカリ蓄電池やリチウムイオン蓄電池
- テスタで測定できるもの：直流電圧と電流、交流電圧そして抵抗値

小型飛行機・自家用飛行機・ヘリコプターに必要

航空特・問題 （航空特殊無線技士）

法規と無線工学

操作範囲：

　　航空機（航空運送事業の用に供する航空機を除く。）に施設する無線設備及び航空局（航空交通管制の用に供するものを除く。）の無線設備で次に掲げるものの国内通信のための通信操作（モールス符号による通信操作を除く。）並びにこれらの無線設備（多重無線設備を除く。）の外部の転換装置で電波の質に影響を及ぼさないものの技術操作

一　空中線電力 50 ワット以下の無線設備で 25,010 kHz 以上の周波数の電波を使用するもの

二　航空交通管制用トランスポンダで前号に掲げるもの以外のもの

三　レーダーで第一号に掲げるもの以外のもの

試験科目：

イ　無線工学
　　　無線設備の取扱方法（空中線系及び無線機器の機能の概念を含む。）

ロ　電気通信術
　　　電話　1 分間 50 字の速度の欧文（運用規則別表第 5 号の欧文通話表によるものをいう。）による約 2 分間の送話及び受話

ハ　法規
　　　電波法及びこれに基づく命令の概要

法規の試験問題は、

電波法の目的／定義／無線局の免許／無線設備／無線従事者／運用／業務書類／監督から、合計「12問」出題されます。

無線工学の問題は、

電気回路／電子回路／無線通信装置／トランスポンダ／レーダー／衛星通信／電源／空中線（アンテナ）／電波伝搬／測定から、合計「12問」出題されます。

電気通信術の試験は、運用規則に定められている欧文通話表による「約2分間」の送話と受話の試験があります（396ページ参照）。

法規および無線工学ともに出題の程度は「簡略な概要」であり、ごく簡単な問題となっていて、航空特殊無線技士の試験には「国際法規」は出題されません。

なお、出題される問題では一部の字句の変更があったり、計算問題では数値の変更があったり、問題は同じでも選択肢の順番の入れ替えがあったり、また問題そのものが変更になったりすることもありますので注意してください。

■ 法規のポイント

航空特殊無線技士の操作範囲は次のように規定されています。

航空機（航空運送事業の用に供する航空機を除く。）に施設する無線設備及び航空局（航空交通管制の用に供するものを除く。）の無線設備で次に掲げるものの国内通信のための通信操作（モールス符号による通信操作を除く。）並びにこれらの無線設備（多重無線設備を除く。）の外部の転換装置で電波の質に影響を及ぼさないものの技術操作

一　空中線電力50ワット以下の無線設備で25,010kHz以上の周波数の電波を使用するもの

二　航空交通管制用トランスポンダで前号に掲げるもの以外のもの

三　レーダーで第一号に掲げるもの以外のもの

この従事範囲は、しっかり覚えておきましょう。

☆距離測定装置（DME）や二次監視レーダー（SSR）、航空機用レーダー（航空管制用および気象用）の機能や航空管制用（ATC）トランスポンダ、業務日誌、遭難通信、緊急通信、そして安全通信についての呼出や応答、ノータムなど

☆121.5MHzの周波数の電波の使用は、出題頻度が多くなっています。

☆問題には「該当しないものはどれか」という問いがありますので、正しいものと勘違いしないようにしてください。

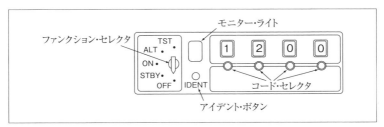

小型航空機に搭載されている ATC トランスポンダのパネル面

■ 無線工学のポイント

　無線工学の問題は、基礎的なことは他の資格と同様なものが出題されますが、航空特殊無線技士では「ATC トランスポンダ」、「レーダー」などについて多くの問題が出題されていますので、

☆航空管制用レーダーの基本、そして最小探知距離、最大探知距離、方位分解能や距離分解能など

☆DSB 送受信機についての基本的な構成や機能など

☆航空機用アンテナなど

を勉強して理解しておくことが重要です。

　その他の問題としては、ごく初歩的なものが多く出題されます。計算問題は四則演算だけで解くことができますので、少し計算問題の勉強をすれば正答を得ることができます。

　特に、上図に示した ATC トランスポンダはよく覚えておきましょう。

　問題文ではアルファベットによる略語が使われていますので、これらの英語を覚えておくと意味がわかるものがあります。

　AGC：Automatic Gain Control の略で、自動利得調整

　AM：Amplitude Modulation の略で、振幅変調

　ATC：Air Traffic Control の略で、航空交通管制

　DSB：Double Sideband の略で、振幅変調の両側波帯

　FM：Frequency Modulation の略で、周波数変調

　SSR：Secondary Surveillance Radar の略で、二次監視レーダー

などは、よく出てきますからぜひ覚えておいてください。この英語の表記を理解しておくだけで、正答が得られるものもあります。

▶電波法の目的

問題1 次の記述は、電波法の目的である。☐内に入れるべき字句を下の番号から選べ。

この法律は、電波の公平かつ☐な利用を確保することによって、公共の福祉を増進することを目的とする。

1　適正
2　有効
3　能率的
4　合理的

🔖解説 電波の公平かつ「能率的」な利用を確保する。 正答：**3**

▶定　義

問題2 次の記述は、電波法に規定する「無線局」の定義であるが、☐内に入れるべき字句を下の番号から選べ。

「無線局」とは、無線設備及び☐の総体をいう。ただし、受信のみを目的とするものを含まない。

1　無線局の管理を行う者
2　無線設備の操作を行う者
3　無線通信を行う者
4　無線設備を所有する者

🔖解説 無線局は「無線設備」及び「無線設備の操作を行う者」の総体をいう。

正答：**2**

問題 3 「無線局」の定義として、正しいものはどれか。次のうちから選べ。

1 無線設備及び無線設備を管理する者の総体をいう。
2 無線設備及び無線設備の操作又はその監督を行う者の総体をいう。
3 無線設備及び無線設備の操作を行う者の総体をいう。ただし、受信のみを目的とするものを含まない。
4 免無線設備及び無線従事者の総体をいう。ただし、発射する電波が著しく微弱で総務省令で定めるものを含まない。

解説 無線局は「無線設備及び無線設備の操作を行う者の総体」をいう。 正答：**3**

▶無線局の免許

問題 4 無線局の予備免許が与えられるときに指定される事項は、次のどれか。

1 空中線電力
2 無線局の名称
3 免許の有効期間
4 無線設備の設置場所

解説 予備免許の指定事項は「工事落成の期限」、「電波の型式及び周波数」、「呼出符号」、「空中線電力」、「運用許容時間」。空中線とはアンテナのこと。 正答：**1**

航空特

問題 5 無線局の免許状に記載される事項に該当しないものはどれか。次のうちから選べ。

1 通信方式
2 通信の相手方及び通信事項
3 無線設備の設置場所
4 無線局の目的

解説 「通信方式」は、無線局の免許状に記載されていない。 正答：**1**

問題6 無線局の免許状に記載される事項に該当しないものはどれか。次のうちから選べ。

1 空中線の型式及び構成
2 通信の相手方及び通信事項
3 無線設備の設置場所
4 無線局の目的

解説 「空中線の型式及び構成」は、無線局の免許状に記載されていない。

正答：**1**

問題7 総務大臣が航空移動業務の無線局の免許申請書を受理し、その申請の審査をする際に審査する事項に該当しないものは、次のうちのどれか。

1 その無線局の業務を遂行するに足りる財政的基礎があること。
2 工事設計が電波法第3章（無線設備）に定める技術基準に適合すること。
3 周波数の割当てが可能であること。
4 総務省令で定める無線局（放送をする無線局（電気通信業務を行うことを目的とするものを除く。）を除く。）の開設の根本的基準に合致すること。

解説 「財政的基礎がある」ことは規定されていない。

正答：**1**

問題8 無線局の免許人は、免許状に記載された事項に変更を生じたときは、どうしなければならないか。次のうちから選べ。

1 直ちに、その旨を総務大臣に届け出る。
2 延滞なく、その旨を総務大臣に報告する。
3 免許状を総務大臣に提出し、訂正を受ける。
4 総務大臣に再免許を申請する。

解説 免許状の記載事項に変更が生じたときは、免許状を総務大臣に提出し「訂正」を受ける。

正答：**3**

法規

問題 9 航空機局の免許人は、その住所を変更したときは、どうしなければならないか、正しいものを次のうちから選べ。

1 免許状を総務大臣に提出し、訂正を受ける。
2 1箇月以内に総務大臣にその旨を届け出る。
3 2箇月以内に総務大臣にその旨を届け出る。
4 速やかに総務大臣にその旨を申告する。

解説 住所を変更したときは、免許状を総務大臣に提出し「訂正」を受ける。

正答：1

問題 10 無線局の免許人は、無線設備の設置場所を変更しようとするときは、どうしなければならないか。次のうちから選べ。

1 あらかじめ総務大臣の許可を受ける。
2 あらかじめ総務大臣の指示を受ける。
3 遅滞なく、その旨を総務大臣に届け出る。
4 変更の期日を総務大臣に届け出る。

解説 無線設備の設置場所は指定事項であるので、変更するときは「あらかじめ総務大臣の許可を受ける」。

正答：1

航空特

問題 11　免許人が、無線設備の変更の工事の許可を受けその変更後、許可に係る無線設備を運用するためには、総務省令で定める場合を除き、どのようなことが必要か、正しいものを次のうちから選べ。

1　総務大臣の検査を受け、当該工事の結果が許可の内容に適合していると認められなければならない。
2　当該工事の結果が許可の内容に適合している旨を届け出なければならない。
3　総務大臣の検査に合格した後、運用開始の期日を届け出なければならない。
4　あらかじめ運用開始の許可を受けなければならない。

解説　「変更検査」といい、許可内容に「適合」してから運用する。　　　正答：**1**

問題 12　無線局の免許がその効力を失ったときは、免許人であった者は、その免許状をどうしなければならないか。次のうちから選べ。

1　3箇月以内に総務大臣に返納する。
2　直ちに廃棄する。
3　1箇月以内に総務大臣に返納する。
4　2年間保管する。

解説　効力を失った免許状は「1箇月以内」に総務大臣に返納する。　　　正答：**3**

問題 13　無線局の免許人が総務大臣に遅滞なく免許状を返さなくてはならないのはどの場合か。次のうちから選べ。

1　無線局の運用の停止を命じられたとき。
2　電波の発射の停止を命じられたとき。
3　免許状を汚したため、再交付の申請を行い、新たな免許状の交付を受けたとき。
4　免許人が電波法に違反したとき。

解説　「新たな免許状の交付を受けたとき」は「旧免許状を返納する」。　　　正答：**3**

問題 14 免許人（包括免許人を除く。）は、除外規定がある場合を除き、無線局の免許を受けた日から起算してどれほどの期間内に、また、その後毎年その免許の日に応当する日（応当する日がない場合は、その翌日）から起算してどれほどの期間内に電波法に定める電波利用料を国に納めなければならないか、正しいものを次のうちから選べ。

1 10日
2 30日
3 1箇月
4 3箇月

解説 電波利用料は「30日」以内に納める。1箇月ではないので注意しよう。

正答：**2**

▶ 無 線 設 備

問題 15 次の記述は、航空機局等の条件を述べたものである。電波法施行規則の規定に照らし、□□内に入れるべき字句を下の番号から選べ。

　航空機局及び航空機地球局（航空機の安全運航又は正常運航に関する通信を行わないものを除く。）の受信設備は、なるべく、航空機の□□によって妨害を受けないような箇所に設置されていなければならない。

1 機械的雑音
2 振動
3 衝撃
4 電気的雑音

解説 受信設備に大きく影響を与えるものは「電気的雑音」である。 正答：**4**

航 空 特

問題 16 次の記述は、電波の質に関する電波法の規定である。電波法の規定に照らし、　　内に入れるべき字句を下の番号から選べ。

送信設備に使用する電波の　　電波の質は、総務省令で定めるところに適合するものでなければならない。

1 周波数の偏差及び幅、空中線電力の偏差等
2 周波数の偏差、空中線電力の偏差等
3 高調波の強度、空中線電力の偏差等
4 周波数の偏差及び幅、高調波の強度等

解説 電波の質は「周波数の偏差及び幅、高調波の強度等」をいう。　　正答：**4**

問題 17 電波の主搬送波の変調の型式が振幅変調で両側波帯のもの、主搬送波を変調する信号の性質がアナログ信号である単一チャネルのものであって、伝送情報の型式が電話（音響の放送を含む。）の電波の型式を表す記号はどれか。次のうちから選べ。

1 F3E
2 F1B
3 J3E
4 A3E

解説 Aは「振幅変調の両側波帯」、3は「アナログ信号の単一チャネル」、Eは「電話」なので、「A3E」である。　　正答：**4**

問題 18 次の記述は、電波法施行規則に規定する「航空用DME」の定義について述べたものである。□内に入れるべき字句を下の番号から選べ。

「航空用DME」とは、960MHz から 1,215MHz までの周波数の電波を使用し、航空機において、当該航空機から地表の定点までの□を測定するための無線航行業務を行う設備をいう。

1 飛行距離
2 飛行時間
3 地表距離
4 見通し距離

解説 DME は Distance Measurement Equipment の略で、距離測定装置のこと。航空機からDME装置までの「見通し距離」を測定する。　　正答：**4**

問題 19 次の記述は、ATCトランスポンダが、その航空機の航行中における通常の状態において合致しなければならない条件に関する無線設備規則の規定である。□内に入れるべき字句を下の番号から選べ。

□からの質問信号を受信することによって、応答信号を自動的（特別位置識別パルスにあっては、手動により発射が開始されるものとする。）に送信することとなるものであること。

1 タカン
2 SSR
3 ILS
4 VOR

解説 「SSR」はSecondary Surveillance Raderの略で、二次監視レーダーのこと。SSRは、航空機からの応答電波を受信してレーダー盤面に表示する。　　正答：**2**

問題 20 航空機用救命無線機の一般的条件として無線設備規則に規定されていないものはどれか。次のうちから選べ。

1 航空機に固定され、容易に取り外せないものを除き、小型かつ軽量であって、一人で容易に持ち運びができること。
2 電源は、人体に危害を及ぼさないように適切にしゃへいしてあること。
3 海面に浮き、横転した場合に復元すること、救命浮機等に係留することができること（救助のため海面で使用するものに限る。）。
4 筐体（きょう）に黄色又は橙色の彩色が施されていること。

🔖解説 航空機用救命無線機の一般的条件として規定されていないものは、選択肢2である。　　　　　　　　　　　　　　　　　　　　　　　　　　　　正答：**2**

▶無線従事者

問題 21 航空特殊無線技士の資格を有する者が、25,010 kHz以上の周波数の電波を使用する航空機局（航空運送事業の用に供する航空機のものを除く。）の無線電話で国内通信のための通信操作を行うことができるのは、空中線電力何ワットまでか、正しいものを次のうちから選べ。

1 50ワット
2 30ワット
3 20ワット
4 10ワット

🔖解説 空中線電力「50ワット」以下の無線設備で25,010 kHz以上、と規定されている。　　　　　　　　　　　　　　　　　　　　　　　　　　　正答：**1**

問題 22 航空特殊無線技士の資格を有する者が、空中線電力50ワット以下の航空局（航空交通管制の用に供するものを除く。）の無線電話で国内通信のための通信操作を行うことができるのは、何kHz以上の周波数の電波を使用するものか、正しいものを次のうちから選べ。

1　20,000 kHz
2　25,010 kHz
3　30,000 kHz
4　35,010 kHz

解説　空中線電力50ワット以下の無線設備で「25,010 kHz」以上、と規定されている。

正答：**2**

問題 23 航空特殊無線技士の資格を有する者が、航空局（航空交通管制の用に供するものを除く。）の空中線電力50ワット以下の無線電話の国内通信のための通信操作を行うことができる周波数の電波はどれか。次のうちから選べ。

1　25,010kHz未満
2　25,010kHz以上
3　1,606.5kHz以上
4　28,000kHz以下

解説　空中線電力50ワット以下の無線設備で「25,010kHz以上」、と規定されている。「以上」であることに注意。

正答：**2**

問題 24 無線従事者が免許証を失って再交付を受けた後、失った免許証を発見したときは、発見した日から何日以内にその免許証を総務大臣に返納しなければならないか、次のうちから選べ。

1　7日　　　2　10日　　　3　14日　　　4　30日

解説　発見した日から「10日」以内に発見した（古い）免許証を返納する。

正答：**2**

航空特

問題 25 無線局の免許人は、無線従事者を選任し、又は解任したときは、どうしなければならないか。次のうちから選べ。

1 1箇月以内にその旨を総務大臣に報告する。
2 遅滞なく、その旨を総務大臣に届け出る。
3 速やかに、総務大臣の承認を受ける。
4 2週間以内にその旨を総務大臣に届け出る。

解説 選任・解任は「遅滞なく」、総務大臣に届け出る。 正答：**2**

問題 26 次に掲げる者のうち、無線従事者の免許が与えられないことがある者はどれか、正しいものを次のうちから選べ。

1 刑法に規定する罪を犯し罰金以上の刑に処せられ、その執行を終わり、又はその執行を受けることがなくなった日から2年を経過しない者
2 電波法の規定に違反し、3箇月以内の期間を定めて無線通信の業務に従事することを停止され、その停止の期間の満了の日から2年を経過しない者
3 無線従事者の免許を取り消され、取消しの日から2年を経過しない者
4 日本の国籍を有しない者

解説 無線従事者の免許取消しの日から「2年」を経過しない者。 正答：**3**

▶ 運 用

問題 27 無線局を運用する場合において、識別信号（呼出符号、呼出名称等をいう。）は、遭難通信を行う場合を除き、次のどの書類に記載されたところによらなければならないか。

1 無線局事項書
2 免許証
3 免許状
4 無線局免許申請書

解説 識別信号は「免許状」に記載されたところによる。 正答：**3**

問題 28 無線局を運用する場合においては、遭難通信を行う場合を除き、電波の型式及び周波数は、どの書類に記載されたところによらなければならないか。次のうちから選べ。

1 無線局事項書の写し　　2 無線局の免許の申請書の写し
3 免許状　　　　　　　　4 免許証

🔖解説 電波の型式及び周波数は「免許状」に記載されたところによる。　正答：**3**

問題 29 一般通信方法における無線通信の原則として無線局運用規則に定める事項に該当するものはどれか。次のうちから選べ。

1 無線通信に使用する用語は、できる限り簡潔でなければならない。
2 無線通信は、有線通信を利用することができないときに限り行うものとする。
3 無線通信は、長時間継続して行ってはならない。
4 無線通信を行う場合においては、略符号以外の用語を使用してはならない。

🔖解説 使用する用語は、できる限り「簡潔」でなければならない。　正答：**1**

問題 30 一般通信方法における無線通信の原則として無線局運用規則に定める事項に該当するものはどれか。次のうちから選べ。

1 無線通信は、長時間継続して行ってはならない。
2 必要のない無線通信は、これを行ってはならない。
3 無線通信は、正確に行うものとし、通信上の誤りを知ったときは、通報の送信後、訂正箇所を通知しなければならない。
4 無線通信は、試験電波を発射した後でなければ行ってはならない。

🔖解説 「必要のない無線通信は行ってはならない」と規定されている。　正答：**2**

航空特

問題 31　一般通信方法における無線通信の原則として無線局運用規則に定める事項に該当しないものはどれか。次のうちから選べ。

1　必要のない無線通信は、これを行ってはならない。
2　無線通信に使用する用語は、できる限り簡潔でなければならない。
3　無線通信を行うときは、自局の識別信号を付して、その出所を明らかにしなければならない。
4　無線通信は、これを長時間行ってはならない。

解説　「長時間」の通信は、無線通信の原則事項に「定められていない」。　正答：**4**

問題 32　無線局が相手局を呼び出そうとする場合（遭難通信等を行う場合を除く。）において、他の通信に混信を与えるおそれがあるときは、どうしなければならないか。

1　5分間以上待って呼出しを行う。
2　現に通信を行っている他の無線局にその通信の終了時間を確かめ、終了を待って呼出しを行う。
3　自局の行おうとする通信が急を要する内容のものであれば、直ちに呼出しを行う。
4　その通信が終了した後に呼出しを行う。

解説　他の通信に混信を与えるおそれがあるときは、「その通信が終了した後」に呼び出す。　正答：**4**

問題 33 無線局は、自局の呼出しが他の既に行われている通信に混信を与える旨の通知を受けたときは、どうしなければならないか。次のうちから選べ。

1 空中線電力をなるべく小さくして注意しながら呼出しを行う。
2 中止の要求があるまで呼出しを反復する。
3 混信の度合いが強いときに限り、直ちにその呼出しを中止する。
4 直ちにその呼出しを中止する。

解説 通信に混信を与える旨の通知を受けたときは、「直ちにその呼出しを中止」する。　　　　　　　　　　　　　　　　　　　　　　　　正答：**4**

問題 34 次の記述は、航空移動業務の無線電話通信における呼出事項を掲げたものである。無線局運用規則の規定に照らし、[　　]内に入れるべき字句を下の番号から選べ。

① 相手局の呼出符号又は呼出名称　　　　3回以下
② 自局の呼出符号又は呼出名称　　　　[　　]

1 3回以下
2 2回以下
3 2回
4 1回

解説 呼出しは相手局、自局の呼出符号はともに「3回以下」。　正答：**1**

問題 35 無線電話通信において、無線局は、自局に対する呼出しを受信した場合に、呼出局の呼出符号又は呼出名称が不確実であるときは、応答事項のうち相手局の呼出符号又は呼出名称の代わりにどの略語を使用して直ちに応答しなければならないか。次のうちから選べ。

1 各局
2 貴局名は何ですか
3 反復
4 誰かこちらを呼びましたか

解説 相手局の呼出名称が不確実 (不明) なので、「誰かこちらを呼びましたか」を使用して直ちに応答する。 正答：**4**

問題 36 無線電話通信において、無線局は、自局に対する呼出しを受信した場合に、呼出局の呼出符号又は呼出名称が不確実であるときは、どうしなければならないか。次のうちから選べ。

1 応答事項のうち相手局の呼出符号又は呼出名称を省略して、直ちに応答する。
2 応答事項のうち相手局の呼出符号又は呼出名称の代わりに「誰かこちらを呼びましたか」を使用して、直ちに応答する。
3 応答事項のうち相手局の呼出符号又は呼出名称の代わりに「貴局名は、何ですか」を使用して、直ちに応答する。
4 呼出局の呼出符号又は呼出名称が確実に判明するまで応答しない。

解説 相手局の呼出符号が不確実 (不明) なので、「誰かこちらを呼びましたか」を使用して直ちに応答する。 正答：**2**

問題 37 無線局が自局に対する呼出しであることが確実でない呼出しを受信したときは、どうしなければならないか。次のうちから選べ。

1 その呼出しが反復され、他のいずれの無線局も応答しないときは直ちに応答する。

2 その呼出しが反復され、かつ、自局に対する呼出しであることが確実に判明するまで応答しない。

3 その呼出しが数回反復されるまで応答しない。

4 直ちに応答し、自局に対する呼出しであることを確かめる。

解説 呼出しが反復され、「自局に対する呼出しであることが確実」に判明するまで応答しない。 正答：**2**

問題 38 無線電話通信において、応答に際して直ちに通報を受信しようとするときに応答事項の次に送信する略語は、次のうちのどれか。

1 OK　　　2 了解　　　3 どうぞ　　　4 送信してください

解説 応答事項に続いて「どうぞ」を送信する。 正答：**3**

問題 39 次の記述は、航空移動業務の無線電話通信における応答事項を掲げたものである。□□内に入れるべき字句を下の番号から選べ。

① 相手局の呼出符号又は呼出名称　　　1回

② 自局の呼出符号又は呼出名称　　　□□

1 1回　　　2 2回　　　3 3回　　　4 3回以下

解説 応答は相手局、自局の呼出符号はともに「1回」。 正答：**1**

問題40　無線電話通信において、応答に際して直ちに通報を受信することができない事由があるときに応答事項の次に送信することになっている事項はどれか。次のうちから選べ。

1　「お待ちください」及び通報を受信することができない理由
2　「どうぞ」及び通報を受信することができない理由
3　「お待ちください」及び分で表す概略の待つべき時間
4　「どうぞ」及び分で表す概略の待つべき時間

解説　「お待ちください」＋「分で表す概略の待つべき時間」を送信する。　正答：**3**

問題41　無線局は、無線設備の機器の試験又は調整を行うために運用するときは、なるべく使用しなければならないものはどれか。次のうちから選べ。

1　空中線整合装置　　　2　擬似空中線回路
3　高調波除去装置　　　4　空中線電力の低下装置

解説　「擬似空中線回路」は実際のアンテナと同じ定数で作られた試験装置で、試験又は調整を行うときに使用する。ダミー・ロードとも呼ばれる。　正答：**2**

問題42　無線局が無線電話の機器の試験のため電波を発射しているときにしばしば確かめなければならないものはどれか。次のうちから選べ。

1　その電波の周波数の偏差が許容値を超えていないかどうか。
2　「本日は晴天なり」の連続及び自局の呼出符号又は呼出名称の送信が5秒間を超えていないかどうか。
3　受信機が最良の感度に調整されているかどうか。
4　他の無線局から停止の要求がないかどうか。

解説　機器の試験中は、「他の無線局から停止の要求」がないか、しばしば確かめる。　正答：**4**

問題 43 航空移動業務の無線局が無線電話通信において、無線機器の試験又は調整のため電波を発射するときの「本日は晴天なり」の連続及び自局の呼出名称の送信は、何秒間を超えてはならないか。次のうちから選べ。

1　10 秒間　　　2　30 秒間　　　3　50 秒間　　　4　60 秒間

解説 「本日は晴天なり」の電波の発射は「10 秒間」を超えてはならない。

正答：**1**

問題 44 無線電話通信において、「終わり」の略語を使用する場合は、次のうちのどれか。

1　通報のないことを通知しようとするとき。
2　周波数の変更を完了したとき。
3　通報の送信を終わるとき。
4　通信を終了するとき。

解説 「終わり」は、「通報の送信を終わる」とき。通信の終了ではないことに注意しよう。

正答：**3**

問題 45 次の記述は、航空機局の運用に関する電波法の規定である。□内に入れるべき字句を下の番号から選べ。

航空機局の運用は、その航空機の□に限る。ただし、受信装置のみを運用するとき、第 52 条各号に掲げる通信を行うとき、その他総務省令で定める場合は、この限りでない。

1　航行中　　　　　　　　2　整備中
3　離陸時及び着陸時　　　4　航行中及び航行の準備中

解説 航空機局の運用は、航空機の「航行中及び航行の準備中」に限る。　正答：**4**

問題 46 義務航空機局の運用義務時間中の聴守電波の型式はどれか。次のうちから選べ。

1　A3E 又は J3E　　　2　A2D　　　3　A1B　　　4　A1A

解説　「A3E」は振幅変調の電話で両側波帯、「J3E」は振幅変調の電話で抑圧搬送波の単側波帯のことで、この電波型式の電波を聴守する。　　　正答：**1**

問題 47 次の記述は、航空局の運用義務時間中の聴守電波について述べたものである。無線局運用規則の規定に照らし、□内に入れるべき字句を下の番号から選べ。

航空局の聴守電波の型式は、□とし、その周波数は、別に告示する。

1　A3E 又は J3E　　　2　F3E　　　3　H3E　　　4　R3E

解説　「A3E」は振幅変調の電話で両側波帯、「J3E」は振幅変調の電話で抑圧搬送波の単側波帯のことで、この電波型式の電波を聴守する。　　　正答：**1**

問題 48 義務航空機局の運用義務時間として無線局運用規則に定められているものはどれか。次のうちから選べ。

1　航空機の航行中及び航行の準備中常時
2　航空機の航行の準備中常時
3　航空機の航行中常時
4　航空機の出発準備から離陸までの時間中及び着陸準備から着陸までの時間中常時

解説　無線局運用規則で定められている義務航空機局の運用義務時間は、「航空機の航行中常時」。　　　正答：**3**

問題 49 121.5MHz の周波数の電波を使用することができるのはどの場合か。次のうちから選べ。

1 電波の規正に関する通信を行うとき。
2 121.5MHz 以外の周波数の電波を使用することができない航空機局と航空局との間に通信を行うとき。
3 気象の照会のため航空局と航空機局との間において通信を行うとき。
4 時刻の照合のために航空機局相互間において通信を行うとき。

解説 「121.5 MHz」の周波数は「遭難通信や緊急通信」の周波数として国際的に決められている。　　　　　　　　　　　　　　　　　　正答：2

問題 50 121.5MHz の周波数の電波の使用することができるのはどの場合か。次のうちから選べ。

1 急迫の危険状態にある航空機の航空機局と航空局との間に通信を行う場合で、通常使用する電波が不明であるとき又は他の航空機局のために使用されているとき。
2 気象の照会のため航空局と航空機局との間に通信を行うとき。
3 時刻の照合のために航空機局相互間において通信を行うとき。
4 電波の規正に関する通信を行うとき。

解説 「121.5 MHz」の周波数は「遭難通信や緊急通信」の周波数として国際的に決められている。　　　　　　　　　　　　　　　　　　正答：1

航空特

問題 51 次の記述は、呼出符号の使用の特例について述べたものである。無線局運用規則の規定に照らし、□□内に入れるべき字句を下の番号から選べ。

航空局又は航空機局は、連絡設定後であって□□のおそれがないときは、当該航空機局の呼出符号又は呼出名称に代えて、総務大臣が別に告示する簡易な識別表示を使用することができる。ただし、航空機局は、航空局から当該識別表示により呼出しを受けた後でなければこれを使用することができない。

1　妨害
2　混信
3　途絶
4　混同

解説　「混同」のおそれがないときは、簡易な識別表示を使用することができる。

正答：**4**

問題 52 次の記述は、遭難通信の使用電波について述べたものである。無線局運用規則の規定に照らし、□□内に入れるべき字句を下の番号から選べ。

遭難航空機局が遭難通信に使用する電波は、□□がある場合にあっては当該電波、その他の場合にあっては航空機局と航空局との間の通信に使用するためにあらかじめ定められている電波とする。

1　責任航空局又は交通情報航空局から指示されている電波
2　責任航空局に保留されている電波
3　この目的のために別に告示されている電波
4　特に総務大臣から指定を受けた電波

解説　遭難通信の電波は、「責任航空局又は交通情報航空局から指示されている電波」がある場合にあっては「当該電波」とする。

正答：**1**

問題53 航空機の遭難に係る遭難通報に対し応答した航空機局がとるべき措置は、次のうちのどれか。

1　付近を航行中の航空機に遭難の状況を通知しなければならない。
2　救助上適当と認められる無線局に対し、当該遭難通報の送信を要求する。
3　直ちに遭難に係る航空機を運行する者に遭難の状況を通知する。
4　直ちに当該遭難通報を航空交通管制の機関に通報する。

解説　「直ちに当該遭難通報を航空交通管制の機関に通報」しなければならない。

正答：**4**

問題54 遭難航空機局が遭難通信に使用する電波に関する次の記述のうち、無線局運用規則の規定に照らし、誤っているものはどれか。次のうちから選べ。

1　遭難航空機局は、F3E電波156.8MHzを使用することができる。
2　遭難航空機局は、遭難通信を開始した後は、いかなる場合であっても、使用している電波を変更してはならない。
3　遭難航空機局は、責任航空局から指示されている電波がない場合には、航空機局と航空局との間の通信に使用するためにあらかじめ定められている電波を使用する。
4　遭難航空機局は、責任航空局から指示されている電波がある場合にあっては、当該電波を使用する。

解説　選択肢2は規定されていない。

正答：**2**

航空特

問題 55 次の事項は、遭難航空機局が遭難通報を送信する場合の送信事項を示したものである。無線局運用規則の規定に照らし、これに該当しないものはどれか。

1 遭難した航空機の識別又は遭難航空機局の呼出符号若しくは呼出名称
2 遭難した航空機の乗員の氏名
3 遭難した航空機の位置、高度及び針路
4 遭難の種類及び遭難した航空機の機長のとろうとする措置

解説 「遭難した航空機の乗員の氏名」は、遭難時の送信事項として規定されていない。　　　　　　　　　　　　　　　　　　　　　　　　　　　　　　正答：**2**

問題 56 遭難航空機局が遭難通報を送信する場合の送信事項に該当しないものはどれか。無線局運用規則の規定に照らし、次のうちから選べ。

1 遭難した航空機の乗員の氏名
2 遭難した航空機の識別又は遭難航空機局の呼出符号若しくは呼出名称
3 遭難した航空機の位置、高度及び針路
4 遭難の種類及び遭難した航空機の機長のとろうとする措置

解説 無線局運用規則では、「遭難した航空機の乗員の氏名」は定められていない。　　　　　　　　　　　　　　　　　　　　　　　　　　　　　　　　　　正答：**1**

問題 57 遭難航空機局（遭難通信を宰領したものを除く。）は、その航空機について救助の必要がなくなったときは、どうしなければならないか。次のうちから選べ。

1 その航空機を運行する者に通知する。
2 航空交通管制の機関にその旨を通知する。
3 直ちに責任航空局に通知する。
4 遭難通信を宰領した無線局にその旨を通知する。

解説 救助の必要がなくなったときは、「遭難通信を宰領した無線局にその旨を通知」する。　　　　　　　　　　　　　　　　　　　　　　　　　　　正答：**4**

問題 58 航空機の緊急の事態に係る緊急通報に対し応答した航空機局のとるべき措置は、次のうちどれか。

1 直ちに緊急の事態にある航空機を運行する者に緊急の事態の状況を通知する。
2 直ちに付近を航行する航空機の航空機局に緊急の事態の状況を通知する。
3 必要に応じ、当該緊急通信の宰領を行う。
4 直ちに航空交通管制の機関に緊急の事態の状況を通知する。

解説 緊急通報に応答した航空機局は、「直ちに航空交通管制の機関に緊急の事態の状況を通知」する。　　　　　　　　　　　　　　　　　　　　　　　正答：**4**

問題59 ノータムに関する通信の優先順位はどのように定められているか。無線局運用規則に照らし、次のうちから選べ。

1　緊急の度に応じ、緊急通信に次いでその順位を適宜に選ぶことができる。
2　緊急の度に応じ、遭難通信に次いでその順位を適宜に選ぶことができる。
3　緊急の度に応じ、無線方向探知に関する通信に次いでその順位を適宜に選ぶことができる。
4　航空機の安全運航に関する通信に次いでその順位を適宜に選ぶことができる。

解説 ノータムに関する通信の優先順位は「緊急の度に応じ、緊急通信に次いでその順位を選ぶことができる」。　　　　　　　　　　正答：**1**

問題60 次の記述は、ノータムに関する通信の優先順位について述べたものである。無線局運用規則の規定に照らし、□内に入れるべき字句を下の番号から選べ。

　ノータムに関する通信は、緊急の度に応じ、□に次いでその順位を適宜に選ぶことができる。

1　遭難通信
2　緊急通信
3　無線方向探知に関する通信
4　航空機の安全運行に関する通信

解説 ノータムに関する通信の優先順位は緊急の度に応じ、「緊急通信」に次いでその順位を選ぶことができる。　　　　　　　　　　正答：**2**

▶ 業務書類

問題 61 次の記述は、時計、業務書類等の備付けについて述べたものである。□内に入れるべき字句を下の番号から選べ。

無線局には、正確な時計及び□その他総務省令で定める書類を備え付けておかなければならない。

1 免許人の氏名又は名称を証する書類
2 免許証
3 無線業務日誌
4 明解な無線機器仕様書

🔖解説 「正確な時計」及び「無線業務日誌」は、備付け書類である。　正答：**3**

問題 62 航空局において、空電、混信、受信感度の減退等の通信状態については、電波法施行規則では、次のどれに記載しなければならないことになっているか。

1 無線設備の保守管理簿
2 無線局事項書の写し
3 無線業務日誌
4 無線局検査結果通知書

🔖解説 空電、混信、受信感度の減退等の通信状態は「無線業務日誌」に記載する。　正答：**3**

問題63 無線従事者は、無線通信の業務に従事しているときは、免許証をどうしていなければならないか、次のうちから選べ。

1 携帯する。
2 無線局に備え付ける。
3 通信室内に保管する。
4 通信室内の見やすい箇所に掲げる。

解説 業務に従事中は「携帯」する。 正答：**1**

▶監 督

問題64 無線局が臨時に電波の発射の停止を命じられることがある場合は、次のどれか。

1 免許状に記載された空中線電力の範囲を超えて運用したとき。
2 総務大臣が当該無線局の発射する電波の質が総務省令で定めるものに適合していないと認めるとき。
3 発射する電波が他の無線局の通信に混信を与えたとき。
4 暗語を使用して通信を行ったとき。

解説 「臨時に電波の発射の停止」は、「電波の質が適合していない」場合。

正答：**2**

問題65 総務大臣が無線局に対して臨時に電波の発射の停止を命ずることができるのはどの場合か。次のうちから選べ。

1 無線局が免許状に記載された空中線電力の範囲を超えて運用していると認めるとき。
2 無線局の発射する電波が他の無線局の通信に混信を与えていると認めるとき。
3 無線局の発射する電波の質が総務省令で定めるものに適合していないと認めるとき。
4 無線局が略語を使用して通信を行っていると認めるとき。

解説 「臨時に電波の発射の停止」は、「電波の質が適合していない」場合。

正答：**3**

問題66 無線局の臨時検査（電波法第73条第5項の検査）が行われることがあるのはどの場合か。次のうちから選べ。

1 総務大臣に無線従事者選解任届を提出したとき。
2 総務大臣の許可を受けて、無線設備の変更の工事を行ったとき。
3 総務大臣から無線局の免許が与えられたとき。
4 総務大臣から臨時に電波の発射の停止を命じられたとき。

解説 「臨時に電波の発射の停止を命じられたとき」は、臨時検査が行われる。

正答：**4**

問題67 総務大臣から臨時に電波の発射の停止の命令を受けた無線局が、その発射する電波の質を総務省令に適合するように措置したときは、どうしなければならないか。次のうちから選べ。

1 電波の発射について総務大臣の許可を受ける。
2 直ちにその電波を発射する。
3 その旨を総務大臣に申し出る。
4 他の無線局の通信に混信を与えないことを確かめた後、電波を発射する。

解説 臨時に電波の発射の停止を命じられ、電波の質が適合するように措置したときは「総務大臣に申し出る」。

正答：**3**

航空特

航空特

問題68 免許人は、無線局の検査の結果について総務大臣から指示を受け相当な措置をしたときは、どうしなければならないか。次のうちから選べ。

1 速やかにその措置の内容を総務大臣に報告する。
2 その措置の内容を無線局事項書の写しの余白に記載する。
3 その措置の内容を免許状の余白に記載する。
4 その措置の内容を検査職員に連絡し、再度検査を受ける。

解説 検査の結果について指示を受け措置をしたときは「速やかに総務大臣に報告」する。　　　　　　正答：**1**

問題69 総務大臣は、電波法の施行を確保するために必要がある場合において、無線局に電波の発射を命じて行う検査では、何を検査するか。次のうちから選べ。

1 無線局の電波の質又は空中線電力
2 送信装置の電源の変動率
3 他の無線局の通信に与える混信の程度
4 無線従事者の無線設備の操作の技能

解説 電波の発射を命じて行う検査では、発射する「電波の質又は空中線電力」が検査される。　　　　　　正答：**1**

問題70 無線局の免許人は、電波法又は電波法に基づく命令の規定に違反して運用した無線局を認めたときは、どうしなければならないか。次のうちから選べ。

1 その無線局の免許人を告発する。
2 総務省令で定める手続により、総務大臣に報告する。
3 その無線局の電波の発射を停止させる。
4 その無線局の免許人にその旨を通知する。

解説 電波法令に違反して運用している無線局を認めたときは、「総務大臣に報告」する。　　　　　　正答：**2**

問題 71 無線局の免許人が電波法、放送法若しくはこれらの法律に基づく命令又はこれらに基づく処分に違反したときに総務大臣が当該無線局に対して行うことがある処分は次のうちのどれか。

1 期間を定めて電波の型式を制限する。
2 送信空中線の撤去を命ずる。
3 期間を定めて通信の相手方又は通信事項を制限する。
4 期間を定めて周波数を制限する。

 解説 電波法令に違反したときは、期間を定めて「運用許容時間、周波数若しくは空中線電力」を制限される。　　　　　　　　　　　　　　　正答：**4**

問題 72 総務大臣から無線局の免許が取り消されることがあるのはどの場合か。次のうちから選べ。

1 免許状を失ったとき。
2 運用許容時間外の運用をしたとき。
3 免許状に記載されていない周波数の電波を使用したとき。
4 不正な手段により無線局の免許を受けたとき。

 解説 「不正な手段」により免許を受けたとき。　　　　　　　正答：**4**

問題 73 無線局の免許が取り消されることがあるのは、次のどの場合か。

1 免許状を失ったとき。
2 運用許容時間外の運用をしたとき。
3 指定外の周波数の電波を使用したとき。
4 正当な理由がないのに、無線局の運用を引き続き6月以上休止したとき。

 解説 正当な理由がないのに引き続き「6月」以上休止したとき、無線局の免許が取り消されることがある。問題文の「6月」とは6箇月のこと。　　正答：**4**

問題74 免許人（包括免許人を除く。）が正当な理由がないのに無線局の運用を引き続き何月以上休止したときにその免許を取り消されることがあるか、正しいものを次のうちから選べ。

1　1月　　　　2　2月　　　　3　3月　　　　4　6月

🔍解説　正当な理由がないのに引き続き「6月」以上休止したとき、無線局の免許が取り消されることがある。問題文の「6月」とは6箇月のこと。　　　　正答：**4**

問題75 無線局の免許人は電波法、放送法若しくはこれらの法律に基づく命令又はこれらに基づく処分に違反したとき、電波法の規定により、総務大臣が当該無線局に対して行う処分は、次のうちのどれか。

1　再免許を拒否する。
2　6月以内の期間を定めて電波の型式を制限する。
3　3月以内の期間を定めて通信の相手方又は通信事項を制限する。
4　3月以内の期間を定めて運用の停止を命ずる。

🔍解説　「電波法令に違反」したら、「3月以内の期間の運用の停止」を命ずる。問題文の「3月」とは3箇月のこと。　　　　正答：**4**

問題76 無線局の免許人が電波法又は電波法に基づく命令に違反したときに総務大臣が行うことができる処分はどれか。次のうちから選べ。

1　電波の型式の制限
2　無線局の運用の停止
3　再免許の拒否
4　通信の相手方又は通信事項の制限

🔍解説　「電波法令」に違反したら、「無線局の運用の停止」を命ずる。　　　　正答：**2**

問題 77 総務大臣が無線局に対して臨時に電波の発射の停止を命ずることができるのはどの場合か。次のうちから選べ。

1 無線局の発射する電波の質が総務省令で定めるものに適合していないと認めるとき。
2 免許状に記載された空中線電力の範囲を超えて無線局を運用していると認めるとき。
3 無線局の発射する電波が他の無線局の通信に混信を与えていると認めるとき。
4 運用の停止を命じた無線局が運用されていると認めるとき。

解説 「電波の質」が総務省令に定めるものに適合しない＝臨時に電波の「発射の停止」を命ずることができる。

正答：**1**

問題 78 無線局の免許人が電波法又は電波法に基づく命令に違反したときに総務大臣が行うことができる処分はどれか。次のうちから選べ。

1 期間を定めて行う電波の型式の制限
2 送信空中線の撤去の命令
3 期間を定めて行う通信の相手方又は通信事項の制限
4 期間を定めて行う周波数の制限

解説 「電波法令に違反」したら、「期間を定めて行う周波数の制限」を受ける。

正答：**4**

問題 79　無線従事者がその免許を取り消されることがある場合に該当しないのは、次のどれか。

1　不正な手段により無線従事者の免許を受けたとき。
2　著しく心身に欠陥があって無線従事者たるに適しない者に該当するに至ったとき。
3　電波法若しくは電波法に基づく命令又はこれらに基づく処分に違反したとき。
4　失そう宣告の届出があったとき。

解説　「失そう者」についての規定はない。　　　　　　　　　　正答：**4**

問題 80　総務大臣から無線従事者がその免許を取り消されることがあるのはどの場合か。次のうちから選べ。

1　引き続き5年以上無線設備の操作を行わなかったとき。
2　日本の国籍を有しない者となったとき。
3　電波法又は電波法に基づく命令に違反したとき。
4　免許証を失ったとき。

解説　「電波法令に違反」すると、「無線従事者の免許の取消し」の処分を受けることがある。　　　　　　　　　　正答：**3**

問題 81　無線従事者が電波法若しくは電波法に基づく命令又はこれらに基づく処分に違反したときに総務大臣から受けることがある処分はどれか。次のうちから選べ。

1　3箇月間無線設備の操作範囲を制限される。
2　6箇月間業務に従事することを停止される。
3　1年間無線局の運用の停止を命じられる。
4　無線従事者の免許を取り消される。

解説　「電波法令に違反」すると、「無線従事者の免許の取消し」の処分を受けることがある。　　　　　　　　　　正答：**4**

直前仕上げ・合格キーワード ～航空特　法規～

- 電波法の目的：電波の公平かつ能率的な利用を確保する
- 無線局：無線設備及び無線設備の操作を行う者の総体
- 無線従事者免許証：業務に従事中は携帯する
- 免許人が住所を変更：免許状の訂正を受ける
- 電波利用料：30日以内に納める
- 電波の質：周波数の偏差及び幅、高調波の強度等
- 航空特殊無線技士が操作することができる出力：50ワット以下
- DME：航空機からの見通し距離を測定する
- ATCトランスポンダ：SSRからの質問信号を受信する
- 救命無線機の一般的条件に規定されていないもの：電源
- 無線局を運用する場合：免許状に記載された事項に限る
- 擬似空中線を使用する場合：試験又は調整を行うとき
- 航空機の運用許容時間：航行中及び航行の準備中
- 義務航空機局の聴守電波：A3E又はJ3E
- 遭難通信に使用する電波：責任航空局から指示されている場合はその電波
- 遭難通報や緊急通報に応答したとき：航空交通管制の機関に通報する
- 遭難通報の送信事項に該当しないもの：乗員の氏名
- その航空機について救助が必要なくなったとき：宰領した無線局に通知する
- ノータムに関する通信：緊急の度に応じ、緊急通信に次いでその順位を選べる
- 無線局に備え付ける書類：正確な時計、無線業務日誌
- 通信状態：無線業務日誌に記載する
- 臨時検査：臨時に電波の発射の停止を命じられたとき
- 無線局の検査の結果：その措置の内容を総務大臣に報告
- 電波法に違反した無線局を認めたとき：総務大臣に報告

▶電気回路

問題 **1** 次の記述の □ 内に入れるべき字句の組合せで、正しいのはどれか。

コンデンサの静電容量の大きさは、絶縁物の種類によって異なるが、両金属板の向いあっている面積が □ A □ ほど、また、間隔が □ B □ ほど大きくなる。

	A	B
1	大きい	狭い
2	小さい	広い
3	大きい	広い
4	小さい	狭い

🔧解説 コンデンサの静電容量は 2 つの金属の表面積の大きさに「比例」し、距離に「反比例」する。したがって、向いあっている面積が「大きい」ほど、間隔が「狭い」ほど、静電容量が大きくなる。　　　　　　　　　　　　　　　　　　正答：**1**

問題 **2** 図に示す電気回路において、電源電圧 E の大きさを 4 分の 1 倍（1/4 倍）にすると、抵抗 R で消費される電力は、何倍になるか。次のうちから選べ。

1　1/2 倍
2　1/4 倍
3　1/8 倍
4　1/16 倍

—||— ：直流電源
—▭— ：抵抗

🔧解説 流れる電流を I〔A〕、電圧を E〔V〕、抵抗を R〔Ω〕とすると、電力 P〔W〕は、次式で表される。

$$P = E \times I = E \times \frac{E}{R} = \frac{E^2}{R}$$

E の値を 1/4 倍にすると、$P = \frac{(E/4)^2}{R} = \left(\frac{1}{4}\right)^2 \times \frac{E^2}{R}$

すなわち、$\left(\frac{1}{4}\right)^2 = \frac{1}{16}$ となり、「1/16 倍」となる。　　　　正答：**4**

問題3 図に示す電気回路において、抵抗Rの値の大きさを2倍にすると、この抵抗で消費される電力は、何倍になるか。次のうちから選べ。

1　1/4倍
2　1/2倍
3　2倍
4　4倍

⊣⊢：直流電源
⊣▭⊢：抵抗

📖解説 流れる電流をI〔A〕、電圧をE〔V〕、抵抗をR〔Ω〕とすると、電力P〔W〕は、次式で表される。

$$P=E×I=E×\frac{E}{R}=\frac{E^2}{R}$$

Rの値を2倍にすると、

$$P=\frac{E^2}{R×2}=\frac{1}{2}×\frac{E^2}{R}$$

となるので、「1/2倍」となる。　　　　　　　　　　　　　　　正答：**2**

問題4 2〔A〕の電流を流すと40〔W〕の電力を消費する抵抗器がある。これに50〔V〕の電圧を加えたときの消費電力はいくらか。次のうちから選べ。

1　25〔W〕　　　2　50〔W〕　　　3　250〔W〕　　　4　500〔W〕

📖解説 流れる電流をI〔A〕、抵抗をR〔Ω〕とすると、電力P〔W〕は、次式で表される。

$$P=E×I=IR×I=I^2×R$$

上式を変形し、Rについて解くと、

$$R=\frac{P}{I^2}=\frac{40}{2^2}=\frac{40}{4}=10〔Ω〕$$

となる。

電圧をE〔V〕、抵抗をR〔Ω〕とすると、電力P〔W〕は、次式で表される。

$$P=E×I=E×\frac{E}{R}=\frac{E^2}{R}=\frac{50^2}{10}=\frac{2,500}{10}=250〔W〕$$

正答：**3**

航空特

問題 5 3〔A〕の電流を流すと 30〔W〕の電力を消費する抵抗器がある。これに 50〔V〕の電圧を加えたときの消費電力はいくらか。次のうちから選べ。

1　150〔W〕　　　　2　250〔W〕　　　　3　500〔W〕　　　　4　750〔W〕

🧑‍🏫解説　電圧を E〔V〕、電流を I〔A〕、抵抗を R〔Ω〕とすると、電力 P〔W〕は、次式で表される。

$$P = E \times I = IR \times I = I^2 \times R$$

上式を変形し、R について解くと、

$$R = \frac{P}{I^2} = \frac{30}{3^2} = \frac{30}{9} = \frac{10}{3} \text{〔Ω〕}$$

となる。

　電圧を E〔V〕、抵抗を R〔Ω〕とすると、電力 P〔W〕は、次式で表される。

$$P = E \times I = E \times \frac{E}{R} = \frac{E^2}{R} = \frac{50^2}{\frac{10}{3}} = \frac{2{,}500}{\frac{10}{3}} = \frac{2{,}500}{10} \times 3$$

$$= 250 \times 3 = 750 \text{〔W〕}$$

正答：**4**

問題 6 抵抗負荷で消費される電力が 25〔W〕のとき、この負荷に流れる電流 は 5〔A〕であった。このときの負荷の両端の電圧の値として正しいのはどれか。 次のうちから選べ。

1　25.0〔V〕　　　　2　5.0〔V〕　　　　3　1.0〔V〕　　　　4　0.2〔V〕

🧑‍🏫解説　流れる電流を I〔A〕、電圧を E〔V〕とすると、電力 P〔W〕は、次式で表される。

$$P = E \times I$$

上式を変形し、E について解くと、

$$E = \frac{P}{I} = \frac{25}{5} = 5 \text{〔V〕}$$

となる。

正答：**2**

▶電子回路

問題 7 半導体を用いた電子部品の温度が上昇すると、一般にその部品に起こる変化として、正しいのはどれか。次のうちから選べ。

1 半導体の抵抗が増加し、電流が増加する。
2 半導体の抵抗が増加し、電流が減少する。
3 半導体の抵抗が減少し、電流が増加する。
4 半導体の抵抗が減少し、電流が減少する。

解説 半導体は周囲温度が上がると抵抗値が「減少」して、電流は抵抗に反比例して「増加」する。 正答：**3**

問題 8 次の記述の ☐ 内に入れるべき字句の組合せで、正しいのはどれか。

半導体は周囲の温度の上昇によって、内部の抵抗が ☐A☐ し、流れる電流は ☐B☐ する。

	A	B
1	減少	減少
2	増加	減少
3	増加	増加
4	減少	増加

解説 半導体は周囲温度が上がると抵抗値が「減少」して、電流は抵抗に反比例して「増加」する。 正答：**4**

航空特

問題 9 図に示す NPN 形トランジスタの図記号において、電極 a の名称は、次のうちどれか。

1 コレクタ
2 ベース
3 ドレイン
4 エミッタ

> **解説** トランジスタの図の a から右回りに「エベコ」と覚える。エは「エミッタ」、ベは「ベース」、コは「コレクタ」。a は「エミッタ」である。
>
> 正答：**4**

問題 10 図に示す NPN 形トランジスタの図記号において、次に挙げた電極名の組合せのうち、正しいのは次のうちどれか。

	①	②	③
1	エミッタ	ベース	コレクタ
2	エミッタ	コレクタ	ベース
3	コレクタ	ベース	エミッタ
4	コレクタ	エミッタ	ベース

> **解説** ③、②、①の順に「エベコ」と覚える。図は①から始まっているので「コベエ」に直すと、①は「コレクタ」、②は「ベース」、③は「エミッタ」となる。
>
> 正答：**3**

問題 11 図に示す電界効果トランジスタ（FET）の図記号において、次のうち電極名の組合せとして、正しいのは次のうちどれか。

	①	②	③
1	ゲート	ソース	ドレイン
2	ソース	ドレイン	ゲート
3	ドレイン	ゲート	ソース
4	ゲート	ドレイン	ソース

解説 電界効果トランジスタの電極は図の③から右回りに「ソゲド」と覚える。ソは「ソース」、ゲは「ゲート」、ドは「ドレイン」。①は「ゲート」、②は「ドレイン」、③は「ソース」となる。 正答：**4**

問題 12 電界効果トランジスタ（FET）の電極と一般の接合形トランジスタの電極との組合せで、その働きが対応しているのはどれか。

	FET	接合形		FET	接合形
1	ドレイン	ベース	2	ドレイン	エミッタ
3	ゲート	ベース	4	ソース	コレクタ

解説 電界効果トランジスタの電極は「ソゲド」、トランジスタの電極は「エベコ」と覚える。ソ（ソース）はエ（エミッタ）に、ゲ（ゲート）はベ（ベース）に、ド（ドレイン）はコ（コレクタ）に対応する。 正答：**3**

問題 13 電界効果トランジスタ（FET）の電極と一般の接合形トランジスタの電極の組合せで、その働きが対応しているのはどれか。

	FET	接合形		FET	接合形
1	ドレイン	ベース	2	ドレイン	エミッタ
3	ゲート	コレクタ	4	ソース	エミッタ

解説 電界効果トランジスタの電極は「ソゲド」、トランジスタの電極は「エベコ」と覚える。ソ（ソース）はエ（エミッタ）に、ゲ（ゲート）はベ（ベース）に、ド（ドレイン）はコ（コレクタ）に対応する。 正答：**4**

航空特

問題 14 図は、振幅が 10〔V〕の搬送波を単一正弦波で振幅変調したときの波形である。変調度は幾らか。

1　20.0〔%〕

2　33.3〔%〕

3　50.0〔%〕

4　66.7〔%〕

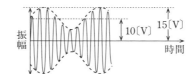

解説 信号波の最大値は、15〔V〕－10〔V〕＝5〔V〕となる。

図から搬送波の最大値は 10〔V〕なので、変調度 M〔%〕は、

$$M = \frac{5}{10} \times 100 = 50 〔\%〕$$

となる。

正答：**3**

問題 15 図は、振幅が一定の搬送波を単一正弦波で振幅変調したときの変調波の波形である。変調度の値で、正しいのは次のうちどれか。

1　25〔%〕

2　33〔%〕

3　50〔%〕

4　67〔%〕

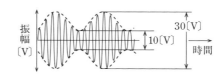

解説 波形の最大値を 30〔V〕、波形の最小値を 10〔V〕とすると、変調度 M〔%〕は、

$$M = \frac{30 - 10}{30 + 10} \times 100$$

$$= \frac{20}{40} \times 100$$

$$= 0.5 \times 100 = 50 〔\%〕$$

となる。

正答：**3**

問題 16 図は、振幅が一定の搬送波を信号波で振幅変調したときの変調波の波形である。変調度が 60〔%〕のときの A の値はほぼ幾らか。

1　17〔V〕
2　20〔V〕
3　26〔V〕
4　40〔V〕

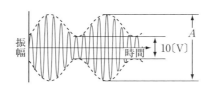

振幅　時間　10〔V〕　A

解説 変調度 M を 60〔%〕、波形の最小値を 10〔V〕とすると波形の最大値 A〔V〕は、

$$60 = \frac{A-10}{A+10} \times 100$$

$$0.6 = \frac{A-10}{A+10}$$

$$0.6(A+10) = A-10$$

$$0.6A + 6 = A - 10$$

$$0.4A = 16$$

$$A = 40 \text{〔V〕}$$

となる。

正答：**4**

▶ 無線通信装置

問題 17 次の記述は、AM（A3E）通信方式と比べたときの FM（F3E）通信方式の一般的な特徴について述べたものである。正しいのはどれか。

1　受信機出力の信号対雑音比が悪い。
2　同一周波数の妨害波があっても、希望波が妨害波より若干強ければ、支障なく通信できる。
3　変調及び復調の際、ひずみが多くなり、忠実度が悪い。
4　占有周波数帯幅が狭く、送受信装置も簡単である。

解説 FM 電波の特徴であり、「弱肉強食」といわれ、「強い電波の勝ち」となり、妨害波があっても通信が可能である。

正答：**2**

航空特

問題 18 AM（A3E）通信方式と比べたときの FM（F3E）通信方式の一般的な特徴の説明で、誤っているのは次のうちどれか。

1 振幅性の雑音に強い。

2 受信機出力の音質が良い。

3 占有周波数帯幅が狭い。

4 受信電波の強さがある程度変わっても、受信機の出力は変わらない。

解説 AM より FM のほうが、占有周波数帯幅が「広い」。　　　　正答：**3**

問題 19 FM（F3E）通信方式の一般的な特徴の説明で、誤っているのは次のうちどれか。

1 周波数偏移を大きくしても、占有周波数帯幅は変わらない。

2 信号波の強度が多少変わっても、受信機出力は変わらない。

3 同じ周波数の妨害があっても、信号波の方が強ければ妨害波は抑圧される。

4 AM（A3E）通信方式に比べて、受信機出力の音質が良い。

解説 FM 通信方式では、周波数偏移が大きくなると、占有周波数帯幅も「広く」なる。　　　　正答：**1**

問題 20 周波数 f_C の搬送波を周波数 f_S の信号波で、AM変調（DSB）したときの下側波の周波数と占有周波数帯幅の組合せで、正しいのはどれか。

　　　下側波の周波数　　　占有周波数帯幅

1　$f_C - f_S$　　　　　　　f_S

2　$f_C - f_S$　　　　　　　$2f_S$

3　$f_C + f_S$　　　　　　　f_S

4　$f_C + f_S$　　　　　　　$2f_S$

解説　下側波であるから「$f_C - f_S$」であり、DSBなので占有周波数帯幅は「$2f_S$」となる。　　　正答：**2**

問題 21 周波数 f_C の搬送波を周波数 f_S の信号波で振幅変調（DSB）を行ったときの占有周波数帯幅は、次のうちどれか。

1　$2f_C$　　　2　$f_C - f_S$　　　3　$2f_S$　　　4　$f_C + f_S$

解説　DSBでは上下に側波帯が存在するので、占有周波数帯幅は信号波の2倍の「$2f_S$」となる。　　　正答：**3**

問題 22 DSB（A3E）送信機では、音声信号によって搬送波をどのように変化させるか。

1　搬送波の発射を断続させる。

2　周波数を変化させる。

3　振幅を変化させる。

4　振幅と周波数をともに変化させる。

解説　A3Eの電波型式は振幅変調の電話で、搬送波は音声信号によって「振幅が変化」する。　　　正答：**3**

航空特

問題 23 図に示す DSB (A3E) 送信機の構成において、切替スイッチ S を操作する目的は、次のうちどれか。

1 送信電力を調整する。
2 変調度を加減する。
3 電源電圧を調整する。
4 送信周波数を変更する。

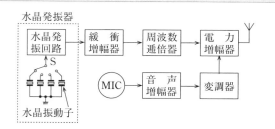

🔖解説 スイッチ S は水晶発振子の切り替えに使用され、「送信（発振）周波数を変更する」。　　　　　　　　　　　　　　　　　　　　　　　　正答：**4**

問題 24 図は、DSB (A3E) 送信機の構成例を示したものである。◻内に入れるべき名称の組合せで、正しいのは次のうちどれか。

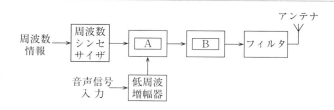

	A	B
1	IDC	ミクサ
2	IDC	電力増幅器
3	変調器	ミクサ
4	変調器	電力増幅器

🔖解説 周波数シンセサイザの信号と低周波増幅器の信号から「変調器」によって DSB の信号を得る。その信号を「電力増幅器」で必要な電力に増幅する。　正答：**4**

問題 25 次の記述の□□内に入れるべき字句の組合せで、正しいのはどれか。

　AM変調は、信号波の A の変化に応じて搬送波の B を変化させる変調方式である。

	A	B
1	周波数	振幅
2	振幅	周波数
3	周波数	周波数
4	振幅	振幅

🔖解説 AM変調は信号波の「振幅」によって搬送波の「振幅」が変化する。

正答：**4**

問題 26 次の記述の□□内に入れるべき字句の組合せで、正しいのはどれか。

　FM変調は、信号波の A の変化に応じて搬送波の B を変化させる変調方式である。

	A	B
1	周波数	振幅
2	振幅	周波数
3	周波数	周波数
4	振幅	振幅

🔖解説 FM変調は信号波の「振幅」によって搬送波の「周波数」が変化する。

正答：**2**

航空特

問題 27 次の記述の □ 内に入れるべき字句の組合せで、正しいのはどれか。

　AM変調は、信号波に応じて搬送波の □A□ を変化させる。

　FM変調は、信号波に応じて搬送波の □B□ を変化させる。

	A	B
1	周波数	振幅
2	周波数	周波数
3	振幅	周波数
4	振幅	振幅

解説 AM は振幅変調のことで、搬送波の「振幅」を変化させる。FM は周波数変調のことで、搬送波の「周波数」を変化させる。　　　　　　　　　　　　　　正答：**3**

問題 28 送信機の緩衝増幅器は、どのような目的で設けられているか。

　1　所要の送信機出力まで増幅するため。

　2　後段の影響により発振器の発振周波数が変動するのを防ぐため。

　3　終段増幅器の入力として十分な励振電圧を得るため。

　4　発振周波数の整数倍の周波数を取り出すため。

解説 緩衝増幅器の緩衝はバッファのことで、「後段の影響を前段の動作に影響させない」ように動作する。　　　　　　　　　　　　　　　　　　　正答：**2**

問題 29 DSB（A3E）送受信機において、送信操作に必要なものは、次のうちどれか。

1 スケルチ調整つまみ
2 音量調整つまみ
3 感度調整つまみ
4 プレストークボタン

解説 「プレストークボタン」はマイクに付属しているもので、送信と受信の切り換えに使用する。 正答：**4**

問題 30 航空機搭載の無線電話用制御器の操作のうち、制御できないのはどれか。

1 電源の ON、OFF
2 周波数の切換え
3 空中線の切換え
4 音量の調整

解説 「空中線の切換え」はできない。空中線は「アンテナ」のこと。 正答：**3**

問題 31 航空機搭載の VHF 無線電話用制御器の機能のうち、制御できないのはどれか。

1 電源の ON
2 電源の OFF
3 周波数の切換え
4 アンテナの切換え

解説 「アンテナの切換え」はできない。アンテナは「空中線」のこと。 正答：**4**

航空特

問題 32 無線送受信機の制御器 (コントロールパネル) は、どのようなときに使用されるか。

1 送受信機周辺の電気的雑音による障害を避けるため。
2 送受信機を離れたところから操作するため。
3 電源電圧の変動を避けるため。
4 送信と受信の切替えを容易に行うため。

解説 制御器は Remote Control のことで、送受信機を「離れた」ところからリモコン制御する。　　　　　　　　　　　　　　　　正答：**2**

問題 33 次の記述は、受信機の性能のうち何について述べたものか。

　送信された信号を受信し、受信機の出力側で、元の信号がどれだけ忠実に再現できるかという能力を表す。

1 選択度　　　2 忠実度　　　3 安定度　　　4 感度

解説 どれだけ忠実に＝「忠実度」である。　　　　　　　　正答：**2**

問題 34 受信機の性能についての説明で、誤っているのは次のうちどれか。

1 感度は、どれだけ強い電波まで受信できるかの能力を表す。
2 忠実度は、受信する信号が受信機の出力側でどれだけ忠実に再現できるかの能力を表す。
3 選択度は、多数の異なる周波数の電波の中から、混信を受けないで、目的とする電波を選びだすことができるかの能力を表す。
4 安定度は、周波数及び強さが一定の電波を受信したとき、再調整しないで、どれだけ長時間にわたって、一定の出力が得られるかの能力を表す。

解説 感度とは、どれだけ「弱い」電波まで受信できるかの能力を表す。　正答：**1**

問題 35 図に示す AM（A3E）用スーパヘテロダイン受信機の構成には誤った部分がある。これを正すにはどうすればよいか。

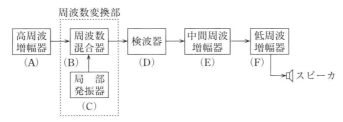

1　（A）と（C）を入れ替える。　　2　（B）と（D）を入れ替える。
3　（C）と（D）を入れ替える。　　4　（D）と（E）を入れ替える。

解説　中間周波増幅器で中間周波数に変換された受信電波を増幅し、増幅された受信電波から検波器で音声信号を取り出すので、「（D）と（E）を入れ替える」。

正答：**4**

問題 36 図に示す AM（A3E）用スーパヘテロダイン受信機の構成には誤った部分がある。これを正すにはどうすればよいか。

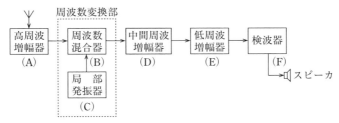

1　（A）と（D）を入れ替える。　　2　（B）と（C）を入れ替える。
3　（E）と（F）を入れ替える。　　4　（D）と（F）を入れ替える。

解説　検波器で音声信号を取り出し、低周波増幅器で増幅するので、「（E）と（F）を入れ替える」。

正答：**3**

航空特

問題 37 次の記述は、スーパヘテロダイン受信機の AGC の働きについて述べたものである。正しいのはどれか。

1　選択度を良くし、近接周波数の混信を除去する。
2　受信電波が無くなったときに生じる大きな雑音を消す。
3　受信電波の周波数の変化を振幅の変化に直し、信号を取り出す。
4　受信電波の強さが変動しても、受信出力をほぼ一定にする。

解説 AGC は Automatic Gain Control の略で、自動利得調整のこと。出力を「一定」にする。　　　　　　正答：**4**

問題 38 スーパヘテロダイン受信機において、受信電波の強さが変動しても、受信出力をほぼ一定にするために用いる回路は、次のうちどれか。

1　AFC回路
2　IDC回路
3　BFO回路
4　AGC回路

解説 AGC は Automatic Gain Control の略で、自動利得調整のこと。出力を「一定」にする。　　　　　　正答：**4**

問題 39 FM（F3E）受信機において、受信電波が無いときに、スピーカから出る大きな雑音を消すために用いる回路は、次のうちどれか。

1　スケルチ回路
2　振幅制限回路
3　AGC回路
4　周波数弁別回路

解説 受信電波が「無い」ときは、雑音を消すために「スケルチ」を調整する。
正答：**1**

問題 40 次の記述の[ ]内に入れるべき字句の組合せで、正しいのはどれか。

　FM（F3E）受信機において、相手局からの送話が[A]ときに受信機から雑音が出るときは、[B]調整つまみを回して、雑音が急に消える限界点付近の位置に調整する。

	A	B		A	B
1	有る	音量	2	有る	スケルチ
3	無い	音量	4	無い	スケルチ

解説 相手局からの送話が「無い」ときは、雑音を消すために「スケルチ」を調整する。　　　正答：**4**

問題 41 航空局用VHF送受信装置の機能で、受信待受時に雑音が聞こえないように調整し、良好な受信を行うものは、次のうちどれか。

1　音量調整　　　　2　スケルチ
3　チャネル切換　　4　電源スイッチ

解説 相手局からの送話が「無い」ときは、雑音を消すために「スケルチ」を調整する。　　　正答：**2**

問題 42 無線受信機において、通常、受信に障害を与える雑音の原因にならないのは、次のうちどれか。

1　発電機のブラシの火花
2　接地点の接触不良
3　給電線のコネクタのゆるみ
4　電源用電池の電圧低下

解説 「電源電圧が低下」しても、雑音は発生しない。　　　正答：**4**

◉トランスポンダ

問題43 次の記述の□□内に入れるべき字句の組合せで、正しいのはどれか。

　SSRモードSシステムは、現在使用されているATCRBS方式と［ A ］、ICAO の国際標準方式の新しいシステムである。

　この方式は、目的とする航空機にのみ［ B ］を指定して質問ができるため、交通量の多い空域でも目的機を見つけやすく、管制側と航空機間とでメッセージやデータ交換ができ、音声の通信量が少なくてすむ等の特徴がある。

	A	B
1	互換性があり	時間
2	互換性があり	アドレス
3	互換性がなく	時間
4	互換性がなく	アドレス

📖解説 ATCトランスポンダは、地上からの「アドレス」を指定した質問信号に対して「機体識別」と「高度情報」を送信する。　　　　　　　　　　正答：**2**

問題44 次の記述は、ATCトランスポンダの動作について述べたものである。□□内に入れるべき字句の組合せで、正しいのはどれか。

　SSRからの［ A ］の質問信号に対し自動的に［ B ］の情報パルスを応答信号として送信することができる。

	A	B
1	モードC	速度
2	モードC	高度
3	MTI	速度
4	MTI	高度

📖解説 SSRは二次監視レーダーのこと。「モードC」と呼ばれるATCトランスポンダでは、識別情報のほかに「高度情報」を自動的に送出する。　　　　正答：**2**

問題 45 次の記述の◻️内に入れるべき字句の組合せで、正しいのはどれか。

SSR からの質問信号は ◻️A◻️ パルス、ATC トランスポンダからの応答信号は
◻️B◻️ パルスと呼ばれ、ともに ◻️C◻️ 帯の異なる周波数が使用されている。

	A	B	C
1	コード	モード	SHF
2	コード	モード	UHF
3	モード	コード	SHF
4	モード	コード	UHF

解説 「モード」にはA（機体識別情報）とC（高度情報）があり、「コード」は
0000〜7777まで4096とおりがある。「UHF帯」の異なる周波数が使用され
る。　　　　　　　　　　　　　　　　　　　　　　　　　　　　　正答：**4**

問題 46 次の記述の◻️内に入れるべき字句の組合せで、正しいのはどれか。

◻️A◻️ から ATC トランスポンダへの質問信号は、航空機の識別用として ◻️B◻️
が、航空機の高度情報用として ◻️C◻️ が用いられている。

	A	B	C
1	SSR	モードA	モードC
2	ASR	モードC	モードA
3	SSR	モードC	モードA
4	ASR	モードA	モードC

解説 「SSR」の質問信号は、航空機識別用として「モードA」、高度情報用とし
て「モードC」が用いられる。　　　　　　　　　　　　　　　　　正答：**1**

問題 47 次の記述の ☐ 内に入れるべき字句の組合せで、正しいのはどれか。

ATCトランスポンダは、SSRからのモード ☐A☐ の質問信号に対し予め設定した ☐B☐ 桁からなるコードナンバーによって4096種類の応答信号を送信することができる。

	A	B
1	A	4
2	A	8
3	C	4
4	C	8

解説 「モードA」には機体識別情報として、8進法「4桁」の「0000～7777」まで4096とおりがある。　　　　　　　　　　　　　　　　正答：**1**

問題 48 次の記述において ☐ 内に入れるべき字句の正しい組合せを下の番号から選べ。

SSRモードSシステムは、目的とする航空機に対し ☐A☐ を指定して質問ができるため、従来型のSSRモードA/Cで発生した干渉障害を抑制し、信頼性の高い情報により、航空交通管制の信頼性が向上している。

この方式は、従来型との ☐B☐ システムである。

	A	B
1	時間	両立性がない
2	時間	両立性がある
3	アドレス	両立性がない
4	アドレス	両立性がある

解説 直接、目的の航空機の「アドレス」を指定でき、従来型との「両立性がある」システムである。　　　　　　　　　　　　　　　　　　正答：**4**

問題 49 航空交通管制用レーダービーコンシステム（ATCRBS）の持つ機能について、誤っているのは次のうちどれか。

1 航空機の行先が識別できる。
2 航空機の位置を知ることができる。
3 航空機の高度がわかる。
4 特定の航空機の識別ができる。

解説 「行先情報」は、ATCRBS の機能にはない。　　　　　　正答：**1**

問題 50 次の記述は、図に示す航空用DME について述べたものである。□□内に入れるべき字句の正しい組合せを下の番号から選べ。

航空機の機上DME（インタロゲータ）から、地上DME に質問信号を送信し、質問信号に対する地上DME からの応答信号を受信して、質問信号の送信から応答信号の受信までの　A　を計測し、航空機と地上DME との　B　を求めることができる。

	A	B
1	時間	高度
2	時間	距離
3	周波数差	高度
4	周波数差	距離

質問信号
機上 DME
応答信号
地上 DME（トランスポンダ）

航空特

解説 インタロゲータの質問信号の送信から、地上トランスポンダの応答信号の受信の「時間」を計り、「距離」を求める。　　　　　正答：**2**

問題 51 ATC トランスポンダの操作で、アイデント・ボタンを押す必要のあるのは、次のうちどのようなときか。

1 モードAの信号を受信したが、自動的に応答ができないとき。
2 モードCの信号を受信したが、自動的に応答ができないとき。
3 TST の切換で、装置の動作の良否が確かめられないとき。
4 SPI（特別位置識別）パルスの送信を行うとき。

解説 航空交通管制官より「識別パルスの送信」を指示されたらアイデント・ボタンを押す。　　　　　　　　　　　　　　　　　　　　　　　　　　　正答：**4**

問題 52 ATC トランスポンダの操作でアイデント・ボタンを押す必要のあるのは、次のうちどのようなときか。

1 モードAの信号を受信したが、自動的に応答できないとき。
2 管制官からの識別のための要請により、SPI（特別位置識別）パルスの送信を行うとき。
3 TST の切換で、装置の動作の良否が確かめられないとき。
4 モードCの信号を受信したが、自動的に応答できないとき。

解説 航空交通管制官より「識別パルスの送信」を指示されたらアイデント・ボタンを押す。　　　　　　　　　　　　　　　　　　　　　　　　　　　正答：**2**

問題 53 図に示す ATC トランスポンダにおいて、高度情報を送信できる状態に設定するときのファンクション・セレクタの切替つまみの位置はどれか。次のうちから選べ。

1 「STBY」の位置
2 「ON」の位置
3 「ALT」の位置
4 「TST」の位置

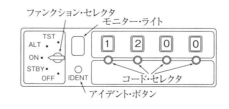

解説 「ALT」は Altitude の略で、高度のこと。　　　　　　　　　　正答：**3**

問題 54 図に示すATCトランスポンダにおいて、航空交通管制官からSPI（特別位置識別）パルスを送信するよう要請があったときの操作で、正しいのは、次のうちどれか。

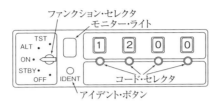

ファンクション・セレクタ
モニター・ライト
コード・セレクタ
アイデント・ボタン

1 ファンクション・セレクタを「TST」の位置にする。

2 アイデント・ボタンを押す。

3 ファンクション・セレクタを「ALT」の位置にする。

4 指定されたコードナンバーをコード・セレクタにより設定する。

解説 「アイデント・ボタン」は、機体識別や位置情報等の信号を送信するためのボタンである。

正答：**2**

問題 55 ATCトランスポンダのファンクションセレクタを「ALT」の位置にセットしたときの機能として、正しいものは次のうちどれか。

1 受信したモードAの質問信号に対して、コードセレクタで設定された識別情報が送信される。

2 モードAに対する応答信号とともに、モードCの質問信号に対して自動的に高度情報が送信される。

3 受信機が働くが、質問信号のコーディングは行わない。

4 電源が交流発動機に接続される。

解説 ALTはAltitudeの略で「高度」のことで、「自動的に高度情報が送信される」。

正答：**2**

問題 56 次の記述は、図に示す電波高度計について述べたものである。　　内に入れるべき字句の組合せで、正しいのはどれか。

航空機より真下に向けて　A　〔GHz〕帯の電波を発射し、地表で反射され再び機体に戻ってくるまでの　B　によって高度を測る計器である。

```
    A       B
1   4.3     時間
2   4.3     振幅の変化
3   2.45    時間
4   2.45    振幅の変化
```

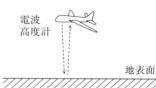

電波
高度計

地表面

解説 電波高度計には「4.3」〔GHz〕帯の電波が使用される。航空機より真下に向けて電波を発射し、反射波が戻ってくるまでの「時間」によって高度を測る計器である。　　　　　　　　　　　　　　　　　　　　　　　　正答：**1**

▶レーダー

問題 57 レーダーでは、一般のマイクロ波（SHF）帯の電波が利用されるが、通常この電波の伝わり方は、次のうちどれに含められるか。下の番号から選べ。

```
1   地表波      2   直接波      3   大地反射波      4   電離層波
```

解説 マイクロ波（SHF）帯は「3 〜 30〔GHz〕」の周波数の電波で、直進するので「直接波」が伝わる。　　　　　　　　　　　　　　　　　　　　　　正答：**2**

問題 58 レーダーの方位分解能を決定するものは、次のうちどれか。

```
1   アンテナの回転速度          2   アンテナの水平面指向特性
3   アンテナの垂直面指向特性      4   送信電力
```

解説 方位分解能とは、同じ距離にある2つの物標を区分する能力で「アンテナの水平面指向特性」で左右される。　　　　　　　　　　　　　　　　　　　正答：**2**

問題59 レーダーの距離分解能を良くする方法として、正しいのは次のうちどれか。

1 アンテナの水平面内指向性を鋭くする。
2 パルス繰返し周波数を低くする。
3 パルス幅を狭くする。
4 受信機の感度をよくする。

解説 距離分解能を良くするには、パルス幅を「狭くする」。　正答：**3**

問題60 レーダーから等距離にあって、近接した2物標が判別できる限界についての能力を表すものは、次のうちどれか。

1 最小探知距離　　2 最大探知距離
3 方位分解能　　　4 距離分解能

解説 同じ距離の2つの像は方位が異なっているので「方位分解能」である。
正答：**3**

問題61 レーダーの距離分解能をよくする方法として、正しい組合せは次のうちどれか。

	パルス幅	映像の輝点の大きさ	測定距離レンジ
1	広くする	小さくする	大きくする
2	広くする	大きくする	小さくする
3	狭くする	大きくする	大きくする
4	狭くする	小さくする	小さくする

解説 パルス幅を「狭くする」と距離分解能は小さくなり高性能となる。また、輝点を大きくすると像がぼやけ、測定距離レンジを大きくすると誤差が大きくなるので、輝点を「小さく」し、測定距離レンジを「小さく」する。
正答：**4**

航空特

問題 62 レーダーの距離分解能を良くする方法として、正しい組合せは次のうちどれか。

	パルス幅	測定距離レンジ
1	広くする	小さくする
2	広くする	大きくする
3	狭くする	小さくする
4	狭くする	大きくする

解説 距離分解能を良くするには、パルス幅を「狭く」、測定距離レンジを「小さく」する。

正答：**3**

問題 63 レーダーの最大探知距離を長くする方法として、誤っているのはどれか。

1 アンテナの設置位置を高くし、アンテナ利得を大きくする。
2 送信電力を大きくする。
3 パルス幅を狭くし、パルス繰返し周波数を高くする。
4 受信機の感度を良くする。

解説 パルス幅を狭くすると、物体からの反射が弱くなるので最大探知距離は「短く」なる。また、パルス繰返し周波数を「低く」したほうが最大探知距離は長くなる。

正答：**3**

問題 64 レーダーで物標までの距離を測定するとき、測定誤差を最も少なくする適切な操作方法は、次のうちどれか。

1 可変距離目盛を用い、距離レンジを最大に切り替えて読み取る。
2 固定距離目盛を用い、その目盛と目盛の間を目分量で読み取る。
3 物標映像の中心点に可変距離目盛を正しく重ねて読み取る。
4 物標映像のスコープの中心側の外郭に、可変距離目盛の外側を接触させて読み取る。

解説 「映像の中心の外郭部に可変距離目盛の外側を接触させて」距離を読み取る。

正答：**4**

問題65 レーダー受信機において、最も影響の大きい雑音は、次のうちどれか。

1 自動車雑音
2 電動機による雑音
3 受信機の内部雑音
4 空電による雑音

解説 「受信機内部で発生する雑音」による影響が最も大きい。 正答：**3**

問題66 図に示す機上気象レーダーの調整器パネル面の操作に伴う機能で誤っているのはどれか。

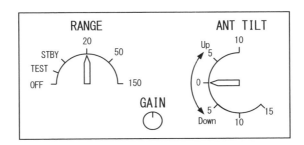

1 RANGE：測定距離範囲を切り替えるために用いられ、目的に応じて適切なRANGEが選択される。
2 STBY：準備が完了した状態であり、電波は発射されている。
3 ANT TILT：レーダーアンテナの垂直方向の角度を調整するために用いられ、上方に10度下方に15度の範囲で任意にセットできる。
4 GAIN：目標物の最適な影像が得られるように受信機の利得を調整する。

解説 STBY：準備が完了した状態であり、「電波は発射されない」。 正答：**2**

問題67 レーダー装置において、パルス幅を小から大に切り換えると、次に挙げた性能のうち、通常良くなるものはどれか。

1 最大探知距離
2 最小探知距離
3 方位分解能
4 距離分解能

解説 パルス幅を大きくすると反射波のエネルギーが大きくなり、「最大探知距離」が良くなる。　　　　　　　　　　　　　　　　　　正答：**1**

問題68 図に示す機上気象レーダーの調整器パネル面の操作に伴う機能で誤っているのはどれか。

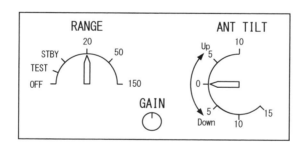

1 RANGE：測定距離範囲を切り替えるために用いられ、目的に応じて適切なRANGEが選択される。
2 STBY：準備が完了した状態であり、電波は発射されない。
3 GAIN：目標物の最適な影像が得られるように送信機の出力を調整する。
4 ANT TILT：レーダーアンテナの垂直方向の角度を調整するために用いられ、上方に10度下方に15度の範囲で任意にセットできる。

解説 GAIN：目標物の最適な影像が得られるように「受信機の利得」を調整する。
　　　　　　　　　　　　　　　　　　　　　　　　　　　　正答：**3**

問題69 図に示す機上用気象レーダーの調整器パネル面の操作に伴う機能で誤っているのはどれか。

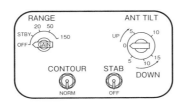

1　RANGE：測定距離範囲を 20、50、150〔海里〕に切り替える。

2　STAB：電源が定電圧回路を通じて供給され、装置が安定する。

3　ANT TILT：空中線の傾斜角を上方 10〔度〕下方 15〔度〕の範囲で任意にセットする。

4　CONTOUR：激しい荒天地域の輪郭を画面に表示する。

解説　「STAB」は、機体の揺れに対してアンテナを「安定」にさせる機能。

正答：**2**

航空特

問題70 次の記述は、機上気象レーダーのパネル面にある調整器の機能について述べたものである。その機能に適した調整器はどれか。下の番号から選べ。

レーダーアンテナの傾斜角を制御するもので、機軸に対して所定の傾斜角にセットすることができる。

1　ANT TILT

2　RANGE

3　GAIN

4　STAB－OFF

解説　「ANT TILT」はアンテナの傾斜角を制御する。TILT は「傾斜」のこと。

正答：**1**

問題71 図に示す機上気象レーダーの調整器パネル面の操作に伴う機能で誤っているのはどれか。

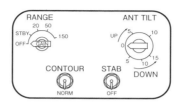

1 RANGE：測定距離範囲を 20、50、150〔海里〕に切り替える。

2 STAB：機体の動揺に対しアンテナを安定に維持する。

3 ANT TILT：アンテナの上下の距離範囲を上方 10〔海里〕下方 15〔海里〕の範囲で任意にセットする。

4 GAIN：RANGE スイッチと同軸のツマミとなっており、目標物の最適な映像が得られるように受信機の感度を調整する。

 解説　ANT TILT の傾斜角は、〔海里〕ではなく、〔度〕が正しい。　　正答：**3**

問題72 航空交通管制用として地上に設置されている SSR 設備は、次のうち、どれに含まれるか。

1 一次レーダー

2 二次レーダー

3 ドプラレーダー

4 CW レーダー

 解説　SSR は Secondary Surveillance Radar の略で、「二次レーダー」のこと。　　正答：**2**

問題73 次の記述は、GPS（全世界測位システム）について述べたものである。誤っているのは次のうちどれか。

1 GPSでは、地上からの高度が約20,000〔km〕の異なる6つの軌道上に衛星が配置されている。
2 各衛星は、一周約24時間で周回している。
3 測位に使用している周波数は、極超短波（UHF）帯である。
4 一般に、任意の4個の衛星からの電波が受信できれば、測位は可能である。

解説 GPS衛星は、地球一周「約12時間」で周回する準同期衛星である。

正答：**2**

問題74 次の記述は、GPS（全世界測位システム）について述べたものである。誤っているのは次のうちどれか。

1 GPSでは、地上からの高度が約20,000〔km〕の異なる6つの軌道上に衛星が配置されている。
2 各衛星は、一周約12時間で周回している。
3 一般に、任意の4個の衛星からの電波が受信できれば、測位は可能である。
4 測位に使用している周波数は、長波（LF）帯である。

解説 測位に使用している周波数は、「極超短波（UHF）」帯で、長波（LF）帯ではない。

正答：**4**

航空特

航 空 特

▶ 電　源

問題75 直流と交流の電流の説明で、誤っているのはどれか。

1　交流は、時間とともに流れる方向が変わる。
2　直流は、常に流れる方向が変わらない。
3　直流は、コンデンサによって遮断される。
4　交流は、コンデンサの静電容量が大きくなるほど流れにくくなる。

解説　コンデンサを流れる電流は、コンデンサの持つリアクタンスに反比例するので静電容量が大きいほど「よく流れる」。　　　　　　　正答：**4**

問題76 直流と交流の電流の説明で、誤っているのはどれか。

1　交流は、時間とともに流れる方向が変わる。
2　直流は、常に流れる方向が変わらない。
3　交流は、コイルのインダクタンスが大きくなるほど流れやすくなる。
4　直流は、コンデンサによって遮断される。

解説　コイルのインダクタンスが大きくなるほど、交流は「流れにくくなる」。
正答：**3**

問題77 次の記述の　　　内に入れるべき字句の組合せで、正しいのはどれか。

交流電源から直流を得る場合は、変圧器により所要の電圧にした後、　A　を経て　B　でできるだけ完全な直流にする。

	A	B
1	平滑回路	変調回路
2	整流回路	平滑回路
3	変調回路	平滑回路
4	平滑回路	整流回路

解説　「整流回路」で直流にして、「平滑回路」でより完全な直流にする。　正答：**2**

問題 78 次の記述は、図に示す一般的な直流電源（DC電源）装置の回路について述べたものである。このうち、誤っているものを下の番号から選べ。

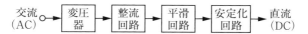

交流（AC）→ 変圧器 → 整流回路 → 平滑回路 → 安定化回路 → 直流（DC）

1　整流回路は、大きさと方向が変化する電圧（電流）を一方向の電圧（電流）に変える。

2　平滑回路は、整流された電圧（電流）を完全な直流に近づける。

3　変圧器は、任意の大きさの直流電圧を作る。

4　平滑回路の働きが不十分だと、出力は完全な直流にならずに、交流分を含む。

🔖解説　変圧器は、「交流電圧」を任意の大きさに変換する働きをする。　　　正答：**3**

問題 79 図に示す整流回路の名称とa点に現れる整流電圧の極性との組合せで、正しいのはどれか。次のうちから選べ。

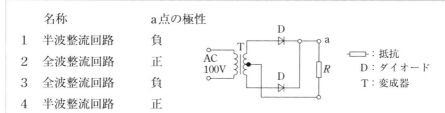

	名称	a点の極性
1	半波整流回路	負
2	全波整流回路	正
3	全波整流回路	負
4	半波整流回路	正

　　　：抵抗
D：ダイオード
T：変成器

🔖解説　整流用のダイオードが2個あるので「全波（両波）整流回路」と呼ばれ、電流はダイオードの左から右に向かって流れるので、aの端子は「＋（正）極性」となる。

　　　　　　　　　　　　　　　　　　　　　　　　　　　　　　　正答：**2**

問題80 電源電圧 24〔V〕、消費電力 60〔W〕の設備を、連続10時間運用するには、最低幾らの容量の電池が必要か。

1　　25〔Ah〕
2　　60〔Ah〕
3　　96〔Ah〕
4　　150〔Ah〕

解説 電圧を E〔V〕、電流を I〔A〕とすると、電力 P〔W〕は、次式で表される。

$$P = E \times I$$

上式を変形し、I について解くと、

$$I = \frac{P}{E} = \frac{60}{24} = 2.5 \,〔A〕$$

となる。

2.5〔A〕の電流で連続10時間運用するには、

$$2.5 \times 10 = 25 \,〔Ah〕$$

の容量の電池が必要になる。

正答：**1**

問題81 電源電圧 28〔V〕、消費電力 140〔W〕の設備を、連続10時間運用するには、最低幾らの容量の電池が必要か。

1　　12〔Ah〕
2　　25〔Ah〕
3　　50〔Ah〕
4　　140〔Ah〕

解説 電圧を E〔V〕、電流を I〔A〕とすると、電力 P〔W〕は、次式で表される。

$$P = E \times I$$

上式を変形し、I について解くと、

$$I = \frac{P}{E} = \frac{140}{28} = 5 \,〔A〕$$

となる。

5〔A〕の電流で連続10時間運用するには、

$$5 \times 10 = 50 \,〔Ah〕$$

の容量の電池が必要になる。

正答：**3**

問題82 1個6〔V〕、30〔Ah〕の蓄電池を3個並列に接続した場合の合成電圧及び合成容量の組合せで、正しいものはどれか。

	合成電圧	合成容量
1	6〔V〕	90〔Ah〕
2	6〔V〕	30〔Ah〕
3	18〔V〕	90〔Ah〕
4	18〔V〕	30〔Ah〕

解説 1個の電圧が E〔V〕、容量が I〔Ah〕の電池を n 個並列に接続すると、

合成電圧＝E〔V〕

合成容量＝$I \times n$〔Ah〕

となる。よって、

合成電圧＝6〔V〕

合成容量＝30×3＝90〔Ah〕

となる。　　　　　　　　　　　　　　　　　　　　　　　　　正答：**1**

問題83 次の記述は、電池について述べたものである。このうち誤っているものを下の番号から選べ。

1 二次電池は、繰り返し充放電して使える。

2 電圧が等しく、容量が10〔Ah〕の電池を2個直列に接続すると、合成容量は20〔Ah〕になる。

3 鉛蓄電池及びリチウムイオン蓄電池は、二次電池である。

4 電圧の等しい電池を2個並列に接続すると、その端子電圧は1個の端子電圧と同じになる。

解説 電圧が同じ電池を2個直列に接続しても合成容量は1個と「同じ」である。

正答：**2**

問題 84 1個12〔V〕、30〔Ah〕の蓄電池を2個直列に接続した場合の合成電圧及び合成容量の組合せで、正しいのはどれか。

	合成電圧	合成容量
1	24〔V〕	60〔Ah〕
2	24〔V〕	30〔Ah〕
3	12〔V〕	60〔Ah〕
4	12〔V〕	30〔Ah〕

解説 1個の電圧が E〔V〕、容量が I〔Ah〕の電池を n 個直列に接続すると、
合成電圧＝$E×n$〔V〕
合成容量＝I〔Ah〕
となる。よって、
合成電圧＝12×2＝24〔V〕
合成容量＝30〔Ah〕
となる。

正答：**2**

問題 85 端子電圧6〔V〕、容量（10時間率）30〔Ah〕の充電済みの鉛蓄電池に、動作時に3〔A〕の電流が流れる装置を接続して連続動作させた。通常、何時間まで動作させることができるか。

1	10時間	2	15時間	3	20時間	4	30時間

解説 使用可能時間 h〔時間〕は、

$$h = \frac{電池の容量〔Ah〕}{使用する電流〔A〕}$$

となる。よって、

$$h = \frac{30}{3} = 10 \text{〔時間〕}$$

となる。

正答：**1**

問題86 端子電圧 6〔V〕、容量（10 時間率）60〔Ah〕の充電済みの鉛蓄電池に、動作時に 3〔A〕の電流が流れる装置を接続して連続動作させた。通常、何時間まで動作させることができるか。

1　10 時間　　　2　20 時間　　　3　30 時間　　　4　60 時間

解説 使用可能時間 h〔時間〕は、

$$h = \frac{電池の容量〔Ah〕}{使用する電流〔A〕}$$

となる。よって、

$$h = \frac{60}{3} = 20 〔時間〕$$

となる。

正答：**2**

問題87 端子電圧 6〔V〕、容量（10 時間率）60〔Ah〕の充電済みの鉛蓄電池を 2 個並列に接続し、これに電流が 12〔A〕流れる負荷を接続して連続使用したとき、この蓄電池は、通常何時間連続して使用することができるか。

1　3 時間　　　2　5 時間　　　3　7 時間　　　4　10 時間

解説 1 個の電圧が E〔V〕、容量が m〔Ah〕の電池を n 個並列に接続すると、

合成電圧 ＝ E〔V〕

合成容量 ＝ $m \times n$〔Ah〕

となり、使用可能時間 h〔時間〕は、

$$h = \frac{m \times n 〔Ah〕}{使用する電流〔A〕}$$

となる。よって、

$$h = \frac{60 \times 2}{12} = \frac{120}{12} = 10 〔時間〕$$

となる。

正答：**4**

航空特

▶空中線（アンテナ）

問題88 図は、水平半波長ダイポールアンテナの水平面内の指向特性を示している。正しいのはどれか。次のうちから選べ。

🔖解説 選択肢1の図形が数字の「8」に似ていることから「8の字特性」と呼ばれている。アンテナの位置に注意しよう。　　　　　　　　　　　　正答：**1**

問題89 図は、水平半波長ダイポールアンテナの水平面内の指向特性を示している。正しいのはどれか。次のうちから選べ。

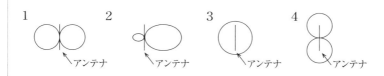

🔖解説 選択肢1の図形が数字の「8」に似ていることから「8の字特性」と呼ばれている。アンテナの位置に注意しよう。　　　　　　　　　　　　正答：**1**

問題 90 図に示すアンテナの名称と l の長さの組合せで、正しいのは次のうちどれか。

	名称	l
1	ホイップアンテナ	1/4 波長
2	ホイップアンテナ	1/2 波長
3	スリーブアンテナ	1/4 波長
4	スリーブアンテナ	1/2 波長

円筒状導体 →
同軸ケーブル →

解説 図の下側に円筒状導体（エレメント）として l があるのは「スリーブアンテナ」で、l は「1/4 波長」の長さである。 **正答：3**

問題 91 外観が図に示すような航空機用通信アンテナの名称は、次のうちどれか。

1 ブレードアンテナ
2 スリーブアンテナ
3 スロットアンテナ
4 ブラウンアンテナ

機体　　絶縁物　　給電線

解説 「ブレードアンテナ」は、航空機の機体に設置するのに適したアンテナである。 **正答：1**

問題 92 120〔MHz〕用ブラウンアンテナの放射素子の長さは、ほぼいくらか。

1　0.3〔m〕　　　2　0.6〔m〕　　　3　1.2〔m〕　　　4　2.5〔m〕

解説 波長λ〔m〕は、周波数を f〔MHz〕とすると、次式で求められる。

$$\lambda = \frac{300}{f} = \frac{300}{120} = 2.5 \text{〔m〕}$$

ブラウンアンテナの放射素子の長さは 1/4 波長なので、

$$\frac{\lambda}{4} = \frac{2.5}{4} = 0.625 \fallingdotseq 0.6 \text{〔m〕}$$

となる。 **正答：2**

▶電波伝搬

問題 93 電波が 20〔μs〕の時間に伝搬する距離は、次のうちどれか。

| 1 | 2〔km〕 | 2 | 6〔km〕 | 3 | 20〔km〕 | 4 | 600〔km〕 |

解説 電波の速度を $c=3×10^8$〔m/s〕、時間を $t=20×10^{-6}$〔s〕とすると、電波の進む距離 r〔m〕は、次式で求められる。

$$r = c × t$$
$$= 3×10^8 × 20×10^{-6} = 60×10^2$$
$$= 6,000〔m〕= 6〔km〕$$

正答：**2**

問題 94 マイクロ波（SHF）帯の伝搬の特徴について、正しいのは次のうちどれか。

1　波長が短いほど、電波の直進性が良くなる。
2　波長が短いほど、小さな物体からの反射波は弱くなる。
3　波長が短いほど、指向性の鋭いアンテナが作りにくくなる。
4　波長が短いほど、外部からの混信や雑音などが多くなる。

解説 マイクロ波（SHF）帯は、「波長が短いため光の性質に似て直進性が良い」。

正答：**1**

問題 95 マイクロ波（SHF）帯の電波の伝搬を VHF 帯や UHF 帯の電波と比べたときの特徴として、正しいのは次のうちどれか。

1　地形や気象の影響を受けにくい。
2　小さな反射物からの反射波は弱い。
3　電波の直進性が良い。
4　電離層を突き抜けにくい。

解説 マイクロ波帯は波長が短いので、「直進性が良い」。

正答：**3**

問題96 次の記述において□□内に入れるべき字句の正しい組合せを下の番号から選べ。

スポラジックE（Es）層は、 A の昼間に多く発生し、 B の電波を反射することがある。

	A	B
1	夏季	超短波（VHF）帯
2	夏季	マイクロ波（SHF）帯
3	冬季	超短波（VHF）帯
4	冬季	マイクロ波（SHF）帯

解説 「夏季」の昼間に多く発生し、「VHF帯」（30 ～ 300 〔MHz〕）の電波を反射する。スポラジックE層はEs層ともいう。　　　　　　　　　正答：**1**

▶ 測 定

問題97 抵抗 R の両端の直流電圧を測定するときの電圧計Vのつなぎ方で、正しいのは次のうちどれか。

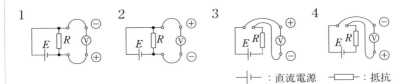

—|⊢—：直流電源　　—▭—：抵抗

解説 電圧計は負荷 R と「並列」に接続する。電池の図記号から＋極は「上側」である。　　　　　　　　　正答：**2**

航空特

問題 98 抵抗 R に流れる直流電流を測定するときの電流計 A のつなぎ方で、正しいのは次のうちどれか。

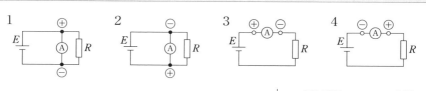

┤├：直流電源　　─▭─：抵抗

解説 直流電流を測定するときには＋側を「電池の＋極」に合わせて、電流計を抵抗 R（負荷）と「直列」に接続する。　　　　　　　　　　　　　正答：**3**

問題 99 交流電流を測定するときに用いる、指示計器の図記号は、次のうちどれか。

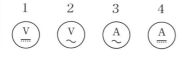

解説 図記号の中の A は「電流」、〜は「交流」であることを表す。　　正答：**3**

問題 100 1個2〔V〕の蓄電池を図のように接続し、ab間の電圧を測定するには、次のどの計器が最も適しているか。

1　最大目盛が 10〔V〕の直流電圧計
2　最大目盛が 10〔V〕の交流電圧計
3　最大目盛が 5〔V〕の交流電圧計
4　最大目盛が 5〔V〕の直流電圧計

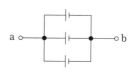

解説 同じ電圧の蓄電池 3 個を並列に接続すると、合成電圧は 1 個分の電圧と同じ 2〔V〕なので、「最大目盛 5〔V〕の直流電圧計を使用」すればよい。　　正答：**4**

問題101 次の記述において□内に入れるべき字句の正しい組合せを下の番号から選べ。

1個2〔V〕の蓄電池3個を図のように接続したとき、ab間の電圧を測定するには、最大目盛が A の直流電圧計の B につなぐ。

a ○—┤├—┤├—┤├— b ○

	A	B
1	5〔V〕	⊕端子をa、⊖端子をb
2	5〔V〕	⊕端子をb、⊖端子をa
3	10〔V〕	⊕端子をa、⊖端子をb
4	10〔V〕	⊕端子をb、⊖端子をa

解説 同じ電圧の蓄電池3個を直列に接続すると、合成電圧は1個の3倍の6〔V〕になるので、最大目盛「10〔V〕」の直流電圧計を使用すればよい。aの端子が「＋極」である。 　　　正答：**3**

問題102 次の記述の□内に入れるべき字句の組合せで、正しいのはどれか。

回路の A を測定するときは、測定回路に直列に、 B を測定するときは、測定回路に並列に計器を接続する。また、特に C を測定するときは、極性を間違わないよう注意しなければならない。

	A	B	C
1	電流	電圧	直流
2	電流	電圧	交流
3	電圧	電流	直流
4	電圧	電流	交流

解説 「電流」は回路と直列、「電圧」は回路と並列に接続。「直流」には極性があるので接続には注意する。 　　　正答：**1**

問題103 アナログ方式の回路計 (テスタ) を用いて電池単体の端子電圧を測定するには、どの測定レンジを選べばよいか。

1　OHMS
2　DC VOLTS
3　AC VOLTS
4　DC MILLI AMPERES

解説　DC は Direct Current の略で、「直流」のこと。電池は「直流」なので、「DC VOLTS」を選ぶ。　　　　　　　　　　　　　　　　　　　　正答：**2**

問題104 アナログ方式の回路計 (テスタ) を使用して、密閉型ヒューズの断線を確めるには、テスタの切替レンジをどの位置にすればよいか。

1　DC MILLI AMPERES
2　DC VOLTS
3　AC VOLTS
4　OHMS

解説　「OHMS」とは「抵抗計」のこと。導通計とも呼ばれ、ヒューズの導通 (断線) がわかる。　　　　　　　　　　　　　　　　　　　　　　　正答：**4**

問題105 アナログ方式の回路計 (テスタ) で直流抵抗を測定するときの準備の手順で、正しいのは次のうちどれか。

1　0〔Ω〕調整をする→測定レンジを選ぶ→テストリード (テスト棒) を短絡する。
2　測定レンジを選ぶ→0〔Ω〕調整をする→テストリード (テスト棒) を短絡する。
3　テストリード (テスト棒) を短絡する→0〔Ω〕調整をする→測定レンジを選ぶ。
4　測定レンジを選ぶ→テストリード (テスト棒) を短絡する→0〔Ω〕調整をする。

解説　最初に「測定レンジを選び」、テストリード (テスト棒) を短路 (ショート) して、最後に「ゼロ点調整」を行う。　　　　　　　　　　　　　　　正答：**4**

直前仕上げ・合格キーワード ~航空特 無線工学~

・**消費電力**：電力＝電圧×電流

・**DSB**：振幅変調で両側波帯、搬送波を持つ。SSB の電波より占有周波数帯幅が約 2 倍

・**水晶発振回路**：水晶発振子を切り替えることで送信周波数を変える

・**AM**：振幅変調で、信号波の振幅の変化により搬送波の振幅が変化する

・**AGC**：受信出力を一定にする

・**スケルチ**：受信電波のないとき雑音を消す

・**感度**：どれだけ弱い信号の電波を受信できるかの能力

・**電源装置**：整流回路と平滑回路がある

・**レーダーの方位分解能**：近接した 2 つの物標を見分ける能力

・**レーダーの最大探知距離と最小探知距離**：パルスの幅と繰り返し周波数に影響を受ける。パルス幅が広く、繰り返し周波数を低くすれば最大探知距離は大きくなる

・**パルス幅を広く繰り返し周波数を低くする**：最大探知距離は大きくなる

・**航空機用気象レーダーの STAB**：機体の揺れに対してアンテナが安定に動作するように機能する

・**航空機用気象レーダーの TILT**：アンテナの角度を調整する

・**ATC トランスポンダのシステム**：ATC トランスポンダ方式と ATCRBS がある

・**ATC トランスポンダ用の SSR**：二次監視レーダー

・**ATC トランスポンダの ALT**：高度情報を送信する

・**ATC トランスポンダ**：コードパルスとモードパルスがあり、UHF 帯の電波が使用される

・**アイデント・ボタン**：位置識別のためのパルスを送信するときに押す

・**同じ電圧と容量の電池を n 個並列に接続**：電圧はそのまま、容量は n 倍

・**同じ電圧と容量の電池を n 個直列に接続**：電圧は n 倍、容量はそのまま

・**航空機に使われるアンテナ**：ブレードアンテナが多く使われている

・**回路の電流と電圧を測定する場合**：電流計は回路と直列に、電圧計は並列に接続する

電気通信術の試験のポイント

■ 電気通信術の試験

第一級海上特殊無線技士・航空特殊無線技士には、電気通信術の試験があります。第一級海上特殊無線技士および航空特殊無線技士の電気通信術は無線局運用規則第14条3 別表第5号に規定する欧文通話表による送話／受話の試験です。

● 受話の試験

受話の試験は、受験者全員に対してレコーダーによる試験問題が送られます。受験者は、配布された受話用紙にその全文（本文のみ）を記入します。

● 送話の試験

送話の試験は、配布された送話文を試験官に対向して1対1で読み上げます。1分間50字のスピードは、意外とゆっくりしたものですから、あわてずに送話すればよいでしょう。試験は次の順序で行います。

・「始めます」の語　→　「本文」の語　→　本文　→　「おわり」の語

無線局運用規則別表第5号　欧文通話表			
文字	使用する語	発　　　音	
A	ALFA	AL FAH	アルファ
B	BRAVO	BRAH VOH	ブラボー
C	CHARLIE	CHAR LEE	チャーリー
		SHAR LEE	又はシャーリー
D	DELTA	DELL TAH	デルタ
E	ECHO	ECK OH	エコー
F	FOXTROT	FOKS TROT	フォックストロット
G	GOLF	GOLF	ゴルフ
H	HOTEL	HOH TELL	ホテル
I	INDIA	IN DEE AH	インディア
J	JULIETT	JEW LEE ETT	ジュリエット
K	KILO	KEY LOH	キロ
L	LIMA	LEE MAH	リマ
M	MIKE	MIKE	マイク
N	NOVEMBER	NO VEM BER	ノベンバー
O	OSCAR	OSS CAH	オスカー
P	PAPA	PAH PAH	パパ
Q	QUEBEC	KEH BECK	ケベック
R	ROMEO	ROW ME OH	ロメオ
S	SIERRA	SEE AIR RAH	シエラ
T	TANGO	TANG GO	タンゴ
U	UNIFORM	YOU NEE FORM	ユニフォーム
		OO NEE FORM	又はオーニフォーム
V	VICTOR	VIK TAH	ビクター
W	WHISKEY	WISS KEY	ウイスキー
X	X-RAY	ECKS RAY	エクスレー
Y	YANKEE	YANG KEY	ヤンキー
Z	ZULU	ZOO LOO	ズールー

（特技用）

答 案 用 紙

（通）

氏　名	

〔注意事項〕
　この答案は、電子計算機で採点します
から、注意事項（◎印）を必ず守ってく
ださい。

受　験　番　号

百万位	十万位	万位	千位	百位	十位	一位
⊏0⊐	⊏0⊐	⊏0⊐	⊏0⊐	⊏0⊐	⊏0⊐	⊏0⊐
⊏1⊐	⊏1⊐	⊏1⊐	⊏1⊐	⊏1⊐	⊏1⊐	⊏1⊐
⊏2⊐	⊏2⊐	⊏2⊐	⊏2⊐	⊏2⊐	⊏2⊐	⊏2⊐
⊏3⊐	⊏3⊐	⊏3⊐	⊏3⊐	⊏3⊐	⊏3⊐	⊏3⊐
⊏4⊐	⊏4⊐	⊏4⊐	⊏4⊐	⊏4⊐	⊏4⊐	⊏4⊐
⊏5⊐	⊏5⊐	⊏5⊐	⊏5⊐	⊏5⊐	⊏5⊐	⊏5⊐
⊏6⊐	⊏6⊐	⊏6⊐	⊏6⊐	⊏6⊐	⊏6⊐	⊏6⊐
⊏7⊐	⊏7⊐	⊏7⊐	⊏7⊐	⊏7⊐	⊏7⊐	⊏7⊐
⊏8⊐	⊏8⊐	⊏8⊐	⊏8⊐	⊏8⊐	⊏8⊐	⊏8⊐
⊏9⊐	⊏9⊐	⊏9⊐	⊏9⊐	⊏9⊐	⊏9⊐	⊏9⊐

◎マーク欄には、ＨＢ又はＢの鉛筆に
より記入例のとおり正しくマークす
ること。
　マークを間違えたときは、消しゴム
（プラスチック製に限る。）であとか
たのないようにきれいに消すこと。

（記入例）
〔良い例〕　　▬
〔悪い例〕　　 　▬　 ◣　 ⟋

◎生年月日の年月日に1ケタの数
があるときは、十位のケタの0に
もマークすること。

（記入例）昭和56年08月01日
マークする数字 →56 08 01

生　年　月　日

（年号）		大正 昭和		平成	
十位	一位	十位	一位	十位	一位
	年		月		日
⊏0⊐	⊏0⊐	⊏0⊐	⊏0⊐	⊏0⊐	⊏0⊐
⊏1⊐	⊏1⊐	⊏1⊐	⊏1⊐	⊏1⊐	⊏1⊐
⊏2⊐	⊏2⊐		⊏2⊐	⊏2⊐	⊏2⊐
⊏3⊐	⊏3⊐		⊏3⊐	⊏3⊐	⊏3⊐
⊏4⊐			⊏4⊐		⊏4⊐
⊏5⊐			⊏5⊐		⊏5⊐
⊏6⊐	⊏6⊐		⊏6⊐		⊏6⊐
⊏7⊐			⊏7⊐		⊏7⊐
	⊏8⊐		⊏8⊐		⊏8⊐
⊏9⊐	⊏9⊐		⊏9⊐		⊏9⊐

◎　答えは正しいと判断したもの一つにマークすること。

	問　題	答					問　題	答			
		1	2	3	4			1	2	3	4
法	第1問	▭	▭	▭	▭	無	第13問	▭	▭	▭	▭
	第2問	▭	▭	▭	▭		第14問	▭	▭	▭	▭
	第3問	▭	▭	▭	▭		第15問	▭	▭	▭	▭
	第4問	▭	▭	▭	▭	線	第16問	▭	▭	▭	▭
	第5問	▭	▭	▭	▭		第17問	▭	▭	▭	▭
	第6問	▭	▭	▭	▭		第18問	▭	▭	▭	▭
	第7問	▭	▭	▭	▭	工	第19問	▭	▭	▭	▭
	第8問	▭	▭	▭	▭		第20問	▭	▭	▭	▭
規	第9問	▭	▭	▭	▭		第21問	▭	▭	▭	▭
	第10問	▭	▭	▭	▭	学	第22問	▭	▭	▭	▭
	第11問	▭	▭	▭	▭		第23問	▭	▭	▭	▭
	第12問	▭	▭	▭	▭		第24問	▭	▭	▭	▭

◎　答案用紙は折り曲げたり、巻いたり、汚したりしないこと。

試験問題例（第一級海上特殊無線技士　法規 1〜6番）

第一級海上特殊無線技士試験問題

(注)　解答は、答えとして正しいと判断したものを一つだけ選び、答案用紙の答欄に正しく記入（マーク）すること。

法　規　12問　⎫
無線工学　12問　⎭ 24問　1時間　　　　法　　　規

〔1〕　次に掲げる事項のうち、総務大臣が海上移動業務の無線局の免許の申請の審査をする際に審査する事項に該当しないものはどれか。次のうちから選べ。

1　工事設計が電波法第3章（無線設備）に定める技術基準に適合すること。
2　総務省令で定める無線局（基幹放送局を除く。）の開設の根本的基準に合致すること。
3　周波数の割当てが可能であること。
4　その無線局の業務を維持するに足りる経理的基礎及び技術的能力があること。

〔2〕　次の記述は、船舶に施設する無線設備について述べたものである。無線設備規則の規定に照らし、□内に入れるべき字句を下の番号から選べ。

船舶の航海船橋に通常設置する無線設備には、その筐体の見やすい箇所に、当該設備の発する磁界が□に障害を与えない最小の距離を明示しなければならない。

1　自動操舵装置の機能
2　自動レーダープロッティング機能
3　磁気羅針儀の機能
4　他の電気的設備の機能

〔3〕　無線従事者は、その業務に従事しているときは、免許証をどのようにしていなければならないか。次のうちから選べ。

1　携帯する。
2　無線局に備え付ける。
3　航海船橋に備え付ける。
4　主たる送信装置のある場所の見やすい箇所に掲げる。

〔4〕　総務大臣から無線従事者がその免許を取り消されることがあるのはどの場合か。次のうちから選べ。

1　免許証を失ったとき。
2　電波法に違反したとき。
3　日本の国籍を有しない者となったとき。
4　引き続き5年以上無線設備の操作を行わなかったとき。

〔5〕　無線局の免許人は、電波法又は電波法に基づく命令の規定に違反して運用した無線局を認めたときは、どうしなければならないか。次のうちから選べ。

1　その無線局の免許人にその旨を通知する。
2　総務省令で定める手続により、総務大臣に報告する。
3　その無線局の電波の発射を停止させる。
4　その無線局の免許人を告発する。

〔6〕　無線局の免許人は、無線従事者を選任し、又は解任したときは、どうしなければならないか。次のうちから選べ。

1　遅滞なく、その旨を総務大臣に届け出る。
2　1箇月以内にその旨を総務大臣に届け出る。
3　速やかに総務大臣の承認を受ける。
4　10日以内にその旨を総務大臣に報告する。

（1）

第一級海上特殊無線技士試験問題

無　線　工　学

[13]　次の記述において □ 内に入れるべき字句の正しい組合せを下の番号から選べ。なお、同じ記号の □ 内には同じ字句が入るものとする。

　　磁界の中に置かれた導体に電流を流すと、 A が生ずる。このときの、磁界の方向、電流の方向及び A の方向の関係を表す方法に B の法則がある。

	A	B
1．	電力	ビオ・サバール
2．	起電力	アンペアの右ねじ
3．	電磁力	フレミングの左手
4．	電磁力	フレミングの右手

[14]　図に示す電界効果トランジスタ (FET) の図記号において、電極名の組合せとして、正しいのはどれか。次のうちから選べ。

	①	②	③
1．	ドレイン	ソース	ゲート
2．	ゲート	ドレイン	ソース
3．	ソース	ゲート	ドレイン
4．	ソース	ドレイン	ゲート

[15]　次の記述において □ 内に入れるべき字句の正しい組合せを下の番号から選べ。

　　使用する電波の波長がアンテナの A 波長より長い場合は、アンテナ回路に直列に B を入れ、アンテナの C 長さを長くしてアンテナを共振させる。

	A	B	C
1．	励振	延長コイル	幾何学的
2．	固有	短縮コンデンサ	電気的
3．	励振	短縮コンデンサ	幾何学的
4．	固有	延長コイル	電気的

[16]　次の記述において □ 内に入れるべき字句の正しい組合せを下の番号から選べ。

　　レーダーのパルス変調器は、0.1〜1〔μs〕の間だけ持続する高圧を発生し、この期間だけ A を動作させ B 帯の信号を発振させる。

	A	B
1．	マグネトロン	マイクロ波 (SHF)
2．	マグネトロン	超短波 (VHF)
3．	進行波管	極超短波 (UHF)
4．	進行波管	マイクロ波 (SHF)

[17]　1個 12〔V〕、30〔Ah〕の蓄電池を 3 個並列に接続した場合の合成電圧及び合成容量の組合せで、正しいのはどれか。次のうちから選べ。

	合成電圧	合成容量
1．	12〔V〕	30〔Ah〕
2．	36〔V〕	30〔Ah〕
3．	12〔V〕	90〔Ah〕
4．	36〔V〕	90〔Ah〕

[18]　アナログ方式の回路計 (テスタ) で直流抵抗を測定するときの準備の手順で、正しいのはどれか。次のうちから選べ。

　　1．0〔Ω〕調整をする → 測定レンジを選ぶ → テストリード (テスト棒) を短絡する。
　　2．測定レンジを選ぶ → テストリード (テスト棒) を短絡する → 0〔Ω〕調整をする。
　　3．テストリード (テスト棒) を短絡する → 0〔Ω〕調整をする → 測定レンジを選ぶ。
　　4．測定レンジを選ぶ → 0〔Ω〕調整をする → テストリード (テスト棒) を短絡する。

一海特　A

（株）QCQ企画

第一級アマチュア無線技士、第一級陸上特殊無線技士の資格取得のための「通信教育講座」を長年にわたり実施しているほか、総務省認定の第三級及び第四級アマチュア無線技士、そして第二級及び第三級陸上特殊無線技士の養成課程講習会・eラーニングを実施している。

https://www.qcq.co.jp/

第二級陸上／第三級陸上／第一級海上／第二級海上／航空
の特殊無線技士5資格に対応

特殊無線技士問題・解答集　2024年版

2023年12月25日　発　行　　　　　　　　　NDC 547.5079

編　　者　株式会社 QCQ企画
発　行　者　小川雄一
発　行　所　株式会社 誠文堂新光社
　　　　　　〒113-0033 東京都文京区本郷 3-3-11
　　　　　　電話 03-5800-5780
　　　　　　https://www.seibundo-shinkosha.net/
印刷・製本　株式会社 堀内印刷所

ISBN978-4-416-62391-6